초이론을 찾아서

- 원자에서 초끈까지 -

옮긴이 **김혜원**은 1964년 서울에서 출생하여 연세대학교 천문기상학과를 졸업
하고 같은 대학에서 석사학위를 받았다.
번역서로 『터무니 없는 이야기』, 『황당한 이야기』, 『상상할 수 없는 이야기』,
『별에게로 가는 계단』, 『대폭발과 우주의 탄생』, 『우주여행·시간여행』, 『보이지
않는 물질과 우주의 운명』 등이 있다. 제15회 한국과학기술 도서상 번역상 수상.

초이론을 찾아서

― 원자에서 초끈까지 ―

배리 파커   지음
김혜원   옮김

전파과학사

초이론을 찾아서
: 원자에서 초끈까지

지은이 배리 파커
옮긴이 김혜원

찍은날 1998년 4월 1일
펴낸날 1998년 4월 10일

펴낸이 손영일
펴낸곳 전파과학사
서울·서대문구 연희 2동 92-18
등록 1956. 7. 23. 제10-89호
전화 333-8877·8855
팩시밀리 334-8092

＊ 잘못된 책은 바꿔 드립니다.

ISBN 89 - 7044 - 368 - 1   03440

한국의 독자에게

I am pleased to learn that my books will be translated into Korean, and it gives me considerable pleasure to write a brief note to Korean readers. I have enjoyed writing the books and hope that you enjoy reading them. I have tried to make them as readable as possible by adding material about the scientists involved in the research, and occasional anecdotes. I believe that they are all up-to-date with the latest results and I would be glad to hear from anyone that has any comments on any of them.

나의 책들이 한국어로 번역 출간된다니 대단히 기쁩니다. 한국의 독자들에게 이렇게 짧은 글로나마 인사할 수 있게 되어 반갑군요. 내가 이 책들을 쓰며 즐거움을 느꼈던 것처럼, 독자들도 많은 즐거움을 갖게 되길 바랍니다. 가능한 한 읽기 쉽고 재미있는 책이 되도록 연구에 관련된 과학자들의 뒷얘기와 일화를 많이 실어 두었습니다. 책에 담긴 내용은 모두 가장 최근의 결과들로 엮어졌다고 믿지만, 누구라도 그 내용에 관한 견해를 말해 준다면 매우 기쁠 것입니다.

배리 파커

● 일러두기

"번역하면서 가장 어려웠던 부분은 적절한 전문용
어를 찾는 일이었다. 마땅한 천문학 용어사전을 찾
을 수 없던 터에 그나마 최근에 발간된 물리학용어
집 하나를 구할 수 있었던 것은 큰 다행으로 여겨진
다. 이 책에 사용된 많은 용어는 1995년에 한국물
리학회가 펴낸 『물리학용어집』(청문각)을 참고로
하였음을 밝혀둔다. 일부는 지나치게 토박이말이어
서 아직 학계에서는 일반적으로 통용되고 있지 않거
나 친숙하게 느껴지지 않는 것들도 있겠으나 용어집
을 펴낸이들의 바람처럼 앞으로 우리말 용어가 자리
잡아 널리 이용되었으면 한다."

— 옮긴이

머리말

우주는 무엇으로 만들어졌을까? 어떤 힘들이 우주를 하나로 묶어 놓고 있는걸까? 또 그 힘들은 서로 어떻게 연관되어 있을까? 수십 년 동안 이런 물음으로 부심해 왔던 과학자들은 오늘날 그 답변에 근접 했다고 믿고 있다. 아직 완벽한 것은 아니지만, 엄청난 발전이 이루어 졌다. 이 책은 이들 발전이 무엇이며 어떻게 이룩되었는지에 관한 이 야기다. 또한 그 연구에 관여했던 과학자들과 그들의 좌절과 역경, 희 망, 위대한 발견들이 이루어졌을 때의 환희에 관한 이야기이다. 이 책 은 원자와 그 구성요소의 발견에서부터 오늘날의 가장 흥미진진한 이 론인 초끈이론에 이르기까지 입자물리학의 발전들을 더듬어나간다. 비록 통일이론 탐색이라는 점에서 나의 전 작품인『아인슈타인의 꿈』 *Einstein's Dream*과 동일한 주제를 다루기는 하지만, 이 책이 강조하 는 바는 사뭇 다르다. 그 책이 주로 거시계를 다루었다면, 이 책은 입 자와 마당에 중점을 둔다. 앞장에서 여러분은 아마도 아무런 관련도 없어 보이는 수많은 입자들의 발견에 당황할 것이다. 물론 그 당시 과 학자들도 마찬가지였다. 하지만 계속 읽어나가면서 모든 것이 결국 어떻게 의미를 갖기 시작하는지 알게 될 것이다. 이 위대한 과학모험 의 마지막 한 조각이 맞춰질 때 여러분 역시 물리학자들이 지금 경험

8

하고 있는 흥분의 일부를 공유하게 되길 바란다.

　수학적인 표현은 없지만 과학용어의 사용 없이 과학을 논하기란 불가능하다. 그러한 용어가 나타날 때마다 정의해 두었으며, 과학에 친숙하지 못한 독자들을 위해 용어해설을 마련했다. 또한 매우 크거나 작은 숫자를 써야 할 때는 과학적 표기법을 이용해 나타냈다. 예를 들면, 10^{30}은 그 뒤에 0이 30개 있는 큰 숫자를 의미한다. 마찬가지로 10^{-30}은 1을 10^{30}으로 나눈 작은 수이다.

　또한 에너지 단위인 전자볼트(eV)가 광범위하게 사용되는데, 그것은 전자가 1볼트—대략 회중전등 전지의 볼트 수—전위 차를 움직일 때 얻는 에너지이다. 논의된 가속기들 대부분은 입자들을 메가볼트(MeV)나 기가볼트(GeV)로 가속시킨다.

　물리학자들의 스케치는 로리 스코필드* 양의 작품이며 다른 개요도들은 샌드라 카나한 양이 해주었다. 멋진 그림을 그려준 그들에게 감사한다. 또한 몇 가지 유익한 제안을 해준 머리 겔만과 인터뷰에 응해준 율리우스 베스에게 감사하고 싶다. 마지막으로 책이 완성되기까지 도움을 주었던 린다 그린스팬 레간과 빅토리아 체르니, 그리고 플레넘 출판사의 전직원에게 감사드린다.

배리 파커

*물리학자들의 스케치는 맥그로힐사의 허가를 받아 베버, 화이트, 그리고 매닝의 『대학 물리학』 *College Physics* (1956)을 본뜬 것이다.

차례

12

제 1 장
서문

지난 몇 년 동안 과학자들은 수많은 과학적 사실들을 조사해서 분류하고 의미를 일구어냄으로써 자연을 이해하려는 시도를 해왔다. 그리고 그러한 노력이 마침내 결실을 맺기 시작했다. 그 어느 것보다도 위대한 성취를 눈앞에 두게 된 것이다. 우리는 지금 이 순간 우주가 어떻게 생겨났으며 무엇으로 만들어졌고, 어떻게 결합되었는지를 상세히 밝혀줄 이론을 어렴풋이 보고 있다. 완성만 된다면 이 이론은 거대한 은하단으로부터 아주 작은 소립자에 이르기까지 자연의 모든 것을 통합할 것이다. 그리고 우리가 결코 알게 되리라 예상치 못했던 우주의 비밀들을 털어놓을 것이다. 이 이론은 우주의 마스터플랜이자 청사진이다.

이 목적에 가까워짐에 따라 고에너지 물리학계에 흥분이 고조되고 있다. 입자물리학자들은 상상력을 총동원하여 상황을 짜 맞추고, 그 수수께끼의 중대한 마지막 조각을 찾겠다는 희망 속에 훨씬 더 복잡한 실험들을 해나가면서 끊임없이 연구하고 있다.

한때는 원자가 물질의 궁극적 구성요소 building block라고 생각되었다. 그러나 원자보다 수백만조 배나 더 작은 입자들이 있다. 만일 충분히 강력한 현미경이 있다면 원자 속에 양성자와 중성자로 이루어진 아주 작은 핵과 그 주위를 둘러싸는 전자구름만 있을 뿐 원자 자체는 대체로 빈 공간이라는 사실을 알게 될 것이다. 양성자와 중성자도 작지만 전자는 훨씬 더 작다. 이상하게 들릴지 모르나, 그것들은 공간도 전혀 차지하지 않는다.

물리학자들이 찾고자 하는 비밀은 원자가 아니라 원자의 구성요소인 전자, 양성자 그리고 중성자와 관련된다. 한때는 이 세 입자 모두가 '궁극적인' 구성요소라는 의미에서 기본입자라고 생각되었으나, 우리는 이제 이것이 사실이 아님을 알고 있다. 양성자와 중성자 내부에는 쿼크라는 훨씬 더 작은 입자들이 있다. 이들 쿼크에 대한 증거는 1969년에 캘리포니아의 팔로 알토 부근에 있는 스탠퍼드 대학교의 대형 가속기에서 발견되었다. 양성자가 전자보다 훨씬 더 크므로, 혹 숨겨진 구조가 있을 것이라는 사실을 깨달은 과학자들은 전자로 충격을 가해 보기로 했다. 어떤 의미에서 그것은 1911년에 알파 입자(헬륨핵)들로 금 원자를 때렸던 어니스트 러더퍼드 Ernest Rutherford의 그 유명한 실험을 재실행한 것이었다. 그는 알파 입자들 일부가 충돌 후 큰 각도로 편향되는 것을 발견했다. 이것은 그 당시에 일반적으로 수용되고 있던 원자모형과 일치하지 않았으므로, 러더퍼드는 곧 전자들이 작지만 무거운 핵을 도는 새로운 모형이 필요하다는 것을 깨달았다. 그런데 스탠퍼드 실험에서도 유사한 예상 밖의 쏠림 deflection이 나타났다. 이것은 양성자 내부에 작은 점 같은 입자들이 있어야 한다는 것을 의미했다.

그러나 칼텍의 머리 겔만 Murray Gell-Mann과 독립적으로 CERN의 조오지 츠바이크 George Zweig는 그 이전에 이미 양성자가 더 기본적인 입자들로 이루어져 있다고 제안한 바 있다. 사실 그 입자에 *Finnegans Wake*(제임스 조이스의 실험소설로 1939년에 처음으로 출간되었다가 1982년에 미국 펭귄사에 의해 재출간되었다. 우리 나라에서는 1985년에 정음사에서 『피네간의 경야』라는 제목으로 번역 출간되었다 : 옮긴이)에 나오는 "Three quarks for Muster Mark!"라는 인용구를 따서 '쿼크'라는 묘한 이름을 붙인 사람은 겔만이었다. 각 양성자와 중성자마다 세 가지 쿼크가 있는 겔만의 이론이 그 인용문구와 일치했던 것이다. 그는 이 쿼크들을 각각 위(u) up, 아래(d) down, 기묘(s) strange라 불렀다. 그러나 곧 다른 발견들이 이루어지자 세 개로는 충분하지 않았다. 먼저, 이제 J/프시라고 불리는 예상치 못했던 입자의 발견으로 네번째 쿼크, 맵시 charm가 나왔다. 그리고 그 뒤에 발견된 바닥 bottom과 꼭대기 top로 쿼크는 모두 여섯 개가 되었다.

쿼크는 얼마나 많이 있는 걸까? 확실히는 모르나, 아마도 이것이 끝인 것 같다. 더 많이 있다면 우주의 구조를 연구하는 우주론에서 모순이 나타난다. 그러면 이것은 우주가 완전히 쿼크로 만들어졌다는 것을 의미할까? 그렇지는 않다. 전자는 쿼크로 이루어져 있지 않지만 기본입자이다. 사실 쿼크 가족 family이 있는 것처럼 전자 가족이 있다. 그것은 종종 렙톤 가족이라고 불린다. 그리고 쿼크 가족과 마찬가지로 렙톤 가족의 구성원도 여섯이다. 전자 이외에도 더 무겁다는 것을 제외하면 전자와 유사한 중간자라는 입자가 있다. 세번째 구성원 역시 전자와 같지만 더 무겁다. 그것은 타우라고 불린다. 또 이들 입자 각각에는 질량이 전혀 없는 것 같은 중성미자라는 이상한 입자가 있다.

한동안 쿼크모형이 물질의 궁극적 구조 문제를 해결하는 듯했지만, 결국 어려움이 나타났고 그것을 극복하기 위해 색 color이라는 새로운 개념이 도입되어야만 했다. 그러나 여기서 색은 그 단어의 보통

의미와는 무관하다. 확실히 쿼크는 우리가 그것을 볼 수 있다 해도 빨 갛거나 파랗지는 않을 것이다. 색은 양성자 같은 입자들을 형성하기 위 해 쿼크들을 결합시킬 수 있는 전기전하와 유사한 쿼크의 성질이다.

간단히 말하면 우리의 세상은 12가지 유형의 다른 입자들로 이루 어져 있으며, 그 중 6개는 채색되어 있다. 하지만 실제로 입자세계는 더 복잡하다. 1928년에 영국의 물리학자 폴 디락 Paul Dirac은 우주 에 있는 각 입자유형마다 반입자가 있으며, 입자와 반입자가 만나면 에너지를 방출하면서 서로를 소멸시킨다고 예측했다. 그 직후 양성 전하를 갖는다는 것을 제외하면 전자와 유사한 입자인 양전자가 발견 됨으로써 그의 예측이 입증되었다. 이것은 쿼크와 렙톤 가족 이외에 도 반쿼크와 반렙톤 가족이 있다는 것을 의미한다.

그러나 우리가 핵이나 원자 심지어 별 같은 커다란 물체를 가지 려면 이들 입자를 결합시켜야 한다. 사실 입자들을 결합시키는 몇 가 지 힘이 있는데 가장 잘 알려진 힘은 여러분을 지구상에 붙어 있게 하는 힘, 바로 중력이다. 또 원자들을 결합시키는 전자기력이 있으며 원자 내에는 핵 안의 중성자와 양성자를 단단히 결합시키는 강한 핵력 이 있다. 그리고 후에 더 상세히 논의하겠지만 약한 핵력이라는 네번 째 힘이 있다.

이들 힘을 이해하는 데 중요한 돌파구가 마련된 것은 1960년대 말이었다. 전자기력과 약한 핵력이 동일한 이론으로 기술되며 더욱이 통합도 가능하다는 사실이 발견된 것이다. 비록 진정한 통일 unifica- tion은 아니었지만, 그것은 마당들의 결합 가능성을 시사하는 것이었 고, 곧 그 관점에서 다른 마당들을 이해하려는 시도가 이루어졌다. 이 책을 통해 알게 되겠지만 통일은 물리학의 가장 커다란 탐구대상 중 하나이다. 그 탐구에는 이론가와 실험가 모두가 참여한다. 이론가들이

이론을 창안하고 예측을 하면, 실험가들은 장비를 만들고 그 예측이
옳은지를 검토하는 실험을 수행한다. 예측이 옳지 않다면 그 이론은
폐기되며 그것을 대치할 새로운 이론을 찾는다.

　우리의 통일 탐색은 극적인 발전들로 매듭지어졌다. 물리학자들
은 거시계인 우주와 소립자 세계가 밀접한 관련을 갖고 있다는 사실
을 발견했다. 소립자와 자연의 힘들은 우주를 창조했던 대폭발 big
bang 이후 최초의 대단히 짧은 시간 동안 '융합되어' 있었던 것이다.

　대폭발은 거대한 '원자분쇄기', 즉 입자가속기와 같았다. 그러나
대폭발로 생산된 에너지와 속도는 우리가 지구상에서 만들어 낼 수
있는 어떤 것보다도 훨씬 더 컸다. 물리학자들이 점점 더 큰 가속기를
만들려고 하는 것은 바로 이 때문이다. 조금이라도 천지창조에 더 가
까운 순간을 들여다보고 싶은 것이다. 우리가 소립자에 대해 그렇게
많이 알게 된 것은 사실 가속기를 통해서였다.

　깨닫지 못하고 있을지도 모르나, 여러분의 집에도 작은 가속기가
있다. TV 세트가 그것이다. TV 세트에서는 전자 살다발 beam이 높
은 전압을 이용해 화면 쪽으로 가속된다. 그러면 자석이 그 살다발을
조종해 화면을 앞뒤로 지나가면서 상을 만든다. 높은 전압과 자석은
과학자들이 사용하는 거대한 가속기에서도 역시 중요하다. 최초의 가
속기는 1930년대 초에 영국의 존 콕크로프트 John Cockcroft와 어
니스트 월튼 Ernest Walton과 미국의 어니스트 로렌스 Ernest La-
wrence에 의해 만들어졌다. 그러나 콕크로프트와 월튼의 가속기가
TV와 동일한 원리로 작동했던 반면, 로렌스의 기계는 상당히 달랐다.
그의 최초의 기계는 지름이 10cm 정도 되는 상자 모양이었다. 상자
내부에서 하전된 입자들이 나선형을 그리며 돌다가 특정한 지점을 지
날 때마다 전압이 상승되었다.

초기 실험의 목적 중 하나는 하전된 입자들에 100만 전자볼트 (1eV는 대략 전자가 회중전등 전지의 양단자에서 음단자로 흐를 때 얻는 에너지이다)를 주는 기계를 만드는 것이었다. 로렌스와 리빙스턴은 콕크로프트와 월튼을 젖히고 먼저 그 목적을 달성했지만, 훨씬 더 중요한 경주에서는 지고 말았다. 콕크로프트와 월튼의 기계는 더 적은 가용에너지를 갖고 있었지만, 그들은 그 기계를 가장 중요한 목적인 실험에 이용했다. 그리고 실험 도중 놀랍게도 핵붕괴를 발견하게 된다. 그들은 100만eV에 도달하는 경주에서는 졌지만, 진정으로 중요한 의미를 갖는 물리학적인 면에서는 승리를 거둔 것이다.

그러나 결국 중요한 실험장치로 자리잡게 된 것은 로렌스가 만든 가속기 사이클로트론 cyclotron이었다. 로렌스와 리빙스톤은 계속해서 점점 더 큰 가속기를 만들었고, 곧 다른 이들도 가속기 제작에 뛰어들었다. 2차 세계대전 이전에 가속기는 이미 약 20개가 완성되었다.

전쟁으로 사이클로트론 생산이 정지되기는 했지만 '과학팀'이라는 중요한 새로운 개념이 형성되었다. 과학자 연구팀이 시카고를 비롯해 로스앤젤레스와 오크리지에서 구성되었으며, 전후에는 원자폭탄의 성공으로 신뢰감이 두터워져 사람들은 그러한 팀이라면 어떤 일이든 해낼 수 있으리라고 믿었다. 곧 국립연구소들이 창설되었다. 사이클로트론 개발에서는 캘리포니아의 로렌스 연구소가 물론 주역을 맡았지만, 동부에도 곧 그에 필적하는 브룩하벤 국립연구소가 설립되었다.

이들 신생 연구소와 가속기들이 나오자 발견들이 쇄도했다. 처음에는 새로운 입자들이 잇달아 발견되자 모든 사람이 흥분했다. 그러나 너무나 많은 다른 유형의 입자들이 나타나자 물리학자들은 당황했다. 심지어 윌리스 램 Willis Lamb은 노벨상 연설 중 이런 농담을 하기까지 했다. "과거에는 새로운 입자 발견자가 노벨상을 수상했지만,

이제는 그러한 발견을 할 때는 10,000달러의 벌금을 징수시키겠습니다." 대부분의 새로운 입자들은 전자와 양성자보다 훨씬 무거웠지만, 모두 수명이 대단히 짧았다. 하지만 이들 입자는 쿼크로 이루어져 있어 진정한 기본입자가 아니었다.

유럽도 대형가속기 경주에서는 뒤쳐지지 않았다. 1952년에 유럽의 몇 국가가 단결해서 스위스-프랑스 국경의 제네바 부근에 CERN을 창설했다. 비록 출발은 미국보다 몇 년 늦었지만 곧 따라잡아 1962년 즈음 유럽은 과학 인력에서 미국에 필적했으며, 1970년대 말에는 미국의 거의 2배인 3,000명의 입자물리학자를 갖게 되었다. 그리고 그 노력은 마침내 성과를 거두게 된다. 1980년대 초에 두 그룹 모두의 공통된 목적은 원자의 방사능붕괴에서 발생한 W와 Z라는 알 수 없는 입자를 찾는 것이었다. 그런데 1983년에 CERN에서 이들이 발견된 것이다.

러시아인들도 곧 그 경주에 뛰어들었다. 전쟁 직후 모스크바 근처 두브나에 사회주의 국가들을 위해 CERN과 유사한 시설이 세워졌다. 1954년경 그들은 대형 싱크로사이클로트론(변형된 사이클로트론)을 보유하게 되었다. 미국인들은 러시아인들이 이뤄낸 발전에 놀라움을 금치 못했다. 싱크로사이클로트론은 버클리 기계 크기의 거의 2배에 달했다.

브룩하벤에 이어 미국에 곧 다른 시설들이 나타났다. 스탠퍼드 대학교에는 전자들을 일직선으로 가속시키도록 디자인된 거대한 3km 가속기가 건립되었으며(SLAC라고 불린다), 후에 로스알라모스에도 유사한 가속기가 세워졌다. 그 뒤 1967년에는 일리노이즈 바타비아에 페르미 연구소가 설립되었다.

소규모의 단순 물리학은 이제 옛 이야기가 되었다. 한때 책상 위

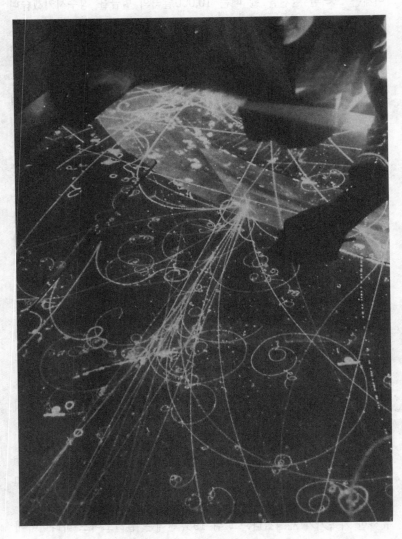

페르미 연구소에서 입자궤적을 측정하는 모습. (페르미 연구소 제공.)

브룩하벤에 있는 경도 변경 싱크로트론 *Alternating Gradients Synchrotron : AGS*을 상공에서 찍은 모습. *(브룩하벤 국립연구소 제공.)*

에 놓여 있는 작은 기계로 과학 실험들이 행해졌던 곳에서 이제 가속기들이 수km 길이의 지하 터널을 통해 꿈틀거리고 있는 것이다. 그리고 한때는 서너 명이 참여하던 프로젝트를 이제는 수백 명이 하고 있다. 일부 과학논문들의 저자목록은 논문 자체만큼이나 길기도 했다.

CERN의 입자가속기는 지하 15층에 자리잡고 있다. 수천 개의 자석이 6.5km 길이를 따라 양성자 흐름을 안내한다. 실험이 진행될

AGS 고리의 한 부분. (브룩하벤 국립연구소 제공.)

때는 가속기 주변지역에 사람들의 접근이 금지된다. 치명적인 복사가 발생되기 때문이다. 실험 지휘는 대형 통제실에서 이루어진다. 거의 광속에 가까운 속도로 움직이는 살다발이 표적으로 향해져 있으며, 파괴적인 충돌로 10여 개의 새로운 입자가 만들어진다. 마치 당구공 두 개를 고속 충돌시켜, 그 충돌로 8개 혹은 10개의 새로운 당구공이 나오는 것과 같다. 그러나 이들 새로운 입자는 모두 수명이 짧아서 거의 즉시 붕괴해 더 가벼운 입자가 된다.

페르미 연구소에서도 유사한 실험이 쉴새없이 수행되고 있다. 그곳에 있는 새로운 가속기는 입자들을 1조eV까지 가속시킬 수 있다. 테바트론 Tevatron이라고 불리는 이 새로운 가속기는 초전도 자석 —자석들을 계속 움직이게 하는 데 전기가 거의 필요하지 않은 특수

로렌스 버클리 연구소의 SUPERHILAC 가속기. (로렌스 버클
리 연구소 제공.)

24

상공에서 본 페르미 연구소의 모습. 대형 원이 주가속기이다. 그
원을 따라 윌슨 홀이 보인다. (페르미 연구소 제공.)

자석—을 이용한 최초의 기계였다. 페르미 연구소의 본문 옆에는 16
층짜리 인상적인 건축물이 있다. 중앙 건물인 이곳에는 약 2,000명의
전임 고용인이 일하고 있으며, 이 이외에도 항상 적어도 2,000명의
방문과학자가 있다.

입자들은 우선 소형 가속기에서 약 200만eV가 될 때까지 가속된
다. 그리고 좀더 큰 가속기로 주입되어 80억eV로 가속되고, 그 뒤 주
가속기의 위쪽 고리로 보내진다. 그러면 주가속기에 있는 냉수 냉각
된 1,000개의 자석이 그 입자들을 길이가 약 6.5km인 원으로 향하게

페르미 연구소의 주가속기 터널. (페르미 연구소 제공.)

한다. 마지막으로 그 입자들은 이 고리 아래에 있는 1,000개의 초전
도 자석으로 이루어진 고리로 직접 전달된다.

현재는 테바트론을 가진 미국이 에너지 면에서 선두를 지키고 있
지만, 다른 국가들도 그 뒤를 바짝 뒤쫓고 있다. 소련은 1980년대 말
에 작동에 들어간 가속기가 3조eV를 생산하게 되길 희망하고 있다.
현재 CERN에서 유사한 기계가 건축 중에 있으며, 다른 국가들도 행
동에 들어갈 것이다. 독일 함부르크의 DESY 시설과 일본의 KEK
모두 고에너지 입자물리학에 중대한 진전을 가져올 수 있다.

페르미 연구소에서의 초전도 자석의 성공으로 고무된 미국은 심
지어 초전도 초충돌기 Superconducting Supercollider : SSC라는 훨
씬 더 큰 거대한 실험장비를 계획하고 있다. 길이가 약 96km인 고리

형태를 취하는 이 장비의 내부에 있는 두 관은 거의 광속으로 움직이는 양성자들을 포함할 것이다. 양성자는 한쪽 관에서는 시계방향으로, 다른 쪽 관에서는 반시계 방향으로 움직이게 된다. 이 모형은 양성자를 20조eV로 가속시킬 수 있을 것이다.

양성자가 초전도 자석으로 통제되어 그 거대한 고리를 돌 때마다 전자기마당을 이용해 양성자에 전압상승을 일으킨다. 양성자들이 요구되는 경로로 구부러지게 하기 위해서는 이렇게 특수 디자인된 자석이 수천 개 필요하다.

SSC를 건립하는 데는 적어도 40억 달러가 들며 10년은 지나야 완성될 것이다. 그러나 그것은 현재의 어떤 가속기보다도 20배에서 40배 강력할 것으로 예상된다.

왜 SSC가 필요한 걸까? 앞에서 과학에서의 중요한 새로운 진전인 우주의 통일이론에 대해 언급했다. 우리는 실로 이 이론에 점점 더 가까워지고 있다. SSC 같은 대형 가속기들이 있다면 우리의 목적달성에 도움을 줄 것이다. 우주가 쿼크와 렙톤으로 이루어져 있으며, 이 입자들이 네 개의 기본 힘에 의해 결합되어 있다는 것은 이미 언급했다. 물리학의 중대한 목적 중 하나는 이들 네 힘이 서로 관련되어 있으며, 다른 조건하에서 그것들이 우주의 절대적인 초힘 superforce이 된다는 것을 밝히는 것이다. 언급했던 것처럼 이 목적의 일부는 이미 성취되어서 전자기력과 약력이 합쳐져 약전자기마당을 이루었다. 더욱이 이 약전자기이론에 강한 핵력마당이 결합되는 임시 이론도 있다. 물론 그것이 올바른 이론인지는 확실하지 않다. 그 여부는 실험을 통해서만 결정되며 대형가속기가 중요한 것은 바로 이 때문이다.

아인슈타인은 말년을 통일마당이론 탐색에 몰두했지만, 결국 실패했다. 그러나 우리는 이제 이 목표에 다가서고 있다. 현재 몇 가지

안을 중심으로 탐색이 진행중이다. 하나는 대통일이론 GUT이며, 또 다른 하나는 초대칭 supersymmetry이라는 것이다. 둘 모두 대칭에 바탕을 두고 있다. 대칭이란 어떤 조작을 가해도 물체(혹은 과정)가 변하지 않는 성질을 말한다. 예를 들면, 공은 회전시킨 뒤에도 모양이 똑같다는 점에서 회전에 대해 대칭이다. 최근에 이루어진 가장 중요한 진전 중 하나는 대칭이 자연에서 대단히 중요하다는 사실의 인식이었다. 입자들은 대칭 가족으로 서로 관련되어 있다. 그러나 더 은밀한, 때로는 '숨겨진' 대칭도 있다. 게이지 대칭 gauge symmetry으로 알려진 중요한 대칭 하나가 최근에 큰 관심의 대상이 되었다. 초대칭은 불완전한 대칭으로 우리가 모르는 많은 입자들의 존재를 예측하고 있다. 아마도 SSC가 완성된다면 그런 입자들을 발견할 수 있을지도 모른다.

최근에는 심지어 더 기이한 아이디어들이 제안되었다. 한 아이디어에 따르면, 우리는 10차원 세계에 살고 있으며 그 가운데 6개 차원은 볼 수 없다는 것이다. 게다가 입자들은 우리가 보통 생각하는 점 모양의 물체가 아니라 진동하는 미세한 '끈'일지도 모른다. 이들 아이디어 중 어느 것이 옳은지는 아직 모르지만 그 이론의 복잡한 수학구조를 좀더 조사한다면 깊숙이 감춰진 자연의 비밀에, 그리고 우리의 궁극적 목적인 우주의 통일이론인 '초이론' supertheory에 한발 더 접근하게 될 것이다.

자, 이제 초이론이 무엇인지 처음부터 한걸음씩 나아가 보자. 이 장에서는 우주를 구성하는 입자와 마당들에 대해 간략히 살펴보았다. 뒷장에서는 이들 입자와 마당 각각을 상세히 살펴볼 것이다. 그리고 그것들을 이해해 온 과정과, 소립자들이 어떻게 유사한 성질을 가진 무리나 가족으로 분류되었는지, 쿼크가 어떻게 발견되었는지, 전자기

마당은 약한 핵력마당과 어떻게 결합되는지, 강한 핵력마당은 또 그
것들과 어떻게 결합되는지를 알게 될 것이다. 그리고 마지막으로 자
연의 모든 것을 통합하려는 최근의 시도들에 대해서도 살펴볼 것이다.

제 2 장

원자 탐사

세계가 작고 나눌 수 없는 입자들로 이루어져 있다는 주장을 편 것은 그리스 초기의 철학자들이었지만 최초의 현대적 원자론은 영국의 화학자 존 돌턴 John Dalton : 1766~1844의 작품이었다. 과학에 그렇게 많은 공헌을 했음에도 불구하고 그가 고도로 숙련된 과학자가 아니었다는 사실은 기이하기 짝이 없다. 그는 실제로 실험실에서는 대단히 서툴렀던 것이다. 하지만 중요한 것은 아이디어이지, 그 아이디어에 어떻게 도달했는가는 아니다. 그는 결혼을 하지 않았는데, 아마도 시간이 없었기 때문이었던 것 같다. 그의 일과는 너무 빽빽이 짜여 있어서 남는 시간이 거의 없었다. 가끔씩 잔디 볼링을 하기는 했지만, 주로 날씨에만 온 열정을 쏟는 비활동적이고 따분한 사람이었다. 그는 매일 충직스러울 정도로 온도와 강수량과 운량 등을 기록했다. 결국 이 열정은 자연스럽게 이런 의문을 품게 했다. 공기는 무엇으로 만들어졌을까? 구름은 왜 형성될까? 그는 실험실로 갔다. 그리고 공기가 아닌, 수소와 산소와 이산화탄소 같은 많은 다른 가스들을 가지고 실험하기 시작했다. 그는 그 가스들의 무게를 달고, 그것들을 혼합한 뒤 다시 무게를 달고 압력을 측정했다. 곧 아이디어가 모양을 갖추기 시작했다. 가스들은 원자 atom라는 작고 나눌 수 없는 단위로 구

존 돌턴

성되어 있다는 것이었다. 그는 1808년에 자신의 이론을 『화학 철학의 새로운 체계』 *A New System of Chemical Philosophy*라는 제목이 붙여진 두 권의 책으로 출간했다.

돌턴의 아이디어는 마침내 과학에 혁명을 일으켰고, 그에게 상당한 명예를 가져다 주었다. 1832년에는 옥스퍼드로부터 박사학위도 받았다. 그러나 퀘이커 교도였던 그는 학위수여식 때 진홍빛 예복을 입어야 한다는 사실에 당황했다. 진홍빛이 금지된 색깔이었던 것이다. 다행히 쉬운 해결책이 있었다. 그는 색맹이었으므로 그 예복이 회색빛으로 보였고, 그 색깔을 볼 수 없다면 계율을 어기는 것이 아니었기 때문이다. 그는 결국 진홍빛 예복을 입고 학위를 받았다.

돌턴이 사망한 1844년 즈음에, 그는 유럽 전역에서 유명해져 있

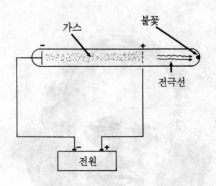

톰슨이 사용한 것과 유사한 음극선관

있었다. 그는 일생 동안 명예에 집착하지 않았지만, 사후에는 그런 명예를 막을 도리가 없었으므로 장례식은 성대하게 치러졌다.

당시에 원자는 여전히 작고 구조가 없으며 나눌 수 없는 고체물질 조각이었다. 그러나 정말 구조가 없을까? 어쩌면 원자는 더 기본적인 입자들로 이루어져 있을지도 모르는 일이었다. 과학자들이 그 진실을 알아낸 것은 거의 50년이 지난 뒤였다.

그러한 진전의 토대를 마련한 사람은 패러데이 Michael Faraday였다. 전기와 자석에 관한 그의 유명한 실험 때문에 전기현상에 대해서는 많은 것이 알려져 있었지만, 이상하게도 과학자들은 여전히 전류가 무엇인지 확실히 몰랐다. 그들은 그 시대의 중요한 기계 중 하나인, 전지의 전극에 부착될 수 있는 두 개의 전극이 들어 있는 진공관인 음극관에서 전류의 흐름을 볼 수 있었다. 전극들이 부착되면 기묘한 불꽃이 나타났으며, 그 관에 다른 가스를 채우면 불빛 색이 변한다는 사실을 곧 알게 되었다. 더욱이 양전극(양극)에 작은 구멍을 내면 살다발이 계속 그 구멍을 통과해서 관 끝에 있는 유리를 때린다는

J. J. 톰슨

것도 알려졌다.

　이 살다발은 무엇일까? 어떤 이들은 기이한 새로운 유형의 빛이
라고 생각했고, 어떤 이들은 입자 살다발이라고 믿었다. 그러나 문제
가 있었다. 자기마당은 쉽게 그 살다발을 구부러지게 하는 반면, 전기
마당은 아무런 영향도 미치지 못하는 것 같았다. 캐번디시 연구소의
톰슨 J. J. Thomson은 이것이 열쇠라고 생각했다. 그는 그 기계장치
를 설치하고 전기마당과 자기마당 모두에서 일어나는 쏠림량을 주의
깊게 측정했다. 그는 곧 그 살다발이 입자들로 이루어져 있으며, 전기
마당에서 작은 쏠림이 일어나는 것은 입자들의 높은 속도 때문이라고
확신했다. 그 뒤 입자들의 쏠림 방향으로부터 입자들이 음으로 하전
되어 있다고 결정했다. 동일한 실험에서 전기마당과 자기마당을 결합
시킴으로써 그는 결국 입자들의 속도와 전하량에 대한 질량비를 얻었

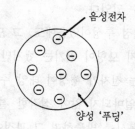

톰슨의 자두푸딩 원자모형

다. 결과는 놀라웠다. 입자들의 속도는 광속의 1/10이었고, 전하량에 대한 질량비는 수소보다 2,000배나 컸다.

1897년에 톰슨은 자신의 발견을 발표했다. 그는 그 입자에 전자라는 이름을 붙이고, 전류가 수백만 개의 이러한 작은 입자들로 이루어져 있다고 설명했다. 그러나 그는 여기서 멈추지 않고 전자가 원자의 일부라는 사실을 깨달았다. 그 관에는 가스의 원자들이 있었으므로, 전자는 그 원자들로부터 나와야만 했다. 다음 단계는 원자 '모형'을 만드는 것이었다. 그는 곧 자신의 모형에 '자두푸딩'이라는 이름을 붙였다. 그 모형에서는 양으로 하전된 덩어리 안에 음으로 하전된 전자들이 있었다. 그 덩어리가 그의 '푸딩'이었다. 빛은 전자들이 진동할 때 원자에 의해 방출되었다. 그것은 그 당시에는 그럴듯한 모형이었지만, 많은 것이 그 모형으로 설명되지 않았다. 사실 좀더 세밀히 살펴보면, 그 모형이 설명할 수 있는 것이 거의 없는 것이나 마찬가지였다.

그 모형이 설명하지 못했던 중요한 한 가지는 스펙트럼선이었다. 스펙트럼선은 다양한 뜨거운 가스(예컨대 수소, 산소)에서 나온 빛이 가느다란 틈을 지나 프리즘을 통과할 때 생기는 선이다. 그 선들은 가스의 특성에 따라 항상 동일한 위치에 나타났으므로 가스의 종류를 알아내는 데 이용될 수 있었다.

톰슨의 모형이 결점 투성이었음에도, 그 당시에는 대체할 아무것도 없었다. 또 한 가지 모형이 있기는 했지만 거의 논의거리가 되지 못했다. 그 모형에서는 전자가 행성이 태양 주위를 돌듯 궤도에서 움직였는데 제안된 뒤 얼마되지 않아 심각한 결함이 지적되었다. 하전된 입자가 가속되면 복사를 방출하며 그 과정에서 에너지를 잃는다는 것은 잘 알려져 있었다. 전자는 하전된 입자였으며 더욱이 궤도에 있을 때는 가속되었다. 이것은 원자의 전자가 그 에너지를 복사해 버리고 곧 원자의 중심으로 급속히 감겨 들어간다는 것을 의미했다. 사실 계산을 해보자 이런 일이 일어나는 데는 100만분의 1초도 걸리지 않았다. 말할 필요도 없이 행성모형에 대한 관심은 곧 사라졌다.

그러나 행성모형이 완전히 죽은 것은 아니었다. 몇 년 뒤에 이루어진 한 발견으로 그 모형은 생명을 되찾았다. 그 시기의 중요한 발견들 가운데 단연 으뜸인 이 발견은 어니스트 러더퍼드를 중심으로 이루어졌다. 러더퍼드는 분명 20세기 초의 위대한 인물이었다. 뉴질랜드 태생으로 일찍부터 물리학에 대한 흥미를 갖게 된 그는 성공하려면 영국으로 건너가야 한다고 생각했다. 그는 캠브리지로 가는 장학금을 신청했다. 그러나 안타깝게도 2등이었고, 장학금은 단 한사람에게만 수여하도록 되어 있었다. 그는 실망한 채로 부모님의 시골농장으로 돌아왔다. 그 장학금 수여자가 장학금을 사절했다는 편지가 도착하던 날 그는 감자를 캐고 있었다. 너무나 기쁜 나머지 그는 호미를 내던지고 이렇게 외쳤다. "이것으로 이제 감자 캐는 일은 끝났다." 그리고 그것은 정말 그렇게 되었다. 훗날에도 그는 결코 농장 일로 돌아가지 않았던 것이다.

이상스럽지만 러더퍼드는 톰슨의 모형에 불만족해 하는 부류는

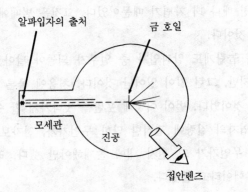

알파입자의 출처　　　　금 호일

모세관　　　　진공

접안렌즈

러더퍼드-마스덴 실험기구

아니었다. 그 모형에 결점이 있는 것은 확실했지만, 러더퍼드는 그럼에도 불구하고 그것이 근본적으로는 옳다고 확신했다. 그러나 오랜 기간에 걸쳐, 초기에는 캐번디시에 있는 톰슨 밑에서 그리고 나중에 캐나다 몬트리올에 있는 맥길 대학교에서 보낸 9년 동안 러더퍼드는 다양한 과학적 방법들을 개발하고 갈고 다듬었다. 그의 '실험기구' 가운데 방사능 원에서 나온 알파입자(헬륨핵) 살다발을 금속 물질로 만들어진 표적 쪽으로 향하게 하는 최초의 입자가속기로 생각될 수 있는 것이 있었다.

　　그가 맨체스터 대학교에 있을 때 그의 밑에서 일하는 교수들 중 하나인 한스 가이거가 마스덴이라는 학생이 논문 프로젝트를 필요로 한다고 말했다. 러더퍼드는 그에게 얇은 금박에 알파입자 충격을 주어 큰 쏠림이 나타나는지 알아볼 것을 제안했다. 하지만 그는 그러한 쏠림이 결코 일어나지 않는다고 확신했다. 알파입자를 쏠리게 하는 것은 전자뿐일 텐데(톰슨 모형이 옳다고 가정할 때), 전자는 알파입자보다 수천 배나 더 가볍기 때문이었다. 그것은 벌떼에 포탄을 쏘는 것과 같을 것이다.

그러나 놀랍게도 알파입자 중 일부가 되돌아 날아왔다. 많은 것은 아니었지만, 그런 일이 일어난 것이다. 처음엔 물론 "그것이 불가능하다"는 것이었다. 벌이 어떻게 포탄을 빗나가게 할 수 있을까? 분명히 알파입자의 질량에 필적할 만한 무언가가, 전자보다 수천 배나 더 무거운 무언가가 그 원자 내에 존재해야만 했다. 러더퍼드는 이 '무언가'를 핵이라고 불렀다.

그 발견으로 톰슨의 자두푸딩 모형은 종지부를 찍고 곧 무거운 핵을 중심으로 전자가 그 주위를 도는 러더퍼드의 '핵원자' nuclear atom 모형으로 대치되었다. 전자들이 어떻게 궤도에 유지되는지는 아직 알려지지 않은 채였다. 즉 전자들의 '복사사' radiation death 문제는 여전히 해결되지 않았다. 그러나 러더퍼드는 이런 유형에 대한 상세한 설명은 이론가들에게 남겨두었다. 그는 실험적 사실만을 다루었으며, 원자가 무거운 핵과 전자들로 이루어져 있다는 것은 실험적 사실이었다. 그 이론의 마무리는 다른 누군가가 하면 되는 것이다.

러더퍼드는 이 연구로 노벨상을 받을 수 있었을지도 모른다. 그러나 그는 몇 년 전 이미 그 상을 수상했었다. 그것은 노벨상 수상자가 수상 뒤 더욱 중요한 연구를 했던 몇 안되는 사례 중 하나였다. 또한 놀랍게도 러더퍼드의 노벨상 수상은 물리학 부문이 아니라 화학 부문에서였다. 하지만 그는 항상 화학자들을 경시해 화학자로 분류되기를 꺼려 했다.

이야기를 계속하기 위해 몇 년 전인 1900년으로 거슬러 올라가 보자. 독일 베를린 대학교의 교수 막스 플랑크는 그 날의 중요한 문제

막스 플랑크

중 하나로 씨름을 벌이고 있었다. 금속이 가열되면 특정한 진동수에
서 더 많은 복사가 방출된다는 것은 밝혀져 있었다. 사실 '흑체'라는
이상적인 물체에 대해서는 어떤 주어진 온도에서 그 곡선이 항상 동
일했다. 방출된 빛의 밝기를 진동수에 따라 도면에 나타내면(주어진
온도에서) 그 곡선은 낙타의 혹 모양과 유사해서 진동수가 높아짐에
따라 올라가다가 갑자기 뚝 떨어졌다(그림 참조). 유럽의 유수한 과
학자들 중 일부가 그 곡선을 설명하려고 했지만 실패했으며 누구도
'그 혹을 따라가는' 수학적 표현을 이끌어내지 못했다.

　　한동안 그 문제로 씨름을 벌인 뒤 플랑크는 완전히 다른 접근을
시도해 보기로 결정했다. 그는 맞는 곡선을 찾아내기 위해 아무 곡선
이나 '억지로 끼워 넣고'는 일단 성공하면 그 뒤에 감춰진 물리학적
해석을 내리곤 했다. 약간의 시행오차를 겪은 뒤, 아마도 다소의 행운

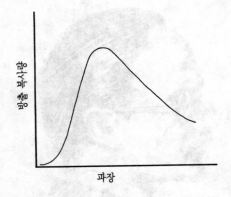

흑체곡선. 곡선은 다양한 진동수에서 방출되는 광량을 나타낸다.

덕택에 그는 그 곡선에 대한 수학적 표현을 얻기는 했지만, 물리적 해석은 그렇게 쉽사리 나오지 않았다. 그는 복사가 '덩어리' 즉 '양자' quanta ─그는 그렇게 불렀다─로 방출된다는 아이디어를 도입해야만 했다. 게다가 이상스런 새로운 상수 h도 도입해야 했다. 모든 것이 멋들어지게 들어맞는 것처럼 보였지만, 양자 개념은 혁명적이었다. 사실 너무나 혁명적이어서 동료들 누구도 받아들이려 하지 않았다. 사실 플랑크 자신도 그것이 최종 해답이라고는 전혀 확신하지 않았다.

그러나 기이하게도 그것이 효과가 있었다. 더욱이 수년 내에 아인슈타인이 그 아이디어를 이용해 광전효과를 설명했다. 광전관의 음극에 빛을 비추면 전자가 생산되어 양극으로 끌려간다. 특정한 진동수 미만에서는 전자가 전혀 방출되지 않았다. 즉 이 진동수 위에서는 그것들의 에너지가 진동수의 직선함수였다. 아인슈타인은 빛이 '양자'로 이루어져 있다고 가정함으로써 비상한 방법으로 그 효과를 설명했다. 이제 그러한 양자는 광자 photons라고 불린다. 이것은 그러나 본

질적인 문제를 안고 있었다. 몇 년 앞서 빛은 파동이라고 이미 밝혀졌
던 것이다.

보어와 핵원자

러더퍼드는 결점은 있으나 간단한 원자모형을 제시함으로써 그
기틀을 마련했다. 또한 플랑크는 '양자'라는 아이디어를 도입했다. 이
제 이러한 아이디어들을 결합시키는 일만이 남아 있었다. 그 일은 덴
마크의 물리학자 닐스 보어 Niels Bohr가 해냈다.

1912년에 박사학위를 받은 직후 보어는 캠브리지의 캐번디시 연
구소로 갔다. 거만하게 뻐기고 다니기는 했지만 그는 세상을 깜짝 놀
라게 할 만한 인물임에는 틀림없었다. 왜 그렇지 않겠는가. 그가 박사
학위 논문을 방어했던 코펜하겐의 강의실 안에는 친구들을 비롯해 일
반 마을 사람들까지 발디딜 틈도 없이 가득 모여 모두 한마음으로 그
에게 행운을 빌고 있었다. 신문들은 앞다퉈 그의 앞에 굉장한 미래가
놓여 있다는 기사를 실었다.

보어는 자신의 논문을 번역해서 연구소에 도착하자마자 톰슨에게
보여주었다. 그 논문은 톰슨의 원자모형에 관한 것이었으므로 그는
톰슨이 그 출간을 격려해 주리라 확신했다. 하지만 그런 행운은 없었
다. 그 논문은 읽혀지지도 못한 채 톰슨의 책상 위에 놓여 있었다. 어
쩌면 이것이 보어에겐 차라리 다행이었는지도 모른다. 그 논문은 톰
슨의 모형에 관한 몇 가지 심각한 잘못을 지적하며 비판하는 내용이
었기 때문이다.

많은 것을 기대했던 보어의 캐번디시 생활은 만족스럽지 못했다.

닐스 보어

분위기는 재미없고, 규칙이 너무 많았으며, 설상가상으로 그 새로운
'양자'에 대해 아는 사람도 관심을 갖는 사람도 없었다. 유럽대륙에서
일고 있는 흥분을 그곳에서는 찾아볼 수 없었다. 그러던 어느 날 보어
는 맨체스터에서 옛 동료들과 함께 방문 차 온 러더퍼드를 만나게 되
었다. 이론가는 별로 좋아하지 않는데다 대륙 출신의 사람들은 더욱
차별대우하는 러더퍼드였지만, 보어는 금방 마음에 들어했다. 열성적
인 축구 팬이기도 했던 그는 덴마크의 올림픽팀 스타 중 하나가 닐스
와 형제간이라는 사실을 알고 몹시 즐거워했다.

　　보어는 즉시 캐번디시 생활을 정리하기로 했다. 맨체스터 방문
초청을 받자 그는 재빨리 그 기회를 이용했다. 그리고 자신의 결정에
만족해 했다. 맨체스터의 분위기는 기대 이상이었다. 아이디어가 절로

보어의 원자모형

홀러나왔고, 토론 분위기도 자유로웠다. 게다가 러더퍼드는 보어가 핵 원자 모형에 관심 있어 한다는 사실을 알고 기뻐했다. 러더퍼드의 동년배 사람들은 대체로 회의적이었던 것이다.

보어가 맨체스터에 머문 기간은 6개월 정도에 불과했지만, 대단히 중요한 기간이었다. 후에 꽃피게 될 아이디어들이 이미 형성되고 있었다. 그의 머리 속에서는 행성모형이 맴돌고 있었다. "전자가 왜 핵 안으로 감겨 들어가지 않을까?" 그는 되풀이해서 이렇게 자문해 보았다. 막스웰 이론에 따르면 전자들은 감겨 들어가야 했다. 무언가 그 밖의 중요한 기본 원리가 있는 것이 분명했다. 문제는 있었지만, 행성모형에는 얻을 것이 너무 많았다. 보어는 만일 플랑크의 '양자'가 행성모형과 결합될 수 있다면 물리학에 혁명이 일어날 것이라고 확신했다.

코펜하겐으로 돌아오자 그는 그 모형에 대한 연구를 계속했다. 그는 전자가 특정한 궤도 사이를 뛰어넘을 때에만 복사가 방출된다고 확신했다. 그러나 그것을 어떻게 증명할 수 있을까? 그는 옛 급우가 코펜하겐으로 그를 방문했을 때도 여전히 그 문제를 궁리하고 있었다. 그런데 그 친구가 문득 그의 모형이 발머계열을 설명하는지를 물어왔다. 보어는 당황해서 그를 바라보았다. 그는 발머계열에 대해 한 번도 들어본 적이 없었던 것이다. 그 친구는 발머계열이 수소의 스펙트럼 선이라고 설명해 주었다. 보어는 재빨리 그것들을 조사했고 금방 이것이 바로 그가 찾고 있던, 전자들의 위치를 말해주는 수학적 공식을 가진 일련의 스펙트럼 선이라는 것을 알았다. 그는 얼마 되지 않아 발머계열을 완전히 설명하는 수소원자 모형을 갖게 되었다. 보어의 원자에는 전자들이 각운동량(질량×속도×중심에서 궤도까지의 거리)에 따라 특정한 궤도에 놓여 있었다. 즉 낮은 각운동량을 가진 전자는 핵에 가까이, 높은 각운동량을 가진 전자는 더 멀리 있었다.

그 아이디어는 너무 급진적이어서 누구도 선뜻 받아들이려 하지 않았지만 그렇다고 그에 반박하지도 못했다. 정말로 중요한 것들은 보어의 설명이 옳았기 때문이었다. 그는 그저 자연의 기본 상수들(물론 플랑크 상수 h를 포함해서)을 이용해 스펙트럼선 각각의 위치를 높은 정확도로 예측했던 것이다.

그러나 이상하게도 보어의 이론을 헬륨 원자로 확장하려고 하자 잘 듣지 않았다. 무언가가 틀린 게 분명했다. 그는 그 이론을 수정해 가면서 몇 년간을 노력했지만, 성공하지 못했다. 그는 그저 운이 좋았던 걸까? 후에 알게 되겠지만 이를 위해서는 보어의 아이디어보다도 훨씬 더 혁명적인, 완전히 새로운 아이디어가 요구된다. 보어는 그 기초작업을 충실히 해내 양자 도입이 열쇠라고 밝혔다.

보어는 캠브리지 체류를 도움이 되었다거나 만족스럽게 여기지는 않았지만, 캐번디시에 대해 부러워하는 것이 하나 있었다. 캐번디시는 과학자들이 동일 분야의 다른 과학자들과 만나고, 대화를 나눌 수 있으며, 함께 연구할 수 있는 상당히 명성 있는 국립연구소였다. 덴마크에는 그러한 시설이 없었으므로 코펜하겐으로 돌아온 보어는 곧 덴마

루이 드 브로글리

크에도 그런 연구소가 필요하다고 생각했다. 그는 유럽의 일류 과학
자들이 찾아와 자신들의 최근 이론을 논의할 수 있는 연구소를 설립
하고 싶었다. 그런데 그는 어처구니없게도 칼스버그 맥주회사를 설득
해 그 연구소를 지원하도록 했다. 유럽 전역의 과학자들이 몰려들었
고 이 새로운 연구소는 곧 이론물리학의 국제적 중심으로 떠올랐다.
그 이후에 나타난 대형 물리학 혁명의 아이디어들 가운데 많은 것이
바로 이곳에서 꽃을 피웠다.

　　그러나 이들 중 최초의 아이디어는 덴마크가 아닌 프랑스에서 나
왔다. 1922년에 프랑스의 왕자인 루이 드 브로글리 Louie de Bro-
glie는 아인슈타인 이론에 매혹되었다. 그는 아인슈타인의 가장 유명
한 이론인 상대론과 광이론 theory of light 사이에 어떤 관계가 있을

보어원자 주위의 드 브로글리 파동

까 궁금해 하기 시작했다. 그러나 물리학이 아닌 역사를 전공했던 그는 어려운 물리학 문제들을 다룰 수 있는 학문적 지식이 없었으므로 거의 아무런 진전도 이루지 못했다. 그 뒤 1차 세계대전이 발발하자 그의 연구는 중단되었다. 그러나 물리학에 대한 관심은 사라지지 않았다. 사실 그 관심은 오히려 무선통신에 관한 작업으로 증폭되었고 전쟁이 끝나자 그는 유명한 실험가인 형의 권유로 물리학 박사학위 과정을 밟기로 결심하게 된다.

학위 과정 동안 그는 보어원자와 빛의 파동-입자 이중성 사이에 관련이 있다고 확신하게 되었다. 만일 광자가 때로는 파동으로 때로는 입자로 행동할 수 있다면, 전자는 왜 안될까? 그는 아인슈타인의 초기 연구를 이용해 그러한 파동의 파장에 대한 관계를 이끌어냈다. 그리고 이것을 이용해 보어의 양자조건을 설명했다.

그의 연구를 이해하기 위해, 파동성질 일부를 살펴보자. 우리가 관심 있는 것은 특히 정상파 standing wave이다. 문손잡이에 밧줄의 한쪽 끝을 매고 다른 쪽 끝을 쥔 채로 물러나 밧줄을 흔들면 이런 파동을 쉽게 관찰할 수 있다. 만일 그 밧줄이 딱 알맞은 길이이고 적절한 속도로 흔든다면 문손잡이와 당신의 손 사이에 단 하나의 만곡선이 만들어질 것이다. 만일 그 밧줄을 더 빨리 흔든다면 두 개 혹은 세 개의 만곡선을 얻을 수도 있다. 드 브로글리는 자신이 유도한 공식을 이용해 다양한 보어궤도를 따라 그런 만곡선의 수를 계산했다(그림 참조). 흥미롭게도 그 수는 항상 정수였다. 이것은 궤도가 그 전자와 관련된 파동의 파장을 기초로 만들어진다는 것을 의미했다.

드 브로글리는 그 결과를 1924년에 자신의 박사학위 논문에 자세히 쓰고 심사위원회에 제출했다. 그는 이 시기에는 여전히 그 이론에 대해 확신하지 못해서 전자가 왜 입자와 파동 모두로 행동하는지를 설명할 수 없었다. 그가 그 이론이 맞다고 믿는 단 한 가지 이유는 그것이 효과가 있다는 점이었다. 심사위원들은 회의적이었지만, 침착히 행동했다. 드 브로글리의 논문 지도교수인 폴 랑게방은 아인슈타인의 견해를 들어보기로 결정했다. 놀랍게도 아인슈타인은 단번에 그 결과에 매료되었다. 그 다음해에 미국의 데이비슨은 그 아이디어가 옳다는 것을 실험적으로 입증했다. 그 논문이 통과된 것은 두말 할 나위도 없거니와 결국 물리학에서 가장 중요한 학위논문 중의 하나가 되었다. 박사학위 논문으로 노벨상을 수상한 것은 이것이 유일한 사례이다.

양자역학 발견

1920년대 초에도 오늘날처럼 많은 이론적 연구가 소수의 사람들만이 참석하는 콜로키엄을 중심으로 이루어졌다. 아이디어들을 주거니 받거니 하며 불꽃튀는 논쟁이 벌어졌다. 스위스의 취리히와 독일의 괴팅겐 두 곳 모두에서 그러한 형태의 콜로키엄들이 열렸다. 원자의 양자론인 양자역학은 대체로 이 두 도시에서의 토론을 통해 형성되었다.

에르빈 슈뢰딩거

　괴팅겐은 그렇게 중요한 아이디어들이 전혀 탄생할 것 같지 않은 장소였다. 더 큰 대학들이 있기는 했지만, 1920년대에는 물리학으로 세상에 알려진 대학은 하나도 없었다. 물론 양자역학의 핵심인 방정식 발견이라는 가장 중요한 사건은 괴팅겐이 아닌 취리히에서 발생했다. 취리히에는 스위스 연방 과학기술연구소와 취리히 대학교라는 두 개의 연구소가 있었다. 그러나 두 연구소 모두 물리학자들이 너무 적었으므로 더 나은 콜로키엄을 위해 공동개최를 결정했다. 두 연구소의 교수진이 모두 참석해서 강연을 했으며 콜로키엄의 진행은 피터 데비가 맡았다.

　한 번은 콜로키엄이 끝날 즈음 다음 강연을 누구에게 맡길 것인지 찾기 위해 데비가 주위를 둘러보았다. 브로글리의 놀라운 발견 소식이 알려지기는 했지만, 참석한 사람들 대부분이 상세히 알고 있지는 못했다. 데비의 눈이 마침내 취리히 대학교 교수인 에르빈 슈뢰딩거 Erwin Schrödinger에서 멈췄다. "슈뢰딩거 씨, 지금 별로 중요한 일을 하고 계시지 않은 것 같은데, 드 브로글리의 연구에 대해 말씀해 주시지 않겠습니까?" 그러자 슈뢰딩거는 그렇게 하겠다는 표시로 고개를 끄덕여 보였다.

슈뢰딩거는 1910년에 비엔나 대학교에서 박사학위를 받았다. 그는 또한 1차 세계대전 때는 포병대 장교로도 복무했다. 그러나 직업을 구할 길이 없었으므로 전쟁이 끝나자 물리학을 포기하고 철학 쪽으로 바꾸었다. 하지만 역시 대학에 자리 구하기가 여의치 않자 그는 마지못해 물리학자로서 남아 있었다. 그는 다른 사람들과 잘 어울리지 않고 혼자 연구하는 것을 좋아했는데 그것도 아마 장애물로 작용했을 것이다. 영국의 물리학자 폴 디락은 이렇게 말하기도 했다. "등에 배낭을 짊어진 슈뢰딩거는 마치 유랑자처럼 보인다." 사실 한 번은 대형 호텔에 투숙하려는데 종업원이 그의 교수 신분을 믿지 않아 저지당한 적도 있었다.

그 다음 콜로키엄에서 슈뢰딩거는 브로글리의 정상파와 또 그것이 어떻게 보어의 궤도를 설명하는지를 기술함으로써 브로글리 연구의 전말을 명확히 밝혀주었다. 그가 강연을 마치자 데비가 일어나 이렇게 말했다. "슈뢰딩거 씨, 파동에 관해 말씀하시는데 파동방정식이 하나도 없다니 우습군요." 겉으로 보기에는 중요하지 않은 의견일지도 모르나, 그 말로 인해 슈뢰딩거는 그러한 방정식이 어떻게 만들어질 수 있는지 곰곰이 생각하기 시작했다. 그리고 몇 주 후 그 주제에 관한 두번째 강연을 하게 되자 그는 이렇게 시작했다. "데비 교수께서 파동방정식이 있어야만 한다고 지적하셨죠. 제가 하나를 찾았습니다." 슈뢰딩거가 중요한 발견을 했음은 물론이었다. 그는 다른 사람들이 시류에 편승해서 자신의 새로운 방법을 이용하리라는 것을 알았으므로 그 이론의 중요한 응용들 대부분을 재빨리 풀어냈다. 논문들이 잇달아 슈뢰딩거의 이름을 달고 나왔다. 사실 그의 논문 시리즈는 한 권의 책으로 묶어져 결국 오늘날에도 양자역학의 입문서로 사용되고 있다.

슈뢰딩거 방정식은 의심할 바 없는 중요한 진전이었다. 그러나 그 방정식에 이상한 것이 있었다. 그 방정식은 그가 프시라고 부르는 불가사의한 파동함수를 기술했는데, 슈뢰딩거를 포함해서 어느 누구도 프시가 정확히 무엇인지 알지 못했다. 방정식의 일부가 의미하는 바를 모르고서도 계산을 해서 물리적 결과들을 이끌어 낼 수 있다는 것이 이상스럽게 들리겠지만, 이런 유형의 미분방정식에서는 이것이 가능하다는 사실이 밝혀졌다.

슈뢰딩거가 볼 때 프시는 전자의 파동을 표현한 것이었다. 그는 전자가 일종의 파동들의 중첩―'파동묶음'―이라고 생각했다. 이런 관점이 갖는 주요 난점은 파동묶음이 비록 초기에는 작고 촘촘하지만, 결국 점점 더 비대해진다는 사실이었다. 실제의 전자는 이렇지 않은 것이다. 괴팅겐의 막스 보른 Max Born은 슈뢰딩거의 파동묶음 해석을 받아들이려 하지 않았다. 그는 입자들의 자취를 보기 위해 특별히 만들어진 상자(그 발견자의 이름을 따서 윌슨 안개상자라고 부른다)에서 전자의 경로를 볼 수 있었는데 전자는 시간에 따라 부풀려지지 않았던 것이다. 그는 프시가 전자 자체를 표현하는 것은 아니라고 점점 더 확신하게 되었다. 그리고 1926년에 '확률' 파동설을 제안했다. 다시 말해서 프시(혹은 더 정확히는 프시의 제곱근)는 주어진 지점에서 전자를 발견할 가능성만을 주었다. 이것으로 양자론은 급진전을 맞았다. 그것은 더 이상 원자의 성질들을 확실히 결정할 수 있는 이론이 아니었다. 원자의 전자들은 '확률구름'이었다. 즉 그 궤도가 명확하지 않았다. 전자들은 그 궤도의 최대치 부근에서 많은 다른 위치에 있을 수 있었으므로 측정을 여러 번 해서 도면에 나타내면 선명치 않은 궤도를 얻는 것이다.

이 확률 아이디어는 독일 물리학자 베르너 하이젠베르크 Werner Heisenberg에 의해 곧 확인되었다. 이 시기에 하이젠베르크는 이미 잘 알려져 있었다. 슈뢰딩거가 파동방정식을 제안하기 이전에도 하이젠베르크는 오늘날 행렬역학이라 불리는 다른 양자론을 공식화했었다.

하이젠베르크는 1923년에 뮌헨 Munich 대학교에서 박사학위를 받은 뒤 괴팅겐으로 가서 막스 보른과 함께 일했다. 보른은 그에게 양자라는 새로운 아이디어를 소개해 주었다. 1924년에 그는 코펜하겐에서 보어와 함께 일했다. 대부분의 과학자들이 원자를 작은 태양계로 생각하기를 선호했지만, 하이젠베르크는 그러한 묘사를 마음에 들어 하지 않았다. 그는 그런 비유가 핵 주위를 도는 전자를 가시화하는 데 전혀 도움이 되지 않는다고 생각했다. 그가 볼 때 중요한 것은 실험가들이 만들어낸 숫자였다. 예컨대, 스펙트럼선과 관련된 숫자들이 있었다. 1925년에 그는 건강상의 이유로 북해에 있는 휴양지로 가게 되었다. 그는 분광학자들이 산출했던 실험 숫자들의 배열을 가지고 갔다. 오늘날은 행렬로 알려져 있지만, 그 당시 하이젠베르크는 그것에 관해 들어본 적이 없었다. 그러나 이것은 그에게 문제가 되지 않았다. 새로운 수학적 방법이 필요할 때마다 그는 직접 고안해 냈다. 이틀 내에 그는 새로운 원자론을 갖게 되었다. 오늘날 그것은 행렬역학이라 불린다. 그러나 그 시대의 물리학자 대부분은 행렬을 알지 못했으므로 그것은 잘 수용되지 않았다. 슈뢰딩거의 접근방법은 그보다 1년 뒤에 나오기는 했지만, 훨씬 덜 이질적이었으므로 더 많은 주의를 끌었다. 슈뢰딩거는 그러나 곧 그 두 이론이 동일한 이론의 다른 형태일

베르너 하이젠베르크

뿐이라는 것을 입증했다.

하이젠베르크가 보어의 아이디어를 확증할 수 있었던 것은 불확정성 원리의 도입 때문이었다. 이 원리는 운동량과 위치 같은 양을 다루는데 원자 수준에 대해서는 자연과 관련된 불확정성이 있다고 설명한다. 더 정확히 말해, 그 원리에 따르면 전자의 운동량과 위치를 동시에 고도의 정확도로 결정할 수 없다. 하나를 정확히 얻으면, 다른 하나는 그렇게 할 수 없다. 그것은 마치 하나가 다른 하나의 약간 위에 놓여 있는 두 물체를 현미경으로 보는 것과 같아서 한쪽에다 초점을 맞추면 다른 쪽은 그 초점에서 벗어난다. 한쪽에 초점을 맞추면 다른 쪽은 희미해진다. 나중에 알게 되겠지만, 그 원리는 운동량과 위치뿐만 아니라, 에너지와 시간에도 적용된다.

하이젠베르크는 많은 면에서 물리학에 전혀 관심을 둘 것 같지 않은 인물이었다. 그는 공산주의 지지자들과의 싸움에 자주 연루되는 혈기왕성한 십대였으며, 열성적인 산악 등반가였고, 뛰어난 피아니스트였다. 펠릭스 블로흐 Felix Bloch는 하이젠베르크가 슈만의 협주곡을 연습하는 것을 우연히 듣게 되었다(블로흐는 그 시기에 하이젠베르크의 아파트 바로 아래층에 살았다). 음악이 멈추자 곧 노크 소리가 들렸다. 블로흐가 문을 열자 거기에 하이젠베르크가 서 있었다. 그 둘은 한동안 이야기를 나누었는데, 물리학이 아닌 음악에 관해서였다. 하이젠베르크는 그에게 프란츠 리스트가 음계 일부를 매끄럽게 연주하지 못한다고 생각해서 1년 내내 모든 약속을 취소한 채 그 음계만을 연습했다는 말을 했다. 블로흐는 그때 하이젠베르크가 무언가 그 자신에 대해서 말하고 있다고 느꼈다. 왜냐하면 하이젠베르크는 늘 이런 식이었던 것이다. 물리적 의미를 찾을 때도 그는 완벽주의자였다. 그에겐 올바른 해답을 고안해 내는 솜씨, 전혀 오류가 없는 직관이 있었다. 그러나 그는 지나치게 추상적인 개념은 싫어했다. 블로흐가 한 번은 공간이 무엇인지를 알아냈다고 말했다. "그것은 그저 선형 연산자들의 마당이야."

그러자 하이젠베르크가 고개를 가로 저었다. "말도 안되는 소리. 공간은 푸르고 새들이 날아다니는 곳이야." 너무 지나친 추상적 개념은 쓸모가 없음을 암시하는 말이었다.

블로흐는 하이젠베르크가 항상 친절하고 따뜻했다고 묘사했지만, 2차 세계대전 동안에는 히틀러의 원자폭탄 프로젝트를 담당하는 무시무시한 사람이었다. 전쟁의 비밀엄수 때문에 독일인들이 얼마나 진전을 이루어내고 있는지 아무도 알지 못했다. 히틀러는 몇 차례나 곧 슈퍼 폭탄을 생산하게 된다고 호언장담했지만, 전쟁이 끝나자 독일인들이 폭탄을 만들어내려면 아직 멀었다는 사실이 밝혀졌다.

폴 디락

　양자역학에 두 가지 형태가 존재한다는 것이 이상하게 보일지 모르나 슈뢰딩거는 그것들이 동등하다고 밝혔다. 한편 그가 이렇게 밝히자마자 세번째 형태가 나타났다. 영국의 폴 디락이 '변환'이론이라는 또 다른 형태를 제시한 것이다.

　영국의 브리스톨에서 태어난 디락은 전자공학자로 출발했지만, 일자리를 찾기가 어려워 수학 쪽으로 바꾸었다. 그러나 다시 수리물리학으로 전환했고 바로 양자역학에 관해 일하게 됨으로써 유명해졌다. 변환이론을 도입한 것 이외에도 그는 양자역학을 확장하기도 했다. 슈뢰딩거 방정식은 광속 근처에서는 맞지 않았는데, 디락은 그 결점을 수선하는 데 착수해 곧 새로운 방정식을 얻었다. 그러나 이 새로운 방정식은 전자에만 적용되었다. 그것은 특히 전자의 스핀을 예측했으며, 또 전자 같지만 양 전하를 갖는 입자를 예측해 디락을 당황케 했다. 디락은 처음에 그것이 양성자일 것이라고 생각했다. 그러나 그 입자는 전자와 동일한 질량을 가졌던 반면, 양성자가 전자보다 거의 2,000배나 더 무겁다는 것은 이미 잘 알려진 사실이었다. 따라서 그 입자는 분명 양성자일 수 없었다. 1930년에 디락은 대담한 이론을 내세웠다. 전자에 질량이 같고 전하가 반대인 '반입자'가 있다고 예측한 것이다. 그 아이디어는 억지로 끼워 맞춘 듯해 보였으므로 2년 뒤 미국의 칼 앤더슨이 반전자를 발견할 때까지 진지하게 받아들이는 사람은 아무도 없었다.

앤더슨은 안개상자를 이용해 우주선에 의해 생산되는 전자들의 에너지를 측정하고 있었다. 우주선은 외부 우주에서 오는 '광선'(실제로 그것은 입자들이다)이다. 그의 안개상자에는 자기마당이 있어서 음으로 하전된 입자가 통과하면 어떤 특정한 방향으로 휘어지고, 양으로 하전된 입자는 그 반대방향으로 휘어졌다. 그리고 곡률 양으로 그 입자의 질량을 훌륭히 어림할 수 있었다. 앤더슨이 찾아낸 것은 전자의 질량을 갖지만 그 반대방향으로 휘어지는 입자였다. 본질적으로 그것은 마치 양으로 하전된 전자처럼 행동했다. 그는 그 새로운 입자에 양전자라는 이름을 붙였고, 오늘날도 그 이름으로 불리고 있다. 그는 또 전자를 음전자로 불러야 한다고 제안했지만, 그 이름은 전혀 받아들여지지 않았다.

이제 모든 입자에 반입자가 있다는 것과, 입자와 반입자가 만나면 상당한 에너지 방출과 함께 서로를 소멸시킨다는 것은 잘 알려져 있다. 이 에너지는 다른 입자, 즉 광자(빛과 관련된 '입자')의 형태를 띨 수 있다.

이것은 '가상광자' virtual photon라는 중요한 개념을 준다. 그러한 광자가 어떻게 존재할 수 있는지 불확정성 원리를 다시 살펴보자.

원자 수준에서 에너지와 시간과 관련된 불확정성이 있다고 언급하였다. 전자 같은 입자는 광자를 방출하지만 이 불확정성의 결과 매우 짧은 시간—광자의 에너지에 좌우되는 시간—내에 재흡수할 수 있다. 간단히 말해서 전자로 빨리 되돌아갈 수만 있다면 불확정성 원리의 역할 때문에 광자는 전자에서 '빠져 나올 수' 있다. 사실 광자는 동일한 전자로 되돌아갈 필요도 없다. 근처에 있는 또 다른 전자가 충분히 빨리 흡수한다면 그 전자에 의해 흡수될 수도 있다. 그러한 광자를 가상광자라고 부른다. 가상광자는 보이지는 않지만 존재한다는 것은 알고 있다. 뒤에 알게 되겠지만, 두 전자 사이에 일어나는 전자기력은 바로 이 가상광자 때문이다. 아니 하전된 두 입자 사이에 일어나는 것은 어떤 것이든 가상광자가 그 원인이다.

중성자 발견

1920년대 말에는 광자와 전자와 양성자, 이렇게 세 개의 입자가 알려져 있었다. 하지만 러더퍼드는 이미 또 다른 입자가 존재할지도 모른다고 제안했다. 헬륨 원자는 중성이지만, 핵의 무게를 볼 때 그 내부에 네 개의 양성자가 있어야 했다. 그러나 궤도상의 전자 두 개의 전하와 균형을 이루는 데 필요한 양성자는 두 개뿐이었다. 그는 이런 생각을 기초로 핵 내부에 중성입자—중성자—가 있다고 예측했다.

1930년과 1932년 사이에 몇 명의 물리학자가 이 새로운 입자를 발견할 뻔했다. 그들 가운데에는 일찍이 러더퍼드가 금에 충격을 가했던 것과 마찬가지로 베릴륨에 알파입자 충격을 가했던 율리오트-꾸리에 Joliot-Curies가 있었다. 그 충격으로 만들어진 생성물들을 조사

하자마자 그들은 근처의 파라핀으로부터 양성자들을 축출시킴으로써
그 존재를 드러내는 '어떤 종류의 복사'가 방출된다는 것을 알았다.
그러나 그들은 이 '복사'를 면밀히 조사하지 않는 실수를 저질렀다.
왜냐하면 1932년에 영국의 채드윅이 동일한 실험을 했는데, 알파입자
가 베릴륨 핵에서 나온 중성입자를 때린다고 가정하면 그 결과가 보
다 잘 설명될 수 있다고 결론을 내렸던 것이다. 파라핀에서 양성자들
을 축출시켰던 것이 바로 이 중성입자였으며, 이것이 바로 러더퍼드
가 가정한 '중성자'였다. 이제 헬륨의 무게 설명이 가능해졌다. 헬륨
원자의 핵은 양성자 두 개와 중성자 두 개로 이루어져 있으며, 그들
주위의 궤도에는 전자 두 개가 있었다. 물론 문제는 여전히 있었다.
중성자와 양성자가 어떻게 결합될까? 또한 자유 중성자 즉 원자의 핵
에 존재하지 않은 중성자가 약 12분 후에 양성자와 전자로 붕괴한다
는 것이 알려졌다. 그 현상은 베타붕괴 beta decay라고 하는데, 그
과정에서 베타입자가 방출되기 때문이다(이 베타입자는 물론 그저 전
자에 지나지 않다).

　이 붕괴에 대해서는 기묘한 것이 있지만, 더 상세한 언급을 하기
에 앞서 그 붕괴 자체에 대해 먼저 이야기해 보자. 중성자의 '반감기'
는 약 1,000초이다. 반감기란 입자들의 반이 붕괴하는 데 걸리는 시
간으로, 예를 들어 500개의 중성자가 있다면 1,000초 후에는 250개
만 남을 것이다. 이와 같은 붕괴에서 에너지와 운동량은 보존되는 것
으로 생각된다. 이것은 그 당시에조차도 잘 알려진 물리학 원리였다.
간단히 말해서 반응 전의 입자 에너지(운동량)는 반응 후의 에너지
(운동량)와 같아야 한다. 그러나 이 경우에는 에너지와 운동량이 보
존되지 않았다. 과학자들은 깜짝 놀랐다.

　이 문제는 1930년에 독일의 물리학자 볼프강 파울리 Wolfgang

볼프강 파울리

Pauli가 해결했다. 그는 베타붕괴에서 보이지 않는 제 3의 입자(후에 중성미자로 불려졌다)가 방출된다고 가정했다. 이렇게 하자 에너지와 운동량이 보존되었다. 그러나 중성미자는 전하도 질량도 없었으므로 포착하기가 대단히 어려웠다. 사실 중성미자가 발견되기까지는 30년이나 걸렸다. 파울리는 심지어 일시적인 생각으로 그 입자의 존재를 제안했던 것이었는지도 모를 일이다. 왜냐하면 그는 그것을 결코 논문으로 쓰지 않았던 것이다. 사실 그는 그 아이디어가 제안된 물리학회에 참석조차 하지 않았다. 독일 튀빙겐에서 개최된 이 학회에 참석하려면 취리히에서 열리는 그에게 특별히 중요한 댄스 파티를 빠져야 했던 것이다. 그래서 그는 자신의 아이디어를 약술하는 편지를 그 학회에 보내는 것으로 대신했다.

중성미자의 존재는 흥미로운 제안이었지만 심각하게 받아들이는 사람은 거의 없었다. 결국 안개상자에서도 볼 수 없는(중성입자의 흔적은 보이지 않는다) 무질량 입자에 누가 흥분하겠는가.

그 아이디어를 제시했을 때 파울리는 30세도 되지 않았지만, 이미 확실한 명성을 얻고 있었다. 21세 때는 오늘날도 여전히 사용되는 상대론에 관한 책을 저술했다. 같은 해에 박사학위를 받고 보어 밑에서 일했으며, 후에는 보른과 일했다. 파울리는 이론가로서는 나무랄데가 없었지만 실험가로서는 대단히 서툴렀다. 사람들은 그가 실험실에 들어갈 때마다 대부분의 장비가 작동을 멈추었다고 종종 농담하곤 했다. 물론 그는 실험가가 아니라 이론가였다. 말년에는 신랄한 비평가로 악명을 떨쳤다. 과학자들은 논문이 파울리의 손에 넘어가기 전에 그 아이디어에 틀림이 없는지 확인해야만 했다. 그는 하루에도 몇 사람쯤은 쉽게 죽일 수 있었다. 한 번은 굉장히 조잡한 논문을 발견하자 이렇게 말했다. "얼마나 나쁜지 틀린 곳이 한군데도 없군."

어쨌든 그가 취리히에서 춤추고 있는 동안, 튀빙겐의 물리학자들은 베타붕괴 때 중성미자가 방출된다는 그의 아이디어를 고찰했다. 베타붕괴 때 방출된 입자는 사실 중성미자의 반입자인 반중성미자였다. 그렇다. 중성입자조차도 반중성입자를 갖고 있다(7장, 152쪽, 아래 그림 참조).

파울리는 2년 뒤에야 비로소 스스로 자신의 아이디어를 소개했다. 그는 1931년에 캘리포니아에서 열린 미국 물리학회에서 그것을 발표했다. 아직도 대부분이 확신하지 못했지만, 참석자 가운데 그 당시에는 무명이었던, 곧 물리학의 거장이 될 앙리코 페르미 Enrico Fermi가 있었다. 페르미는 그 아이디어에 사로잡혀 그 이론을 둘러싼 전체이론을 발전시켰다. 그는 또한 그 입자에 '작은 중성자' 즉 중성미자라는 이름을 붙인 장본인이기도 했다. 그 이름은 어떤 의미에서

중성미자들의 자국은 안개상자에서 보이지 않지만 그것들이 충돌할 때 충돌 생성물들은 보인다. 중성미자가 이 사진의 꼭대기 근처에 있는 액체 수소 입자를 때린 후에 생기는 궤적이 보인다.

는 전하가 없다는 것을 제외하면 중성자가 중성미자와 아무런 공통점
이 없다는 점에서 매우 적절하지 못했다.

　중성미자의 성질을 살펴보면 왜 그 입자를 검출하기까지 30년이
나 걸렸는지 쉽게 알 수 있다. 대부분의 중성미자는 지구와 상호작용
하지 않은 채 그냥 지나칠 뿐 아니라 지구 10개를 일렬로 늘어놓는다
해도 대부분은 그냥 통과해 버릴 것이다. 그러면 어떻게 그 입자를 검
출할까? 가장 좋은 방법은 아마도 좋은 출처를 찾는 것이다. 1956년
에 클라이드 코완과 프레드릭 라인즈가 이 방법으로 그 입자를 검출
했다. 놀랍게도 핵반응기에서 수백만 개의 중성미자가 방출된다는 것
을 알았다. 유일한 문제는 그 입자들을 어떻게 '가두는가' 하는 것이
었다. 그들은 수소가 풍부한 표적을 도입함으로써 이 문제를 해결했
다. 수백만 개나 되는 중성미자가 그 표적을 통과하므로 시간당 약 세
번의 충돌을 얻을 수 있어 검출하기에는 충분했다. 실제로 그들이 본
것은 중성미자가 아니라 반중성미자였지만, 물론 그 존재는 중성미자
의 존재를 확실하게 했다.

　최초의 반중성미자를 발견하게 됨으로써 '불가사의한 중성미자
문제'는 해결되었다. 그러나 실제로 중성미자의 이야기는 아직 끝난
것이 아니었다. 몇 년 뒤 조금 더 무거울 뿐 정확히 전자와 똑같은 입
자가 발견되었다. 우리는 이제 그것을 뮤온이라고 부른다. 이 입자 역
시 중성미자를 갖는다. "전자 중성미자와 뮤온 중성미자와 같을까?"
과학자들은 의문을 갖기 시작했다. 실험 결과는 다른 것으로 나타났
다. 설상가상으로 훨씬 더 무거운 전자(후에 타우라고 불렸다)가 발
견되었고, 그것 또한 앞의 두 중성미자 모두와 다른 중성미자를 갖는
것으로 드러났다.

　그 뒤 또 하나의 놀라운 사실이 밝혀졌다. 중성미자가 무질량이

아닐지도 모른다고 제안된 것이다. 중성미자에 작은 질량이 있을지도 몰랐다. 1980년에 한 러시아 팀은 수소의 한 무거운 형태인 삼중수소로 행한 실험으로 이 질량을 측정했다고 발표했다. 과학자들은 당황했다. 그러나 그 실험을 입증하려는 시도는 많은 문제들로 지금까지 어려움을 겪고 있다. 따라서 중성미자 질량문제는 여전히 미해결 상태로 남아 있다.

유카와와 새로운 입자들

뮤온 혹은 μ중간자라고도 불리는 새로운 입자의 발견에 대해 살펴보기로 하자. 1936년에 그 입자가 발견되었을 때 과학자들은 그다지 놀라지 않았다. 1년 전에 이미 한 과학자가 그러한 입자를 예측했기 때문이다. 교토 대학교에서 연구하고 있던 일본의 물리학자 유카와 히데키 Yukawa Hideki가 바로 그였다. 아직 박사학위는 없었지만(학위는 수년 뒤에나 받았다) 1932년 그는 이미 그 시대의 중요한 물리학 문제들에 열중해 있었다. 중성자와 양전자 발견에 상당한 영향을 받은 것은 사실이지만, 가장 큰 영향을 준 것은 핵이 중성자와 양성자만으로 이루어졌다고 제안하는 하이젠베르크의 논문들이었다. 이에 앞서 핵에는 전자도 존재한다고 믿어지고 있었다. 이들 논문에서 하이젠베르크는 핵을 결합시키는 힘, 즉 양성자와 중성자를 결합시키는 힘에 대해서도 논했다. 그는 그것을 교환힘 exchange force이라고 불렀지만, 그 힘의 형성에 관해서는 상세한 언급을 하지 않았다.

유카와는 이 교환힘에 대해서 생각했다. 그는 전자와 양성자가 교환힘에 의해 결합되어 있다는 것을 알았다. 그것들 사이의 전자기

유카와 히데키

력은 광자 교환의 결과인 것으로 조사되었다. 동일한 아이디어를 핵
에 적용해 보면 어떨까, 그는 생각했다. 핵력이 전자기력과 상당히 다
르므로 교환힘은 다르겠지만, 그 아이디어는 효과가 있을 것이다. 유
카와는 전자보다 훨씬 더 무거운 아직 발견되지 않은 새로운 입자가
관련되어 있다고 결정했다. 적당한 계산을 하자 그 새로운 입자의 질
량이 전자질량의 약 200배이고, 양성자 질량의 1/10로 전자와 양성
자의 중간 정도로 나타났다. 그는 또한 음과 양의 변형이 모두 존재한
다고 결정했다. 핵은 이들 입자의 교환으로 결합될 것이다. 그는 그것
을 U 입자라고 불렀다. 그가 몇몇 동료들에게 자신의 발견에 대해 말
하자 그들 모두 뛰어난 아이디어라는 데 동의했다. 그 중 한 명은 그
러한 입자라면 안개상자에서 관찰되어야 한다고 지적해 주었다. 물론
그때까지는 그러한 입자가 발견된 적이 없었지만 유카와는 단념하지

않았다. 그는 1935년에 자신의 아이디어를 출간했다.

1년 뒤 전자질량의 거의 200배를 갖는 입자가 발견되었다. 유카와의 예측이 입증된 것이다. 아니, 정말로 입증된 것일까? 조사를 해보자 그 새로운 입자는 핵과 상호작용하지 않았다. 유카와의 입자는 핵의 교환입자였으므로 핵과 반응해야 했다. 그 새로운 입자는 유카와가 예측한 그 입자가 아닌 것이 분명했다. 그러나 이것이 이야기의 끝이 아니었다.

그 새로운 입자의 발견자인 칼 앤더슨이 그 발견을 할 수 있었던 것은 안개상자로 연구하는 대부분의 과학자들과는 다른 무언가를 시도했기 때문이었다. 그는 입자들의 속도를 늦추기 위해 상자 중앙에 납 판을 놓았다. 안개상자를 통과하는 대부분의 입자들이 너무 빨리 움직여서 자기마당에 크게 영향받지 않았던 것이다. 하지만 그 입자들이 납 판에 부딪히면 속도가 늦춰지므로 자기마당이 그 입자들을 더 많이 휘게 했다.

외부우주에서 오는 우주선은 지구 대기로 진입하자마자 대기의 분자들과 충돌한다. 이런 이유 때문에 가능한 한 대기 높이 올라가는 것이 중요하다. 앤더슨은 안개상자를 콜로라도의 파이크 산정으로 가져갔다. 얼마 되지 않아 그는 전자의 자국보다 덜 휘면서 양성자의 자국보다는 더 많이 휘는 자국을 발견했다. 그것은 전자와 양성자의 중간 질량을 갖는 하전된 입자이어야 했다. 사실 각 전하에 하나씩 그러한 입자가 두 개 있었다. 앤더슨은 그 입자를 메조트론이라고 불렀지만, 이 용어는 곧 메존(중간자)으로 줄여졌다.

그 중간자의 또 다른 특성은 단명이었다. 자유 중성자와 마찬가지로 그것 역시 붕괴했지만, 수명은 훨씬 더 짧아서 약 10^{-6}초 안에 전자와 두 개의 중성미자로 붕괴했다. 어떻게든 해서 이들 새로운 입

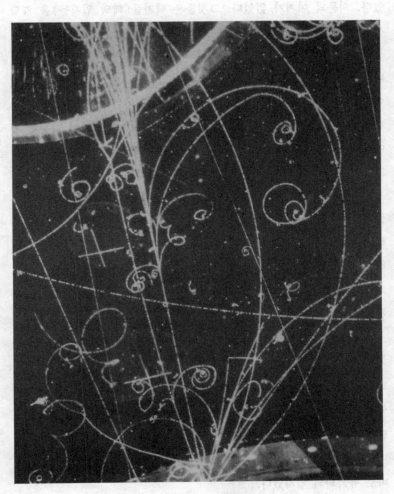

자기마당에 놓인 하전된 입자들. 자국들의 나선형 모양을 주목하라.

자들이 핵과 상호작용하도록 상당한 노력이 기울여졌지만 소용이 없었다. 의문의 여지가 없었다. 그것들은 핵자들(핵의 입자들)을 결합시키는 핵의 접착제가 아니었던 것이다. 과학자들은 이 문제로 오랫동안 난항을 겪었다. 그리고 마침내 어쩌면 아직 발견되지 않은 또 하나의 중간무게 교환입자가 있지 않을까 의문을 품기 시작했다. 만일이 새로운 입자가 핵과 상호작용한다면 그 입자가 대기 분자의 핵과 반응할 시간을 갖기 전인 더 높은 대기로 올라가야 발견이 가능할 것이다. 이것을 염두에 두고 영국 브리스톨 대학교의 세실 포웰과 그의 그룹이 프랑스의 알프스 산으로 여행을 떠났다.

지금까지 대부분의 입자가 윌슨 안개상자에서 발견되었지만, 상자들이 너무 컸고 많은 입자들의 자국을 관찰하려면 산에서 장기체류를 해야만 했다. 그러나 포웰은 새로이 개발된 사진기술을 이용해 특별히 준비된 많은 사진건판들을 설치하고 내버려두었다가 나중에 들고 가서 현상할 수 있었다. 그 사진건판들이 설치된 시간 동안 그것들을 통과한 입자들의 자국은 현상된 사진건판에서 모두 볼 수 있을 것이다.

예상대로 많은 수의 뮤온 자국이 있었지만, 뮤온보다 약간 더 무거운 입자들에 해당하는 자국도 보였다. 이들 새로운 입자들은 후에 파이온으로 불리게 되는데, 전자질량의 약 270배 되는 질량을 가지며 역시 양과 음의 두 가지 변형으로 나오는 듯했다(후에 중성 파이온도 발견되었다). 그 사진건판들을 잠깐 살펴보자 핵과 상호작용하는 흥미로운 입자들이 있었다. 이번에는 의심의 여지가 없었다. 그것들이 바로 유카와의 입자였다.

뮤온의 경우처럼 파이온도 약 10^{-8}초 후에 급속히 붕괴했다. 이제 파이온과 뮤온 이렇게 두 부류의 중간자가 있는 것으로 여겨진다. 파이온의 역할은 분명했다. 하지만 뮤온은 어디에 적합할까? 물리학자 라비 I. Rabi는 사실 뮤온에 대해 처음 들었을 때 얼굴을 찌푸리며 이렇게 말했다. "누가 그것들을 필요로 하나?" 뮤온은 사실 더 이상 중간자로 여겨지지 않는다. 그것들은 우리가 일찍이 논의했던 무거운 전자이다. 우리는 여전히 그것들의 역할이 무엇인지 확신하지 못한다. 그러나 후에 알게 되겠지만, 이 입자들은 자연의 물질체계에 잘 들어맞는다. 그것들이 우주에 어떤 특정한 대칭을 준다는 이야기이다.

겉으로 보기엔 새로운 입자들이 마구 쏟아져 나오는 것 같았지만 이것은 사실 시작에 불과했다. 1947년 말에 실험가들은 안개상자에서 V형의 이상한 자국을 발견하기 시작했다. 안개상자에서 보이지 않는 하전되지 않은 입자가 두 입자로 붕괴해서 V형의 자국을 그리는 것이 분명했다. 이들 두 입자는 결국 양성자와 양성 파이온임이 밝혀졌다. 그 보이지 않는 중성 입자에는 람다-0라는 이름이 붙여졌다. 그 입자는 몇 가지 면에서 이상했는데, 가장 이상스런 것은 수명이었다. 람다-0는 약 10^{-10}초 후에 붕괴했는데, 조사 결과 그것이 강한 상호작용을 통해 붕괴된다는 것을 알았다. 그런데 이런 유형의 보통 붕괴시간은 약 10^{-23}초였다. 무언가 잘못된 것이 분명했다. 람다-0의 수명이 너무 길었던 것이다.

그리고 다른 입자들이 더 있었다. 다른 V형들은 또 다른 중간자 가족이 존재한다는 것을 보여주었다. 그것들은 케이온 kaon이라고 불리는데 이들 역시 너무 빨리 붕괴했다. 후에 그러한 입자들이 더 발견되었다. 결국 그것들 모두를 '기묘입자' strange particles라고 불렀다. 또한 그것들이 항상 쌍으로 생산되어서 람다 하나가 생산되면 케이온도 하나 생산되었다.

새로운 입자들의 홍수가 시작되었다. 그러나 이 시기에는 여전히

전자, 양성자, 중성자, 광자, 중성미자, 소수의 중간자, 그리고 몇 개
의 기묘입자만이 알려졌을 뿐이었다. 그 뒤 입자가속기가 등장하게
된다.

제 3 장
입자가속기

로렌스와 입자가속기

1930년대까지는 대부분의 새로운 입자들이 안개상자나 사진 촬영을 이용해 관측되는 우주선 cosmic rays으로부터 검출되었다. 그러나 우주선은 바깥 우주에서 들어온, 대부분이 양성자인 활동적인 입자들이 우리의 상층대기 입자들과 충돌할 때 발생하는 것으로 이러한 충돌은 제어가 불가능하다. 하지만 더 이상의 진보가 이루어지려면 그러한 활동적인 입자들을 인위적으로 만들어내는 가속기가 필요했다.

이즈음 입자가속기를 만들어내려는 경쟁이 시작되었다. 그 업적을 최초로 성취한 인물은 영국의 존 콕크로프트와 어니스트 월튼이었다. 1929년에 그들은 대단히 높은 전압을 형성하는 전압증폭기를 고안함으로써 비교적 큰 가속도에 도달할 수 있었다. 기계의 성능은 대단히 제한적이었지만 그럼에도 불구하고 그들은 그것을 잘 이용해 1932년에는 리튬에 입자충격을 가함으로써 알파 입자들을 만들어냈다. 사실상 그들은 리튬과 수소를 결합시켜서 헬륨을 만드는 작업을 한 것인데 이것은 최초의 인위적인 핵반응이었다. 그들은 이 업적으로 1951년에 노벨상을 수상했다.

그러나 콕크로프트와 월튼이 가속기를 완성한 지 2년 뒤, 미국 MIT의 로버트 판 드 그라프 Robert Van de Graaff가 훨씬 더 나은 기계를 발명했다. 판 드 그라프는 양철 깡통과 실크 리본, 그리고 작은 모터를 이용해 그 기계의 원리를 생각해 냈는데, 훌륭하게 작동해서 막대한 전위를 일으킬 수 있었다. 이 기계는 여러분이 혹 과학 박람회에서 보았을지도 모르는 '번개 생성장치'라는 것으로 오늘날에도 여전히 많은 대학에서 사용되고 있다.

그러나 사이클로트론의 등장은 그 모두를 무색하게 만들었다. 캘리포니아 버클리의 어니스트 로렌스는 그 시기의 가속기에 중요한 문제가 있다고 확신했다. 당시의 가속기는 큰 전위차로 인해 발생된 단 한 번의 강력한 추진으로 가속시켰지만 로렌스는 작은 추진들을 여러 번 주어도 동일한 효과를 거둘 수 있으리라 확신했다. 사실 충분히 오랫동안만 지속된다면 그러한 기계는 더 큰 단일추진 기계들의 성능을 쉽게 능가할 수 있을 것 같았다.

로렌스는 1905년에 남부 타코타 주에서 태어났다. 그는 20세에 예일 대학에서 박사학위를 받은 뒤 1928년에는 23세의 나이로 버클리 대학의 교수가 되었다. 또 2년 뒤 정교수가 되었을 때는 그가 교수진 중 최연소였다. 그는 대단한 노력가로 그가 일생 동안 이루어낸 모든 업적은 엄청난 노력의 결과였다. 대학생 시절 그는 농가의 부인들에게 주방 용품들을 팔아 생계를 이어나갔다. 그는 하루에 18시간에서 20시간 일하는 날들이 허다했고, 비록 과로 때문에 57세라는 젊은 나이로 세상을 떠났지만 짧은 인생 동안 그보다 거의 두 배나 오래 사는 대부분의 사람들이 이루어낸 것보다 더 많은 것을 성취했다.

로렌스는 어느 날 밤 버클리 도서실에서 외국 저널을 읽다가 흥미로운 도면 하나를 발견했다. 그 논문은 독일어로 씌어 있었는데, 그의 독어실력은 형편없었지만, 도면은 쉽게 이해할 수 있었다. 논문을 훑어 내려가자 그것이 바로 그가 찾고 있던 것임이 분명해졌다. 그 논문은 '작은 추진들'을 가함으로써 입자들을 가속시키는 간단한 장치를 설명하고 있었다. 그 도면들을 보면서 로렌스는 그 장치를 개선시킬 수 있는 쉬운 방법을 생각해 냈다. 자기마당을 이용하면 입자들을 원형 궤도 안으로 휘게 할 수 있고, 입자들이 그 궤도의 특정한 지점을 지날 때 전압이 올라가도록 한다. 이렇게 하면 입자들을 더 큰 궤도로 이동시킬 수 있고 입자들이 다시 동일한 지점을 지날 때 또 한 번의 전압 상승을 준다.

그 다음날 아침 로렌스는 실험실로 달려가 과거의 학생이었던 스탠리 리빙스턴 Stanley Livingston과 함께 간단한 실험모형을 만들기 시작했다. 실제로 유용한 모형을 얻기까지 많은 결점을 제거해야 했지만 로렌스는 실패를 두려워하지 않았다. 그는 그 효과를 확신했으므로 극복할 수 없을 것 같은 어려운 문제에 봉착했을 때는 오히려 두 배로 더 열심히 일할 뿐이었다. 또 필요한 기계나 장치 대부분이 구입할 수 없는 것들이었으므로 로렌스 자신이 발명하고 만들어내야만 했다.

마침내 기계가 완성되었다. 그것은 불과 십여cm 길이의 작은 성냥갑 같은 것이었지만, 효과는 있었다. 로렌스가 제작한 많은 가속기의 원조가 된 이 기계는 두 개의 디이 Dee(그런 이름이 붙은 것은 그 모양이 글자 D와 닮았기 때문이었다─71쪽 그림 참고)로 이루어져 있었다. 양성자들은 그 중심 부근에서 도입된다. 두 디이 사이에 전압을 걸어서 양성자들이 음으로 하전된 디이 쪽으로 가속되도록 한다. 양성자가 그 디이에 이르면 전압 방향이 역전되어서 다시 최초의 디이 쪽으로 가속된다. 디이들 내부에서의 양성자의 전체 경로는 나

어니스트 로렌스와 그의 10cm 사이클로트론. (로렌스 버클리 연구소 제공.)

선형이다. 마침내 그 장치의 바깥쪽 가장자리에 이르면 양성자는 최대 가속도에 도달해서 자기마당으로부터 선형 살다발 형태로 방출된다.

　로렌스와 리빙스턴은 10cm 가속기로 시작해서 30cm 모형까지 계속해 나갔다. 1메가 전자볼트(1MeV) 생산은 바로 이 모형으로였다. 로렌스는 30cm 모형에서 70cm 모형으로 넘어갔고, 이제 물리학 건물 내에서 제작하기에는 기계가 너무 커지고 있었으므로 옆의 목조 건물로 옮겨갔다. 그것이 최초의 '로렌스 복사 연구소'였다. 하지만 그 건물은 역사적 기념물로 보존되지 못하고 불행히도 더 좋은 현대적 건물을 짓는다는 명목으로 헐리고 말았다.

사이클로트론의 원리. 하전된 입자들이 반대 전하를 가진 디이로
끌려간다. 그 뒤 안에 있는 디이의 전하가 역전된다. 전체 궤도는
나선형이다.

　그 '목조' 실험실에서 이루어진 업적들은 굉장하다. 로렌스의 연
구진들은 일주일의 7일을 주야로 끊임없이 일했다. 로렌스의 성공은
분명 그의 엄청난 전염성 열성 때문이다. 그를 위해 일했던 학생들과
다른 사람들은 일주일에 80시간 이상 일하는 것을 아무렇지 않게 여
겼다. 사실 혼자만 70시간 일했다면 그는 물리학에 진정으로 관심이
없는 사람으로 경멸당했을 것이다. 로렌스도 다른 사람들만큼 연구에
열심이었지만 결국 동료들에게 점점 더 많이 맡겨야만 했다. 보다 긴
급한 재정 문제가 발생했던 것이다. 더 큰 사이클로트론을 건립하려
면 막대한 자금이 필요했다. 그는 돈을 구하러 나섰다. 학술지원재단
으로부터 자금을 따내는 것이 그의 가장 중요한 임무가 되었다. 그는
이 부분에서도 탁월한 능력을 발휘해서 사람들에게 그 돈이 잘 쓰여

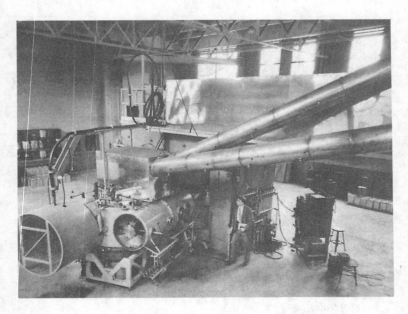

로렌스의 초기 사이클로트론 중 하나인 150cm 기계(1939).
(로렌스 버클리 연구소 제공.)

질 것이라고 확신시키는 데 성공했다.

1937년경 로렌스는 그 사이클로트론을 8MeV까지 밀어붙였다. 이제 중요한 실험들이 수행될 수 있었다. 이 기계가 '원자 파괴' 실험에 이용됨으로써 핵에 관한 상당히 많은 사실이 알려지게 되었다. 로렌스는 또한 그것을 의약품에 응용하는 문제에도 관심을 갖게 되었다. 그는 형제간인 의학박사 존과 함께 암 치료에 이용될 수 있는 라듐과 다른 방사능 원소들 생산에도 손을 댔다. 더욱이 그는 그 기계 자체에서 나온 입자들이 종양 치료에 이용될 수 있다고 밝혔다.

이 분야에 대한 그의 관심은 예상 밖의 일로 성과를 거두게 된다. 1938년에 어머니가 말기 암 진단을 받자 그는 어머니를 급히 버클리

2차 세계대전 중 로렌스 버클리 연구소의 467cm 사이클로트론.
(로렌스 버클리 연구소 제공.)

로 모셔가 방사선 치료를 받게 했다. 그녀는 방사선 치료를 받은 최초
의 암 환자 중 하나로 83세까지 살았다.

　　어느 일요일에 루이스 알바레즈가 로렌스와 이야기를 나누던 중
로렌스의 아들이 들어왔다. "수업사간에 사이클로트론에 대해 설명하
래요." 그가 아버지에게 이렇게 말했다. 그러자 로렌스가 연필과 종이
철을 꺼내더니 아들에게 설명하기 시작했다. "입자들이 자석 때문에
휘어져서 원형으로 돈단다. 그리고 입자들이 더 빨리 가면 자석만으
로는 쉽게 휘지 못하니까 입자들이 더 큰 궤도로 옮겨 가는 거야. 그
런데 중요한 것은 작은 원과 큰 원에 있는 입자들이 도는 데 걸리는
시간이 같다는 사실이란다. 그러니까 큰 원에 있는 입자들이 훨씬 더

상공에서 본 오늘날의 로렌스 연구소. (로렌스 버클리 연구소 제공.)

빨리 돌아야 한다는 말이지." 로렌스가 설명을 마치자 아들이 그를 쳐다보며 이렇게 말했다. "아이, 아빠, 그거 간단하네요." 알바레즈는 노벨상 위원회가 그에게 찬성 투표를 했을 때도 분명 똑같은 느낌을 가졌을 것이라고 말했다. 그는 1939년에 노벨상을 받았다.

로렌스는 계속해서 점점 더 큰 사이클로트론을 만들었다. 그는 100MeV를 생산하는 사이클로트론을 만들고 싶었지만 한계가 있어서 25MeV 이상에서는 작동하지 않았다. 이것은 소립자 연구에 필요한 에너지를 고려하면 낮은 에너지였으므로 확실히 더 높은 에너지를 얻는 방법이 필요했다. 사이클로트론에서는 자기마당은 일정하고 입자들이 중심으로 도입된다. 입자들은 디이 안에서 가속되어 더 큰 궤도

로 옮겨간다. 그러나 사이클로트론과 함께 그 입자를 비교적 높은 에
너지로 가속시킨 뒤 자석들로 둘러싸인 속 빈 원형 튜브 안으로 끼워
넣는다고 가정하자. 그 입자의 에너지를 다시 증가시키면 예상대로
더 큰 반지름을 갖는 궤도로 이동하겠지만, 동시에 자기마당도 증가
시킨다면 그 입자를 같은 궤도에 머물게 할 수 있다. 이것은 본질적으
로 자기마당을 증가시킴으로써 증가된 가속도를 보상하는 것이다. 이
런 유형의 기계는 싱크로트론 synchrotron이라 불리며, 세계 최대 기
계들 대부분이 이 유형이다. 이 경우에 살다발은 입자들의 주기적인
방출로 이루어진다. 그것은 입자들 그룹이 최대 에너지까지 올려져야
하기 때문이다. 사이클로트론에서는 연속적인 살다발을 얻는다.

　　그러나 그러한 기계에서 전자들을 가속시키려 할 때 문제가 있었
다. 모든 입자는 가속될 때 에너지 일부를 복사하는데, 복사로 나가는
양은 그 질량에 의존한다. 비교적 무거운 양성자는 복사를 많이 하지
않는다. 반면 전자는 가볍지만 복사를 많이 한다. 전자의 경우 약
100억eV 이상은 정말 어려운 일이다. 전자에 주는 에너지가 모두 복
사되기 때문이다. 이 문제를 해결하기 위해 과학자들은 선형 가속기
를 만들었다. 선형 가속기에서 전자들은 직선으로 가속되므로 복사손
실이 훨씬 더 적다. SLAC가 이런 유형의 최대 가속기로 캘리포니아
의 스탠퍼드 대학교에 있다. 뒷장에서 알게 되겠지만, 1960년대 말에
이 가속기와 함께 특히 중요한 일련의 실험들이 수행되었다.

검출기

　　일단 입자들을 대단히 높은 에너지로 가속시켜 표적으로 향하게

한 뒤에는 무슨 일이 일어나는지를 관찰해야 한다. 우주선의 경우 과학자들은 윌슨 안개상자를 이용해 입자들의 자국을 볼 수 있었다. 그 안개상자는 정화된 형태의 가스를 포함하고 있어서, 입자가 통과하면 원자에서 전자들이 떨어져 나와 이온들을 생산했다. 그리고 그 경로를 따라 물방울들이 형성되므로 그 흔적을 볼 수 있다. 그러나 형성된 물방울의 수가 비교적 적었고, 흔히 일어나지 않는 사건과 특별히 단명하는 입자들은 잘 관찰되지 않았다.

미시간 대학교의 돈 글래서 Don Glaser가 1950년대 초에 이 문제에 주의를 돌렸다. 어느 날 저녁 맥주를 마시며 바닥에서 거품이 올라오는 모습을 지켜보던 그에게 갑자기 이런 생각이 떠올랐다. 입자들의 이온 경로를 따라 거품이 일어나게 할 수 있을까? 로렌스가 사이클로트론으로 했던 것처럼 그는 즉시 작은 실험모형을 만들기 시작했다. 그 모형은 크기가 십여cm에 지나지 않았다. 그는 그 상자를 끓는점 근처에 있는 에테르(후에 그는 액체 수소로 바꾸었다)로 채우고 피스톤을 이용해 압력을 가했으며, 어떤 입자가 그 상자를 지나갈 때는 재빨리 피스톤을 뽑아 압력을 낮추었다. 그러자 예상대로 그 이온 경로를 따라 거품이 형성되었고 안개상자보다 흔적이 훨씬 더 잘 보였다.

곧 대형 모형이 제작되었다. 그 장치는 거품상자로 불렸고 오랫동안 가속기 실험실에서의 표준 입자 검출기로 사용되었다. 그러나 최근에는 보통 컴퓨터로 통제되는 전기 검출기로 대치되었다. 돈 글래서는 이 발명으로 1960년에 노벨상을 수상했다.

검출기와 가속기는 의심할 바 없이 입자 물리학자에게 중요한 두 도구이다. 지난 수십 년간 이루어진 많은 발명들은 전적으로 이것들 덕택이었다. 다음 장에서 이들 발견을 살펴보기로 하자.

제 4 장
입자 동물원

　　1950년대 초의 중대한 발견은 사진건판에 V자 흔적을 남기는 V 입자였다. 실제로 그것은 거꾸로 된 V자 모양이다. 그 시대의 과학자들은 V자 모양이 생기는 것을 사진건판에서 아무 흔적도 남기지 않는 중성입자가 붕괴되어 하전된 두 입자가 생기기 때문이라고 해석했다. 물론 그 하전된 두 입자의 존재 확인이 급선무였다. 어떤 V는 양성자와 음 파이온으로 붕괴되고, 또 어떤 V는 양 파이온과 음 파이온으로 붕괴되었다. 오늘날 앞의 V 입자는 중성 람다입자로, 뒤의 V 입자는 중성 케이온으로 불린다.

　　V 입자들은 정말 이상했다. 그 입자들은 약 10^{-10}초 후에 붕괴했는데, 일상의 표준으로 볼 때는 대단히 짧은 시간이었지만 입자물리학의 예상에 비해 터무니없이 긴 시간이었다. 그 입자들은 강한 상호작용(강력과 관련된 상호작용)을 통해 붕괴하는 것 같았으므로 수명이 10^{-23}초여야 했던 것이다. 그 입자들이 10조 배나 더 오래 살고 있었다. 무언가 틀린 것이 분명했다. 이런 이상스런 행태 때문에 그것들을 결국 기묘입자로 부르게 되었다.

　　기묘입자의 행태는 혼란을 일으켰다. 그러나 에이브라함 파이스 Abraham Pais는 기묘입자가 자연을 이해할 수 있는 중대한 열쇠라

거품상자의 입자 흔적

고 확신했다. 그는 기묘입자가 긴 수명을 갖는 이유가 강한 상호작용을 통해 붕괴하지 않기 때문이라고 확신했지만 그것을 입증하지는 못했다. 하지만 그는 기묘입자들이 쌍으로만 만들어진다는 탁월한 제안을 하면서, 그것을 '연관생성' associated production이라고 불렀다. 이것은 케이온이 만들어질 때 람다도 함께 만들어진다는 의미로 과연 그의 예측이 옳았음이 곧 입증되었다.

그럼에도 아직 많은 물음들이 답변되지 못했다. 그것들은 왜 쌍으로 생산될까? 왜 수명이 그렇게 길까? 비록 이러한 물음들에 대답할 수는 없었지만, 파이스는 많은 노력을 기울였다.

첫번째 기묘입자의 발견이 '입자 인구폭발'의 시작임에는 틀림없었지만, 진정한 의미의 시작은 2년 뒤인 1932년에 시카고 대학교의 엔리코 페르미와 그의 동료들이 최초의 공명 resonance을 발견했을 때였다. 페르미는 최초의 지속적인 핵분열 반응을 이루어낸 사람으로서 이미 세계적으로 유명해져 있었다. 그는 이탈리아에서 태어나고 그곳에서 교육을 받았으며 무솔리니 시대에는 로마 대학교의 물리학 교수를 지냈다. 비록 그 자신은 극단적인 위험에 처해 있지 않았지만, 아내가 유태인이었으므로 나치의 영향이 이탈리아로 번지자 페르미는 아내의 신변이 염려스러웠다. 이탈리아를 떠나는 것이 여의치 않던 상황에서 1938년에 노벨상 수상 소식이 발표되자 그는 그 기회를 이용했다. 그는 행사에 참석하기 위해 아내와 스웨덴으로 간 뒤 바로 미국으로 향했다.

페르미가 공명을 어떻게 발견했는지를 이해하려면 먼저 '자름넓이' cross section라는 것을 살펴보아야 한다. 자름넓이는 입자가 또 다른 입자에 의해 충격을 받는 산란실험에서 중요한 역할을 한다. 본질적으로 그것은 충격을 가하는 입자가 보는 '과녁 영역'이다. 물리학

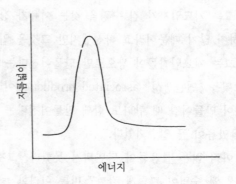

공명에 해당하는, 자름넓이의 '혹'

자들은 충격을 가하는 입자살다발로부터 흩어진 입자들의 수를 헤아려 그것을 측정한다. 페르미와 그의 그룹은 양성자에 파이온을 발사해서 그 결과 나타나는 자름넓이를 다양한 에너지에 대해 도면으로 나타냈다. 그런데 놀랍게도 도면에 불룩 튀어나온 혹이 있었다(그림 참조). 그러한 혹은 양성자와 파이온이 '융합'될 때에만 일어날 것이다. 대부분의 에너지에서는 파이온들이 양성자를 그저 흩어지게 했던 반면, 어떤 특정한 에너지에서는 융합 즉 결합이 일어났다. 융합된 상태의 수명은 그 혹의 너비로부터 결정될 수 있고, 그 질량은 입사하는 파이온의 에너지로부터 얻을 수 있었다.

    잠시 질량결정을 살펴보도록 하자. 충분한 에너지가 있는 한 입자들은 가속기에서 만들어질 수 있다. 필요한 에너지는 그 입자의 질량과 동등하다. 우리가 입자의 무게가 아닌 질량을 논의하는 이유가 사실 이 때문이다. 예를 들어, 양성자가 938MeV의 질량을 갖는다고 말할 때 이것은 양성자를 생산하는 데 938백만eV가 필요하다는 말이다. 마찬가지로 전자 하나를 만드는 데는 0.51MeV가 든다. 페르미가 발견한 공명의 경우 그 입사에너지는 약 1,230MeV였다. 이것은 그 공명이 1,230MeV의 질량을 갖는다는 의미이다.

그렇게 수명이 짧은 핵융합을 정말로 입자라고 말할 수 있을까? 처음에 물리학자들은 망설였다. '공명'이라는 단어가 사용된 것은 그것 때문이었다. 그러나 그것들은 결국 단명 입자로 인정되었다. 페르미가 발견한 단명 입자는 델타(Δ)라고 불렸으며, 후에 몇 개의 다른 델타가 발견되었다. 이제 모두 Δ^{++}, Δ^{+}, Δ^{-}, Δ^{0}가 있으며 여기서 오른쪽 위에 붙은 기호는 전하를 나타낸다.

파이온과 양성자가 융합해서 새로운 입자를 만드는 것처럼 다른 쌍들도 그랬다. 델타와 마찬가지로 그것들 역시 자름넓이 도면상의 혹 때문에 발견되었다. 사실 너무나 많이 발견되어서 '혹 사냥'은 곧 유행이 되었다. 몇 년 내에 문자 그대로 수백 개의 새로운 입자들이 확인되었다.

과학자들은 쏟아져 나온 입자들을 무게에 따라 분류했다. 양성자와 중성자 같은 무거운 입자는 하드론 hadron이라고 불렸으며, 전자 같이 가벼운 것은 렙톤 lepton이라고 불렀다. 하드론은 또 바리온 baryon과 중간 무게 입자인 중간자 meson로 나뉘었다. 이러한 분류가 유용하기는 했지만, 모든 입자를 다 감당하지는 못했다. 현재 알려진 렙톤은 몇 개에 불과하며 새로운 입자 대부분은 바리온이었다. 왜 바리온이 그렇게 많을까? 그것들은 서로 어떻게 관련되어 있을까? 그것들을 이해하려면 분명 그 이상의 무언가가 필요했다.

물리학자들은 입자들과 관련된 양자수 quantum number가 그 열쇠라고 생각했다. 양자수는 문자 Q, M, J, I, B, P로 나타내진다. 예를 들어 입자들 각각은 특별한 스핀을 갖는데 이 스핀은 팽이의 회전과 유사한 것으로 생각할 수 있다. 하지만 전자는 점입자 즉 무차원

입자여서 그러한 입자가 실제로 어떻게 회전하고 있는지를 알기란 쉽지 않다. 어쨌든 그 개념은 유용하며 모든 입자에 사용된다. 예를 들면, 전자는 1/2(더 정확히는 1/2 h/2π) 스핀을 갖는다. 더욱이 입자들은 시계방향이나 반시계방향 어느 쪽으로든 회전할 수 있으며, 각각 스핀업 spin up과 스핀다운 spin down으로 불린다.

1930년대 중반에 하이젠베르크는 돌스핀 isospin이라는 양을 도입했다. 그는 전하를 제외하면 양성자와 중성자가 실제적으로 동일하다는 것을 알아챘다. 그는 그것들이 동일한 입자의 다른 '상태'라는 아이디어를 도입하면서 이 입자를 '핵자' nucleon라고 불렀다. 그는 이 핵자가 돌스핀 공간이라는 가상 공간에서 팽이처럼 회전한다고 상상했다. 그 회전축이 위(up) 방향이면 양성자였고, 아래(down) 방향이면 중성자였다.

처음에는 하이젠베르크의 제안에 아무도 관심을 기울이지 않았다. 그러다가 1938년에 볼프강 파울리 밑에서 연구하던 러시아의 망명자 케머 N. Kemmer가 그 아이디어를 파이온으로 확장했다. 그는 세 개의 파이온(π^+, π^-, π^0)이 동일한 입자이며, 각각이 다른 돌스핀 상태에 있다고 제안했다. 그 아이디어는 후에 다른 그룹에도 적용되었다.

돌스핀은 곧 가치 있는 분류 도구가 되었지만 그것에 대해 더 말하기에 앞서 다른 양자수 몇 개를 간략히 살펴보자. 알다시피 입자들 역시 전하를 갖는다. 음 혹은 양 정수 값과 영(중성입자에 대해)을 띨 수 있는 양자수 Q가 그것과 관련되어 있다. 또 다른 양자수 M은 입자의 질량 즉 에너지와 관련되며, P라는 것은 홀짝성 parity과 관련된다. 홀짝성에 대해서는 후에 상세히 논의될 것이므로 지금은 그것이 입자 상호작용의 거울상이 가능한지의 여부와 관계된다는 것만

	중력	전자기력	강력	약력
범위	∞	∞	10^{-13}cm	$<10^{-13}$cm
교환입자	중력자	광자	글루온	W^+, W^-, Z^0
보기	천문학적 힘	원자력	쿼크 사이의 힘	베타 붕괴
세기	10^{-39}	$1/137$	1	10^{-3}

을 언급하기로 하자.

양자수가 특히 가치 있는 것은 보존법칙을 따르기 때문이다. 에너지 보존은 반응 전의 총에너지가 반응 후의 총에너지와 동일해야만 한다고 설명한다. 마찬가지로 양자수의 합도 상호작용 전후에 동일한 값을 가져야 한다. 그러나 모든 유형의 상호작용이 그러한 보존법칙을 만족시키지는 않는다. 예를 들어 돌스핀은 강한 상호작용에서는 보존되지만, 전자기 상호작용과 약한 상호작용에서는 보존되지 않는다.

상호작용이 논의되었으니 잠시 네 가지 유형의 주요 상호작용 마당에 대해 간략히 살펴보자. 전자기마당과 강한 마당은 이미 소개되었다. 전자기력은 원자를 결합시키는 힘이다. 핵 안에 있는 양성자의 양 전하는 그 주위 궤도에 있는 전자들의 음 전하를 끌어당긴다. 그러나 핵 안에는 중성자와 양성자 모두 있다. 그것들은 대단히 강력하지만, 영향 범위는 짧은 핵력에 의해 결합되어 있다. 또한 중성자 붕괴(베타 붕괴)와 같은 방사능 핵의 붕괴에 중요한 약한 핵력도 있다. 마지막 힘은 중력마당으로 여러분을 지구에 붙어 있게 하며, 지구를 태양 주위의 궤도에 묶어두는 힘이기도 하다.

양자마당이론에 따르면 이들 마당 각각은 가상 입자의 전이에 의해 형성된다. 예를 들면, 전자와 양성자는 광자의 전이 결과 서로에게 이끌린다. 이 경우에 '교환'입자는 광자이다. 마찬가지로 강한 상호작용의 경우 교환입자는 글루온이라는 입자이며, 약한 상호작용의 경우

에는 W 입자가 교환입자이다. 마지막으로 중력마당의 경우 그 교환
입자는 중력자이다. 이 네 입자 중 광자와 W 입자만이 검출되었지만
다른 것들도 존재하는 것으로 추정된다.

자, 돌스핀으로 돌아가자. 돌스핀은 입자들을 작은 가족으로 분류
하는 데 유용한 도구였다. 예컨대 중성자와 양성자는 양성자에 해당
하는 성분 하나와 중성자에 해당하는 성분 하나를 갖는, 돌스핀 '겹
항' doublet으로 분류되었다. 그것들은 대략 같은 질량과 같은 스핀과
돌스핀을 가졌지만, 전하가 달랐다. 파이온은 돌스핀 세겹항 triplet에
속했으며, 시그마 입자는 또 다른 세겹항으로 분류되었다. 그리고 점
점 더 많은 입자들이 발견되자, 그것들은 다른 돌스핀 가족인 '뭇겹
항' multiplet에 배당되었다.

그 뒤 머리 겔만이 나타났다. 그는 15살에 예일에 입학해서 19
살에 졸업하고 MIT에 들어간 지 3년 뒤인 1951년에 박사학위를 취
득한 천재였다. 그는 시카고 대학교의 페르미 밑에서 몇 년간 일한 뒤
프린스턴의 고등연구소에서 연구했고, MIT와 프랑스를 거쳐 마침내
칼텍에 정착했다.

최근의 인터뷰에서 겔만은 물리학으로 진로를 정하는 데 결정적
인 계기가 있었느냐는 질문에 "그렇다"라고 힘주어 말했다. "나는 수
년 동안 잘 이해하지도 못하면서 과학분야에서 좋은 성적을 받았어
요. 그저 필기를 하고 시험에 대비해 아이디어들을 그대로 되뇌는 기
계였죠. 그런데 대학원 1학년 때 하버드-MIT 이론 세미나에 참석한
뒤 그 모든 것이 변했어요." 그때까지 그는 그러한 세미나들이란 대
학원생들이 사람들에게 좋은 인상을 주기 위한 무대라고 믿었다. 그
러나 그 생각은 한 대학원생이 붕소 10 핵에 관한 자신의 박사학위
논문을 발표하는 자리에서 바뀌게 된다. 그는 자신이 붕소의 최저 스

핀 상태가 1이라는 것을 '입증'했다고 설명했다. 그러자 갑자기 겔만
옆에 앉아 있던 며칠 동안 면도도 하지 않은 게으르고 구접스러워 보
이는 남자가 벌떡 일어나더니 강한 어조로 이렇게 말했다. "그 스핀
은 1이 아니라, 3이야. 그것은 측정된 사실이라구." 겔만은 순간적으
로 과학이라는 것이 스승에게 깊은 인상을 남기는 것과는 아무 관련
이 없다는 것을 깨달았다. 가장 중요한 것은 관측과 일치하는 수를 만
들어내는 것이었다.

　물리학이란 바로 이런 것이었다. 같은 인터뷰에서 겔만은 이론
물리학자에게 필요한 것에 관해 이렇게 말했다. "도구는 간단합니다.
연필과 종이와 지우개, 그리고 좋은 아이디어죠." 그러나 그는 계속해
서 대부분의 아이디어가 좋지 않아서, 검토 도중 나오는 방정식과 메
모들이 쓰레기통 속으로 들어가 버리고 만다고 덧붙였다.

　겔만은 입자들을 돌스핀 뭇겹항으로 분류하는 일에 익숙해졌지
만, 무언가가 더 필요하다고 확신했다. 입자물리학은 여전히 혼돈 상
태였다. 그는 특히 기묘입자에 관심을 두었는데, 이유는 그 입자들의
긴 일생 때문이었다. 그 당시에 돌스핀 뭇겹항의 각각은 일종의 평균
전하인 전하 중심에 배정되어 있었다. 양성자-중성자 뭇겹항의 경우
양성자는 전하가 +1이고, 중성자는 0이므로 전하 중심은 +1/2에
있었다. 기묘입자는 또한 뭇겹항—겹항과 세겹항—에도 속해 있었
다. 예를 들어, 케이온은 0에 전하 중심을 갖는 세겹항에 놓여 있었다.

　언젠가 겔만은 강연 도중 기묘입자가 돌스핀 1을 가진 뒤, 재빨
리 1/2로 조정한다고 말했다. 그는 그 강연 내내 그것이 정말 가능할
까 의문스러웠다. 그는 전하 중심이 1/2로 옮겨지는 그러한 변화의
결과를 조사했고 그 아이디어가 확실할 뿐만 아니라 중요한 돌파구가
된다는 것을 깨달았다. 그는 기묘수 strangeness number라는, 전하

중심 변위의 2배인 새로운 양자수 S를 도입함으로써 약간 변형된 파이스의 '연관생성' 형태를 설명할 수 있었다. 겔만에 따르면 상호작용에서의 총 기묘도는 보존되어야 했다. 그는 비기묘입자(예, 양성자, 전자)에는 기묘도 0을, 대부분의 기묘입자에는 기묘도 +1을 지정했다. 그러나 기묘도 −2를 갖는 것도 있었다. 그리고 기묘입자가 붕괴해서 비기묘입자가 되므로, 이것은 '연관생성'을 수반하는 어떤 반응에서 기묘입자 중 하나는 S=−1을, 다른 하나는 S=+1을 가져야 했다. 즉 그것들을 합했을 때 0이 되어야 한다. 그런데 정말로 이것은 곧 사실로 밝혀졌다. 기묘입자의 긴 수명 역시 설명되었다. 기묘입자는 이제 독특하게 더 긴 수명을 갖는 약한 상호작용을 통해 붕괴할 수 있다.

새로운 양자수의 도입으로 입자들은 더 이상 간단한 돌스핀 뭇겹항으로 분류될 수 없는 듯했다. 기묘도 역시 고려되어야 했다. 그러나 다루어야 할 근원적인 수학인 무리이론 group theory이 있었다(무리란 그 이름이 내포하듯이 구성요소들의 집단이다. 간단한 무리로 모든 정수무리를 들 수 있다). 돌스핀을 다룰 때는 SU(2)(2×2의 단위무리로 불린다)라는 무리를 이용한다. 겔만은 기묘도를 편입시키려면 더 큰 무리가 필요하다는 것을 깨달았지만, 무리이론을 잘 몰랐으므로 어떻게 진행시켜야 할지 확신하지 못했다.

그런 와중에 다른 접근들이 시도되고 있었다. 시카고 대학교의 페르미와 그의 학생인 양첸닝 Yang Chen Ning은 일부 입자들이 다른 것들로부터 만들어질 가능성을 고찰했다. 그들은 특히 세 개의 파이온이 양성자와 중성자(그리고 그것들의 반입자)들로 구성되어 있다는 가정을 세웠다. 그들은 만일 양 파이온이 양성자와 반중성자로 구성되어 있다면 그 양자수가 훌륭하게 산출된다고 밝혔다. 또한 음 파이온이 중성자와 반양성자로 이루어졌다면 일치가 되었다. 파이온과 같은 중간 질량의 입자가 두 개의 무거운 입자로부터 만들어진다는 것이 이상할지 모르지만, 페르미와 양은 이 점을 간과하지 않았다. 그들은 그 과잉질량이 두 입자의 결합에너지, 즉 그것들을 결합시키는 에너지 안에 묶여져 있다고 가정했다.

페르미-양 모형에 이어 유사하지만 더 의욕적인 모형이 1956년에 일본의 이론가 사카타 시오치 Sakata Shiochi에 의해 개발되었다. 사카타는 단순히 파이온 뿐만 아니라 모든 입자를 설명하기를 바랐다. 그는 첫번째 단계로 페르미와 양이 사용했던 양성자와 중성자에 람다라는 또 하나의 입자를 첨가했다. 예를 들어, 양 케이온은 양성자와 반람다로, 음 케이온은 반양성자와 람다로 만들어질 수 있었다. 그의 방법에는 또 세겹항도 있었다. 사카타 모형은 무리이론[SU(3) 무리]에 기초를 두었다는 점에서 페르미 모형보다 더 완벽했다. 그 모형이 도입된 직후 몇 명의 다른 일본 물리학자들에 의해 확장되었지만, 결국 결함이 있는 것으로 드러났다. 그 모형은 중간자에 대해서는 상당히 잘 설명했지만, 바리온에 이르자 문제가 나타났다.

팔정도

겔만은 사카타가 올바른 길로 들어섰다고 확신하기는 했지만 그의 방법을 좋아하지는 않았다. 입자들 일부가 본연의 가족에 속하지 않았던 것이다. 게다가 그는 단순히 입자들을 분류하는 방법이 아닌 완벽한 마당이론을 찾고 있었다. 그는 프린스턴 고등연구소의 양과 밀스가 1954년에 도입한 아이디어 하나를 조사하기 시작했다. 그들은 특정한 유형의 마당이론들이 그것들에 대한 '유연성' 혹은 임의성—
이상하지만, 유용한 임의성이다—을 갖는다고 밝혔다. 겔만은 양-밀
스 이론 Yang-Mills theory과 유사하지만, 모든 입자를 설명할 어떤
무리에 근거한 것을 찾고 있었다. 양-밀스 이론은 돌스핀에 기초를
두고 있었으며 그것과 관련된 SU(2)를 갖고 있었다. 무리이론의 기
초를 알게 된 뒤 그는 돌스핀과 기묘도 모두를 편입시키려면 SU(2)
를 포함하는 더 큰 무리가 필요하다는 것을 깨닫게 되었다. SU(3)는
어떨까. 그것은 2×2가 아닌 3×3의 숫자 배열로 이루어졌다는 것
말고는 SU(2)와 유사했다. 결국 이것이 그가 필요로 한 무리로 밝혀
졌지만, 그가 그것을 깨닫기까지는 수개월이 걸렸다.

SU(3) 내에는 그 무리가 표현될 수 있는 방법이 다양했다. 세
입자가 가장 간단한 것으로 사카타가 사용한 방법이 바로 이것이었
다. 그의 기본 입자들은 양성자와 중성자, 그리고 람다였다. 그러나
겔만은 이 접근법으로 성공하지 못했으므로 가장 간단하며 '기초적인'
표현을 건너뛰어 다음으로 높은 차수로 넘어갔다. 그 안에는 8개의
입자가 있었다. 얼마 되지 않아 그는 알려진 입자들을 8개의 가족으
로 분류할 수 있다는 것을 알았다(그림 참조). 그는 가족마다 살펴보
며 모든 것이 잘 들어맞자 기뻤다.

그러나 완전히 만족한 것은 아니었다. 그는 원래 양-밀스 이론을
이용해서 제대로 된 마당이론을 얻고자 했지만 이런 접근이 갖는 문
제들이 너무 심각해서 그저 다양한 입자를 가족(뭇겹항)으로 분류하
는 것에 만족해야만 했다. 이들 가족들은 그림에 있다.

겔만은 그 방법을 팔정도 eightfold way라고 불렀다. 왜일까? 다
소 우습게 들릴지도 모르며, 사실 우스운 일이지만, 그가 그런 이름을
붙인 것은 자칫 심각했을 문제에 다소간의 유머를 섞고 싶었기 때문

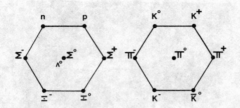

*겔만의 여덟 가족, 즉 팔정도. 가족내의 입자들은 모두 같은 스핀
과 바리온 수를 가지며, 그것들 모두 대략 같은 질량을 갖는다.*

이었다. 그것은 그의 다소 별난 성격 탓이기도 하다. 그는 불교신자들
이 그 종교 안에서 해탈하는 통로로 '팔정도'를 갖는다는 말을 들은
적이 있었다. 그런데 그의 방법에 8개의 입자가 있었으므로 그 이름
이 적절한 것 같았다. 그러나 당황스럽게도 그 농담은 기대에 어긋난
결과를 가져왔다. 사람들이 그 이름을 너무 진지하게 받아들여 그의
방법을 동양의 신비주의와 연결시키려 했던 것이다.

  불행히도 겔만이 SU(3)를 이용해 얻었던 배열에는 문제점들이
있었다. 우선, 가족들이 완전하지 않았다. 어떤 경우에는 입자가 있어
야 할 곳에 빈 공간이 있었다. 아직 많은 입자들이 발견되지 않았다는
것을 알고 있었으므로 이는 큰 문제라고 할 수 없었다. 그러나 그 기
초를 이루는 무리이론이 정말로 대칭적이라면, 한 가족 내에 있는 입
자들 모두가 같은 질량을 가져야 했지만, 그렇지가 않았다. 이것을 설
명하기 위해 겔만은 대칭이 '깨졌다'는 아이디어를 제시했다(후에 깨
진대칭이 소립자 물리학에서 중요한 역할을 한다는 사실을 알게 될
것이다). 겔만과 일본의 물리학자 오쿠보 수수무 Okubo Susumu는
독립적으로 이것을 이용해 가족 안에 있는 입자들의 모든 질량을 주
는 공식을 이끌어냈다.

머리 겔만

지금까지 나는 8가족에 대해서만 논했지만, 겔만의 방법에는 9가족과 10가족도 있다. 중간자들은 9번째 가족에 아주 멋지게 들어맞았지만, 10번째 가족이 문제였다. 따라서 겔만은 그것을 무시해 버렸다.

겔만이 팔정도 방법에 몰두하는 동안, 지구 반대편에서는 이스라엘의 물리학자 유발 네만 Yuval Ne'eman이 독립적으로 똑같은 발견을 했다. 1945년에 이스라엘 과학기술 연구소를 졸업한 이스라엘의 군장교인 네만은 중단과 계속을 거듭하는 물리학 연구 경력을 갖고 있었다(이스라엘이 전쟁에 연루될 때마다 중단되었다). 그러나 마침내 그는 중단을 거듭하고서는 아무것도 이룰 수 없다고 결정하고

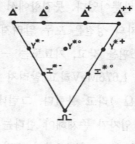

열겹항

박사학위를 취득하기 위해 영국으로 갔다. 그리고 런던에서 압두스 살람 Abdus Salam을 만나 결국 그 밑에서 연구하게 된다. 겔만과 마찬가지로 그는 무리이론을 이용해 입자들을 유사한 성질을 가진 가족들로 분류하는 일에 관심을 갖게 되었다. 그리고 겔만처럼 그 역시 기본적인 세 입자 표현에서 난관에 부딪혀 결국 여덟 입자 방식으로 넘어갔다. 살람은 처음에는 네만의 연구를 진지하게 받아들이지 않았지만 겔만이 똑같은 문제에 열중하고 있으며, 놀라운 진전을 이루어내고 있다는 것을 보여주는 논문이 도착하자 관심을 갖기 시작했다.

겔만과 네만의 경력에서 최고의 순간은 그들이 CERN에서 열린 소립자 학회에 참석했을 때인 1962년 6월이었다. 그때까지는 그 어느 쪽도 10개의 구성원을 갖는 가족인 열겹항 decuplet에는 관심을 기울이지 않았다. 그 밑면을 구성하는 네 개의 입자(네 개의 델타)가 알려져 있고, 심지어 그 아래에 있는 선(시그마)도 알려져 있었지만, 뾰족한 끝을 이루는 세 입자는 모두 행방불명이었다. 따라서 그 학회에서 그 열겹항의 다음 열에 속하는 두 개의 새로운 입자[이제 크사이 스타(r*)로 불린다]가 발견되었다는 발표가 이루어졌을 때 그들이 얼마나 놀랐을지는 어렵지 않게 상상할 수 있다. 이제 남은 것은 정점에 있는 단 하나의 빈칸뿐이었다. 뭇결합에서 그 위치가 알려져 있었으므로 사실상 그 입자의 성질은 모두 알려져 있었다. 그 입자는 음전하를 띠며 3/2의 스핀을 갖고, 기묘도는 −3이었다. 사실 그 입자의 대략적 질량조차도 1,676MeV라고 알려져 있었다. 겔만은 그 입자를 오메가-마이너스(Ω^-)라고 불렀다. 그런데 거의 동시에 두 사람이 손을 들어 새로운 입자가 존재해야 한다는 예측을 보고하려 했다. 학회장은 그 두 사람을 모두 바라보다가 겔만 쪽을 가리켰다. 겔만은 단상 쪽으로 성큼성큼 걸어나갔다. 그의 발표에 네만은 너무나 놀라고 당황했다. 후에 그 학회에서 겔만과 네만은 처음으로 대면하게 되었다.

이제까지 대부분의 물리학자들은 겔만이 무리이론을 가지고 장난하는 것에 대해 회의적이었다. 그러나 새로운 입자의 예측으로 갑자기 관심이 커졌다. 뉴욕 롱아일랜드에 있는 브룩하벤 국립 연구소의 니콜라스 사미오스 Nicholas Samios와 잭 라이트너 Jack Leitner는 학회가 끝나자마자 겔만에게 오메가-마이너스에 대한 정보를 요청했다. 그들에게 있어 그 발표는 '실험가의 꿈'으로 여겨졌지만, 브룩하벤 연구소 소장인 모리스 골드하버 Maurice Goldhaber가 동의해 줄지가 의문이었다. 그들은 좀더 확실히 일을 추진하기 위해 겔만에게 골드하버 앞으로 그 실험의 긴급함을 지적하는 짧은 편지를 써달라고 부탁했다. 겔만은 소리내어 웃고는 탁자에서 냅킨 한 장을 뽑아 짧은 편지를 써주었다. 그 편지는 효력이 있어서 골드하버는 가능한 한 빨리 일을 진행시키는 데 동의했다.

그 학회가 열렸던 CERN의 실험가들은 벌써 가속기로 달려가고 있었다. 브룩하벤에서는 사이모스와 라이트너가 윌리암 파울러 William Fowler와 팀을 이루어 곧 실험준비를 갖추었다. 첫째 안건은 오

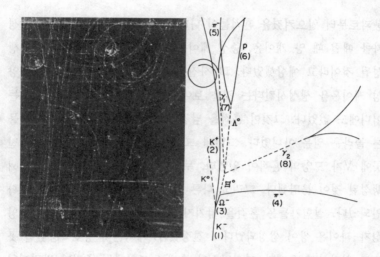

(왼쪽) 오메가-마이너스를 생성시킨 반응에 관련된 입자들의 흔적을 보여주는 사진. (오른쪽) 그 반응 때 나타나는 입자들을 확인하는 스케치. (브룩하벤 제공.)

메가-마이너스가 어떻게 생성되는지를 결정하는 것이었다. 그들은 양성자에 케이온 살다발을 투사하는 것이 가장 좋은 방법이라고 결정했다. 오메가-마이너스의 질량이 1,676MeV이므로 그 에너지 이외에도 그 반응으로부터 나올지도 모르는 어떤 다른 입자들을 생성하기에 충분한 에너지가 필요했다. 최소한 3,200MeV면 충분했지만 그들은 완벽을 기하기 위해 5,000MeV를 사용하기로 했다. 그 에너지는 그들의 가속기 범위 내에 있었다.

그 실험은 1963년 12월에 시작되었고, 1월 말 즈음에는 케이온-양성자 상호작용에 대한 거품-안개 사진을 50,000장이나 찍었다. 그러나 상세히 조사했지만, 오메가-마이너스의 존재를 나타내는 것은 전혀 발견되지 않았다. 그 뒤 1964년 1월 31일에 오메가-마이너스의 붕괴로부터 일으켜졌을 흔적들이 나타났다. 그들은 음 케이온이 양성자를 때릴 때 양 케이온, 중성 케이온과 함께 오메가-마이너스가 생성될 것이라고 예상했었다. 그 사진은 음 케이온이 상호작용해서 양성 케이온을 생성시킨다는 것을 보여주었지만 중성 케이온의 징조는 어디에도 없었다. 그것이 흔적을 남긴다고는 예상하지 않았으므로 물론 놀라운 일은 아니었다. 그런데 그 상호작용 위쪽으로 약간 떨어진 곳에 V자 모양의 흔적이 있었다. 두 흔적 중 하나는 양성자에 의해 생성된 것이 분명했다. 그리고 다른 하나는 음 파이온의 흔적으로 확인되었다. 실험가들은 흔적을 남기지 않는 람다-0 입자의 붕괴로 양성자-파이온 쌍이 생성되었다고 결정했다. 케이온이 상호작용했던 곳으로 연장하자 오메가-마이너스의 존재를 드러내는 증거가 발견되었다. 그것은 붕괴해서 중성 람다와 음 케이온이 되었다. 사이모스와 그의 그룹은 흥분했다. 몇 주 뒤 오메가-마이너스의 두번째 증거가 발견되었다.

지금까지 우리는 입자들의 질량이라든지 스핀, 기묘도, 그리고 그것들이 속해 있는 가족 등 입자들 자체에 대해서만 논의해 왔다. 그러나 입자물리학에는 입자 상호작용이라는 또 다른 면이 있다. 겔만과 네만 모두 자신들의 이론이 그러한 상호작용들의 결과를 예측하는 완벽한 마당이론이 되기를 바랐지만, 그렇게 되지 않았다. 그러나 마침내 마당이론 하나가 나타났다. 이제 몇 년 전으로 되돌아가 그것이 어떻게 나타나게 되었는지를 살펴보자.

제 5 장
무한대의 극복

에르빈 슈뢰딩거가 함수 프시를 묘사하는 파동방정식을 제시한 직후, 물리학자들은 물질과 마당이 어떻게 상호작용하는가에 관심을 갖게 되었다. 오래 전 마이클 패러데이는 마당이라는 아이디어를 도입했으며, 캠브리지의 클럭 막스웰은 탄탄한 수학적 기초를 마련했다.

마당은 무엇인가? 그것은 어떤 물리량이 공간의 각 지점에서 정의될 수 있는 범위이다. 아마도 여러분이 가장 잘 알고 있는 마당은 자기마당과 중력마당일 것이다. 자석(자기마당의 근원) 주위의 임의의 지점에서 그 마당의 강도와 방향 측정이 가능하다. 중력마당도 마찬가지다.

1920년대에 도입된 양자론은 전자기마당을 다룰 수 있게 해주었다. 슈뢰딩거 방정식은 물질을 다루는 데는 유용했지만, 마당에서는 사용에 한계가 있었다. 그런데 1927년에 폴 디락이 물질과 전자기마당 모두 양자화될 수 있다(양자 형태로 만들어질 수 있다)고 밝히는 논문을 출간했다. 그의 이론은 빛이 원자들에 의해 어떻게 흡수되고 방출되는지를 보여주었다. 그것은 과학자들이 이전에는 할 수 없었던 많은 계산을 가능하게 했다. 그러나 그 이론은 입자들이 광속에 가까운 속도를 가질 때는 타당하지 않았다. 상대성 이론이 아니었던 것이다.

그런데 디락은 1928년에 본질적으로 슈뢰딩거 방정식의 상대론적 확장이라고 할 수 있는 방정식(이제 그것은 디락 방정식으로 불린다)을 발표했다. 그것은 중요한 진전이었다. 그 방정식은 전자의 스핀 예측 이외에도 수소의 스펙트럼 선을 높은 정확도로 계산했으나 문제가 있었다. 디락 방정식은 양 에너지와 음 에너지를 모두 예측했다. 음 에너지의 의미가 무엇일까? 아무도 몰랐다. 알려진 입자들은 확실히 음 에너지를 갖고 있지 않았다.

그리고 디락의 천재성이 재차 성공을 거두기는 했지만, 그럼에도 그 당시에는 많은 사람들이 그가 지나친 망상을 하고 있다고 생각했다. 그는 사방에 음 에너지 입자 '바다'가 있지만, 가득 차 있어서 관측할 수 없다고 제안했다. 더욱이 그는 양 에너지 입자들은 음의 바다가 가득 차 있기 때문에 음 에너지로 전이될 수 없지만, 음의 바다에서 양 에너지로의 전이는 가능하다고 말해 사람들을 깜짝 놀라게 했다.

이것이 사실이라면 우리는 무엇을 관측할까? 디락은 양 에너지 전자의 출현과 음 에너지 바다에 남겨진 구멍의 효과를 보게 되며 이 구멍은 반대 전하를 갖는 입자로 나타난다고 말했다. 그러나 엄청난 직관에도 불구하고 이 부분은 결국 그를 곤경에 빠뜨렸다. 그는 주춤했다. 양 전하를 갖는 전자는 알려져 있지 않았던 것이다. 디락은 머뭇거리며 이 입자가 양성자일는지도 모른다고 얼버무렸다. 그러나 오펜하이머는 곧 이것이 불가능하다고 지적했다. 왜냐하면 그 새로운 입자가 전자와 다른 질량을 갖는다면 수소 원자가 불안정할 것이기 때문이었다. 디락은 그러므로 전하를 제외한 모든 면에서 전자와 정확히 동일한 '반전자' antielectron의 존재를 가정했다. 그것은 양 전하를 가질 것이다. 만일 음의 바다에 있는 전자에 충분한 에너지가 공

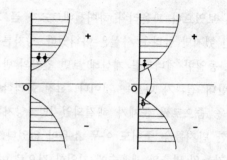

왼쪽 그림은 가득 찬 음의 바다를 보여준다. 오른쪽 그림은 그 바
다 안에 구멍의 생성을 보여준다.

급되면 양 에너지로 올려지며 그 과정에서 전자-반전자 쌍이 생성될
것이다.

대부분의 물리학자들은 그 아이디어를 터무니없는 것으로 여겼
다. 그러나 놀랍게도 2년 뒤 칼 앤더슨 Carl Anderson에 의해 양 전
하를 갖는 전자(일반적으로 양전자 positron라고 불린다)가 확인되었
다. 이것은 다른 입자들도 반입자를 갖는다는 의미일까? 디락은 그렇
게 설명했지만 그 이상이 발견된 것은 오랜 시간이 지난 뒤였다. 반양
성자는 그로부터 25년 뒤 확인되었다.

디락의 음 에너지 전자 바다는 당분간만 유용한 임시 방책에 불
과했다. 반물질은 이런 식으로 생성되지 않는다.

디락 방정식은 전자와 광자간의 상호작용에 관한 이론인 양자전
기역학의 기초가 되었다. 이론가들은 그것을 이용해 많은 계산을 할
수 있었지만 그것 역시 문제점들을 드러냈다. 1930년에 오펜하이머가
그 주요 난점을 지적했다. 그는 전자의 마당, 즉 전자의 '자체에너지'
를 이용해 그 상호작용을 계산했는데, 그것이 무한대로 나타났다. 처

음에는 불가능해 보였으나 파울리와 하이젠베르크가 곧 그것을 입증했다. 실망스럽긴 했지만 놀라운 사실은 아니었다. 양자론을 사용하지 않고 고전적으로 동일한 에너지를 계산해 보면 전자의 반지름이 영인 곳에서 역시 무한대 결과가 나오는 것이다. 고전 물리학에서는 전자에 유한 반지름을 줌으로써 문제가 해결되었지만, 양자론을 적용할 때는 전자에 유한 반지름을 주어도 아무 소용이 없었다. 자체에너지는 이제 가상 광자들의 방출과 재흡수에 기인한 것으로 여겨졌다.

무한 자체에너지가 발견된 지 얼마 되지 않아 또 다른 문제가 발생했다. 전자에 아주 가까이 가면 마당이 무한대에 접근했는데 하전된 입자의 질량 일부가 그 전자기마당 때문이라는 사실이 잘 알려져 있었으므로 그 전자의 전체 '질량'은 무한대였다. 이론가들은 당황했다. 전자의 전하마저 무한대인 것 같았다. 앞에서 보았지만 전자는 가상 광자들의 구름으로 에워싸여 있으며, 가까이 접근할수록 이들 광자수가 증가한다. 전자 가까이에 있는 광자들 일부는 충분히 활동적이어서 전자-양전자 쌍을 생성한다. 이들 쌍은 순간적으로만 존재할 뿐 다시 합쳐져서 광자를 형성한다. 이 순간 전자들은 약간 반발되고 양전자는 약간 이끌린다. 그 결과 전자의 '진짜' 전하가 걸러지는 것이다(그것은 이제 진공편극으로 불린다).

간단히 말해서 보이는 것이 '있는 그대로의' 전자 전하나 질량이 아닌 것 같았다. 그것은 가상입자 구름에 의해 걸러지고 있었다. 체로 거르는 이런 작용 때문에 우리에게는 이들 양이 유한값을 가진 것으로 나타난다. 1936년경 이 진공편극과 그 결과 초래되는 무한대 질량과 전하가 양자전기역학을 둘러싸고 있는 주요 문제로 떠올랐다. 이것을 어떻게 해결할 수 있을까? 빅토르 바이스코프 Victor Weisskopf 는 무한대를 포함하도록 질량과 전하를 재정의하는 되틀맞춤 re-

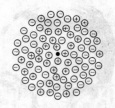

전자 주위의 가상 입자들. 전자의 진짜 전하가 이들 입자에 의해 걸러진다.

normalization이라는 방법으로 무한대를 제거할 수는 있겠지만 특별한 방법으로 행해져야 하므로 실제로 그렇게 하기가 어려울 것이라고 제안했다. 몇 년 뒤 크래머스 H. A. Kramers가 다시 동일한 제안을 했다.

마당이론의 운명이 다했다고 생각하는 사람도 있었지만 다른 사람들은 크게 걱정하지 않았다. 자체에너지와 진공편극 같은 것은 2차 효과인데다, 지금까지는 실험가들이 그러한 효과를 측정하지 못했기 때문이었다. 측정할 수 없다면 계산을 걱정할 필요가 없었던 것이다. 그러나 1933년에 이미 이들 효과가 고려되어야 한다는 실험적 증거가 있었다. 칼텍의 윌리암 휴스턴과 중국의 시에는 수소 스펙트럼의 세밀한 구조를 측정하고 모순을 발견했다. 런던의 윌리암스 W. E. Williams를 비롯해 다른 사람들도 역시 모순을 발견했지만, 서로 의견이 일치하지 않았다. 게다가 어떤 이들은 아무런 모순이 없다고 주장했다. 오펜하이머와 보어는 그 모순이 자체에너지와 진공편극을 무시한 결과일 수 있다고 제안했지만, 논쟁을 벌이느라 아무런 결론도 내리지 못했다.

그 뒤 전쟁이 터지자 수년간 더 이상의 연구가 이루어지지 않았

윌리스 램

다. 전쟁으로 일이 지연되기는 했지만 덕분에 콜럼비아 대학교의 윌리스 램은 매우 귀중한 경험을 하게 되었다. 램은 1934년과 1938년 사이에 오펜하이머 밑에서 마당이론으로 박사학위를 받았고, 콜럼비아에서 라비를 만나면서 마이크로파 분광학에 관심을 갖게 되었다. 그리고 전쟁 동안 마이크로파 레이더와 진공관 기술의 전문가가 되었다.

그가 수소의 에너지 준위 스펙트럼에 관심을 갖게 된 것은 1945년에 자신이 가르쳤던 수업 때문이었다. 그가 사용했던 교재는 휴스턴과 윌리암스의 초기 연구에 관해 설명했다. 그들의 방법을 면밀히 조사하던 그는 전쟁 중에 개발된 새로운 마이크로파 장비를 이용하면 그 실험을 훨씬 더 잘 할 수 있다는 것을 알았다. 그는 자신이 당시의 논쟁을 해결할 수 있으리라 확신했다. 디락의 이론에 따르면 수소 원자는 같은 에너지를 갖는 두 개의 상태($2S_{1/2}$와 $2P_{1/2}$)로 존재 할 수 있다. 만일 마이크로파가 수소를 통과해서 그 원자를 이들 상태 중 하나에서 다른 하나로 변환시킨다면, 그 두 상태가 정확히 동일한 에너지에 있지 않는 한 에너지가 흡수될 것이다. 그는 몇 차례의 모조 실험을 거친 뒤 과연 에너지가 흡수된다는 것을 입증했다. 즉 에너지 준위가 같은 위치에 있지 않았다. 그 편차는 작았지만 중대했으며, 이번에는 의심의 여지가 없었다. 램은 그 효과를 소수점 이하 여러 자리까지 측정할 수 있었다.

전쟁 전과 전쟁시에 램이 경험한 많은 실험은 대단히 귀중한 재산이었다. 오펜하이머 밑에서 이론가로서 일하는 동안 그 효과에 대해서 공부하기는 했지만, 그는 전쟁 기간에 주로 실험가로서 일했다. 첫번째 실험의 실패에도 그는 실험을 계속했고 마침내 필요한 많은 방법들을 잘 알고 있는 대학원생 로버트 러더퍼드를 만났다. 램은 러더퍼드와 함께 그 실험을 완전히 다시 디자인했고 곧 수소의 에너지 준위 이동을 측정할 수 있었다. 이 이동은 오늘날 램 이동 Lamb shift으로 불린다.

그 실험에서 도출된 두번째 중요한 결과는 미세구조상수 fine structure constant의 정확한 값을 얻은 것이었다. 이 상수는 전기 전하와 플랑크 상수, 그리고 광속의 조합으로 오랫동안 물리학자들의 호기심을 돋우었다. 다소 모호하기는 하나 에딩턴은 그것을 중심으로 한 이론을 발전시키기도 했다. 하지만 누구도 그 상수의 정확한 값을 알지 못했다. 램은 그 값이 1/137.0365라고 밝혔다.

램은 양자역학을 가르치던 중 노벨상 수상 전갈을 받았다. 대부분의 사람들이라면 수업을 즉시 중단하고 축제 분위기에 젖었겠지만, 그는 그 소식을 전해 준 심부름꾼에게 고맙다고 말하고는 계속해서 수업을 진행했다. 그리고 수업이 다 끝나서야 비로소 기자들과 만났다.

램의 실험에 관한 소식이 곧 새어나갔지만, 많은 사람들이 어렴풋이나마 그 놀라운 결과에 대해 처음으로 알게 된 것은 1947년 6월에 쉘터 섬에서였다. 전쟁이 끝났으므로 물리학자들은 옛 직장으로 돌아갔다. 마당 이론가들의 눈에 가장 먼저 띈 것은 양자전기역학에서의 무한대 문제였다. 그 문제를 해결하는 한 가지 방법은 학회를 소집하는 것이었다. 1947년 봄에 학회가 소집되었다. 대도시의 커다란 대학에서 열리는 오늘날의 대부분의 학회와는 달리 그것은 소규모 학회로 롱아일랜드에서 조금 떨어진 쉘터라는 작은 섬에서 열렸다. 그러나 바이스코프, 베테, 크래머스, 오펜하이머 같은 중요한 마당 이론가 대부분이 초청되었다. 그리고 유명한 고참자들과 함께 그다지 알려져 있지 않은 몇 명의 젊은 이론가들이 있었다. 줄리안 슈윙거 Julian Schwinger와 리차드 파인만도 그들 가운데 있었으며 물론 윌리스 램도 초빙되었다.

그 학회는 비록 규모는 작았지만 지금까지 개최된 가장 중요한 학회 중 하나였다. 양자전기역학은 그 학회를 통해 생존 가능하고 대단히 정확한 이론으로 탄생했다. 그 학회가 열렸던 호텔에는 그 사건을 기념하는 작은 황동판이 여전히 남아 있다. 그 학회는 6월 2일 오전에 램의 상세한 실험 설명으로 시작되었다. 그의 설명이 끝나자 참석자들은 양자전기역학에서의 고차 효과들을 계산해 유한값을 만들어야 한다는 것을 깨달았다. 그것들이 측정되지 못할 이유가 더 이상 없었다. 크래머스와 바이스코프는 이미 오래 전 2차 무한대가 '그 이론의 상수들을 재조정'하는 되틀맞춤을 통해 제거될 수 있다는 것을 지적한 바 있었다. 그러나 어떻게 논리적이고 일관된 방법으로 이 일을 할 수 있을까?

한스 베테 Hans Bethe는 자체에너지가 계산될 수 있다고 확신

줄리안 슈윙거

하고, 코넬로 돌아가는 기차 안에서 계산을 시작했다. 완벽한 상대론적 계산은 만만치 않았지만 비상대론적 계산은 그다지 어렵지 않으므로 되틀맞춤 방법이 효과가 있는지의 여부에 관한 한 유용한 길잡이가 될 것이라고 결정했다. 코넬로 돌아간 직후 그는 그 계산을 완성했다. 그리고 그것이 효과가 있다는 것을 알고 몹시 기뻤다. 비록 미완성된 계산이었지만 그것은 관측 편차의 90% 이상을 예측했다. 그는 상대론적 계산이 그 나머지를 설명할 것이라고 확신했다. 사람들은 베테의 계산에 대해 듣고 놀라서 어리벙벙해졌다. 그것이 결코 그렇게 어렵지 않았기 때문이었다.

그러나 더 완전하고 정확한 계산이 요구되었으므로 그 학회에 참석한 많은 사람들이 즉시 그 일에 열중했다. 바이스코프는 그 문제를 벌써부터 붙잡고 있었지만 진척이 느렸다. 파인만과 슈윙거도 참여했고, 심지어 본래 이론가였던 램조차도 몰두하기 시작했다. 해답에 가장 먼저 도달한 사람은 램과 크롤 N. Kroll이라는 학생이었다. 중요한 단계였음에도 그들이 무한대를 제거하는 데 사용한 방법은 서툴고 신뢰할 수 없는 방법이었다. 보다 논리적이고 일관된 방법이 필요했다. 그리고 곧 그 방법이 나왔다.

첫번째 쉘터 섬 학회가 대단히 성공적이었으므로 그 다음해에 두번째 학회가 개최되었다. 똑같은 이론가들이 다시 참석했으며, 닐스 보어도 왔다. 지난 학회의 스타는 윌리스 램이었지만 이번 학회의 스타는 줄리안 슈윙거였다.

슈윙거는 1918년 뉴욕 시에서 태어났다. 그는 수백 쪽 길이의 계산을 하는 것 정도는 아무렇지도 않게 여겼던 천재였다. 그는 일찍부터 수학에 특별한 재능을 보였다. 그는 계속해서 선생님들을 깜짝 놀라게 했다. 그는 다른 학생들에 비해 너무나 앞서 있어서 고등학교를 마치기도 전인 16살의 나이로 콜럼비아 대학교에 전학되었다. 같은 해에 그는 자신의 첫번째 논문을 출간했으며 1년 뒤 학사학위를 받았다. 그는 21살 때 박사학위를 받았다.

대학시절 슈윙거는 수업에 거의 참석하지 않아서 선생님들을 당황케 했다. 그들은 수업에 들어오지 않으면 낙제시키겠다고 위협했지만, 특별히 마련된 시험을 그가 너무나 잘 치러냈으므로 그러한 협박들은 금방 잊혀졌다.

어떤 이는 슈윙거가 25살 때 물리학의 90%를 알았으며 나머지 10%를 배우는 데는 단 몇 개월이 걸릴 뿐이라고 말하기도 했다. 그는 확실히 만물박사였다. 그는 모든 것을 알고 있었다.

대학시절 그는 한쪽 옆에 항상 노트를 두고 짬이 날 때마다 노트를 방정식들로 채웠다. 우연히 그 노트를 보게 된 어떤 교수는 많은

과학 논문들의 결과—다른 사람들에 의해 계산되어서 출간되기 전의
중요한 결과들—가 수록되어 있는 것을 알고 깜짝 놀랐다.

슈윙거는 펜실베이니아 학회에서 첫번째로 강연했다. 램 이동 측
정이 그에게 큰 영향을 미친 것은 사실이지만 그는 그 학회의 또 다
른 결과에 관심을 갖고 있었다. 그것은 유사 자기 전자의 자기마당과
관련된 유사 자기모멘트 anomalous magnetic moment라는 효과였
다. 그 계산은 대단히 길고 복잡했지만, 엄청나게 빨리 이루어졌다.
그 뒤 그는 램 이동과 되틀맞춤 쪽으로 관심을 돌렸다. 여기서 그는
사실상 처음부터 시작했다. 그는 논리와 독창력으로 양자전기역학을
주의 깊게 재구성해서, 문제점들 각각과 그것이 어떻게 극복될 수 있
는지를 보여주었다. 그것은 수백 쪽의 계산이 필요한 길고 어려운 작
업이었다. 도중에 많은 실수를 했지만 그는 결국 모든 것을 묶어 그
이론을 논리적으로 짜 맞추었다.

그는 그 학회의 스타였다. 심지어 닐스 보어조차도 그의 대단한
수학적 통찰에 경외감을 표했다. 그가 강연을 끝내자 무한대는 사라
지고 양자전기역학은 생존 가능한 이론으로 되살아났다. 이제는 문자
그대로 모든 전자역학 상호작용들이 어떤 차수의 근사값으로도 계산
될 수 있었다(적어도 이론적으로는). 그리고 후에 밝혀졌지만 실험과
의 일치도 놀라웠다.

그러나 보어나 오펜하이머처럼 모든 사람이 슈윙거의 방법에 매
혹된 것은 아니었다. 그 방법은 대단히 복잡했고, 그가 도입한 대규모
의 수학적 구조가 어찌나 다루기 힘들었던지 오직 슈윙거만이 그것으
로 연구할 수 있을 것 같았다. 한 비평가는 성이 나서 후에 이렇게 말
했다. "다른 사람들은 여러분에게 그것을 어떻게 하는지를 보이기 위
해 논문을 출간하지만, 줄리안 슈윙거는 여러분에게 오직 자신만이

리차드 파인만

그것을 할 수 있다는 것을 보이기 위해 논문을 출간한다." 기묘하게
도 같은 학회에서 그 문제에 대한 훨씬 더 쉽게 이해되는 두번째 해
답이 제시되었다. 보어와 오펜하이머가 그 해답을 심하게 비평했지만
몇 년 뒤 그것은 대중적 방법이 되었다. 이 두번째 방법을 제시한 사
람은 리차드 파인만 Richard Feynman이었다.

　슈윙거와 마찬가지로 파인만은 뉴욕 시에서 태어났다. 그는 1939
년에 MIT에서 학사학위를 받았으며, 1942년에 프린스턴 대학교에서
박사학위를 받았다. 그는 머리 속에서 쉽게 복잡한 계산들을 할 수 있
었다. 그는 사람들이 10초 안에 말할 수 있는 문제라면 자신이 60초

안에 풀 수 있다고 장담하곤 했으며 그의 그런 말은 거의 사실로 드러났다. 그러나 그의 경력만 본다면(그는 최근에 자신의 이야기를 엮어 재미있는 책 한 권을 출간했다) 그에게 언제 물리학을 할 시간이 있었을지 궁금할 것이다. 그는 동료들에게 장난치기를 좋아하고, 새벽 2시에 봉고 북을 두드리며, 라스베가스의 쇼걸들을 쫓아다니고, 잘 떠드는 명랑한 사람이었다. 로스알라모스에서 일하는 동안 그는 금고 열기로 상당히 유명했다. 그는 때로 근처 책상 맨 위쪽 서랍에 다시 갖다 놓겠다는 쪽지를 남긴 채, 잠긴 금고에서 1급 비밀 문서들을 '빌려' 가곤 했다. 그 연습으로 분명 흰머리가 조금 생겼을 것이다. 그의 농담의 대상이 되었던 사람들 대부분은 그것이 우습다는 것을 알지 못했다. 이런 모든 행동들로 볼 때 그가 이루어낸 그 많은 것들이 어떻게 성취되었을까 궁금해진다.

물론 그는 물리학에 상당한 시간을 쏟았다. 그에게도 모든 정력이 소모됐다는 느낌이 들고, 때로 물리학에 넌더리가 났던 시기가 있었다. 가장 위대한 업적인 양자전기역학의 되틀맞춤을 이루기 직전 그가 생산적 과학자로서의 자신의 삶은 끝났다고 느꼈다는 사실은 흥미롭다. 그는 로스알라모스에서 폭탄 제조를 도왔던 자신이 올바른 일을 했었는지 다시 생각하기 시작했다. 더욱이 결혼한 지 몇 년 되지 않아 아내가 결핵으로 사망한 뒤였다. 어쨌든 그 모든 일로 그는 물리학을 할 수 없었으며, 심지어 물리학에 관해 생각조차 할 수 없었다. 그는 이제 끝장이라고 확신했다.

그 뒤 기적이 일어났다. 대부분의 사람들에게는 기적으로 보이지 않았지만, 파인만에게는 그랬다. 그가 코넬의 카페테리아에 앉아 있을 때 한 학생이 공중으로 접시를 들어올려 약간 회전시켰다. 파인만은 그 접시가 회전하고 비틀거리면서 올라갔다가 그 학생의 손으로 다시 떨어지는 것을 지켜보다가 갑자기 왜 자신이 물리학에서 더 이상 '흥분'을 얻고 있지 못한지를 깨달았다. 그는 물리학을 지나치게 심각하게 받아들이고 있었다. 학생시절 그는 계산을 했지만, 수백 개의 그런 계산들은 '그저 재미를 위해서'였다. 그는 사물들을 알아내고, 그것들이 어떻게 작용하는지를 결정하며, 어떤 원리가 관련되어 있는지 알아내기를 무척 좋아했다. 그것은 억제하기 어려운 욕망, 그렇게 하고 싶다는 충동이었을 뿐 아무도 그를 강요하지 않았다. 그는 그저 하고 싶어서 했던 것이다. 그러나 이제는 의무감에서 일을 했고, 결과적으로 즐거움은 사라지고 없었다. 게다가 성취되는 것도 없었다.

그 기적을 일으켰던 것은 바로 이런 시각의 변화, 즉 하고 싶어서 그저 재미로 계산한다는 생각이었다. 그는 한스 베테가 자체에너지 문제에 몰두하고 있다는 것을 알고 있었다. 그 역시 몇 년 전 그 문제를 장난삼아 해보았고, 베테가 약간의 진전을 이루어냈다는 것도 알고 있었지만, 그는 그 문제에 어떤 기여를 할 수 있으리라 확신했다. 그는 결국 이 일로 노벨상을 받게 되었다.

그럼에도 불구하고 문제점은 많이 남아 있었다. 그는 그 이론을 발전시키고, 새롭고 유용한 도면을 고안해, 펜실베이니아 학회에서 그 결과를 제시했다. 그의 강연은 슈윙거 바로 다음이었다. 슈윙거의 강연이 많은 수학적 복잡성에 집중되어 있었던 반면, 파인만의 강연은 새롭고 기이했다. 그는 칠판에 작은 도면들을 그린 뒤 자신이 무엇을 하고 있는지를 설명했다. 그러나 너무나 많은 부분이 직관적이었으므로 아무도 그의 설명을 이해하지 못했다. 보어는 너무나 격분해 파인만에게 집으로 돌아가서 양자역학을 다시 배우라고 말했을 정도였다 (그러나 불과 몇 년 전 보어는 파인만이 두려움 없이 자신의 의견을 말한다는 이유로 그를 로스알라모스에서 자문인으로 발탁했었다). 파

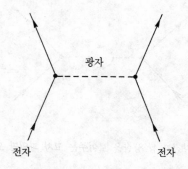

두 전자의 충돌을 묘사하는 파인만 도면. 그것들 사이에서 광자
하나가 교환된다.

인만은 사실 양자역학의 유용한 공식과는 전혀 무관하게 행로적분
path integral이라는 자기 자신의 접근법을 발전시켰다. 오늘날은 광
범위하게 이용되는 적분이지만, 그 학회의 참석자들에게는 새롭고 당
황스러운 것이었다.

그들을 납득시키려 해보았지만 파인만은 결국 질색해서 포기하고
말았다. 과거에 코넬에서 파인만과 함께 일했던 프리만 다이슨은 그
가 그 학회에서 돌아와 매우 우울해 했다고 말했다. 그러나 그는 결연
했다. 그는 자신의 방법이 효과가 있다는 것을 밝히기로 굳게 결심했
다. 그는 그 결과들을 출간했다. 그 결과는 곧 받아들여졌고 사실 이
제는 표준방법이 되었다.

잠시, 그가 도입했던 도면을 살펴보자. 파인만이 도면을 이용한
것은 길고 복잡한 공식들 안에 있는 항들의 흔적을 유지하려는 습관
에서였다. 그는 전자는 실선으로, 광자는 점선으로 나타냈다. 한 가지
예로 두 전자의 흩어짐을 고찰해 보자. 양자 이론에 따르면 두 전자는
가상 광자들을 앞뒤로 주고받기 때문에 서로 배척한다. 파인만은 이

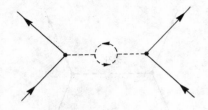

전자-양전자 쌍 생산을 보여주는 고차 파인만 도면

상호작용이 그림과 같이 표현될 수 있다고 말한다.

　도면 바깥쪽에 전자들을 나타내는 선이 있고, 그것들 사이에 광자를 나타내는 점선이 있다. 점선과 실선이 만나는 지점은 꼭지점으로 알려져 있다. 이곳이 각각 광자가 방출되고 흡수되는 곳이다.

　파인만은 자신이 그러한 도면으로 전자와 광자간에 일어나는 가능한 상호작용은 무엇이라도 표현할 수 있다고 밝혔다. 더욱이 그는 그것들을 이용해 그 상호작용들을 계산하는 데 필요한 수학공식들도 쓸 수 있다고 말했다. 그의 도면은 또한 되틀맞춤을 간단한 방법으로 설명하는 데도 이용되었다.

　되틀맞춤에 대해 이야기하기에 앞서 양자전기역학이 기초를 두고 있는 건드림이론 perturbation theory이라는 방법을 설명하자. 그것은 그 효과에 미치는 최대 기여를 가장 먼저 계산하는 과정이다(이것들이 앞에서 논의된 1차 기여이다). 그러나 또한 보정을 위해 덧붙여져야만 하는 더 작은 항들이 있다. 2차 항을 비롯해 더 작은 항인 3차 항 등도 첨가되어야 한다(예, 자체에너지). 좀더 설명하기 위해 위의 도면으로 돌아가 보자. 그것을 이용해 간단한 방법으로 1차 항들을 계산할 수 있다. 또한 유사한 도면들을 이용하면 더 고차 항들의

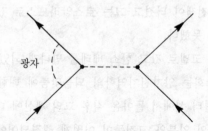

광자의 방출과 재흡수를 보여주는 고차 파인만 도면

표현도 가능하다. 예를 들어, 가상 광자가 전자들 사이를 움직일 때 전자-양전자 쌍으로 쪼개지는 일은 충분히 가능하다. 이런 경우 아래와 같은 도면이 된다.

마찬가지로 광자가 행동할 수 있는 방법을 나타내는 다수의 다른 도면들을 얻을 수 있다. 이것들은 2차 도면이며 1차 도면들보다 1/137배 작은 기여를 한다. 그러나 앞에서 보았던 것처럼 그렇지가 않다. 되틀맞춤이 없다면 무한대의 결과를 주는 것이다. 이것이 바로 그 문제의 심각성이다. 확실히 이런 도면은 많다. 그러나 되틀맞춤이 있으면 이 모든 도면으로부터의 기여가 한 번에 결정될 수 있으며, 그럴 때 그 이론이 사리에 맞는 것이다. 그 도면들은 예상대로 1차 항들보다 더 작은 결과를 준다.

파인만은 노벨상을 받는 수상연설에서 그 문제에 착수했던 일에 대해 이야기했다. 그는 그 문제를 풀기까지 약 8년 동안(물론 계속적이지는 않았지만) 몰두했다고 말했다. 그는 디락과 하이틀러의 책을 통해 그것에 대해 알게 되었으며 최초의 아이디어는 고전이론(양자화되지 않은 것)을 유한하게 만들어 양자화하는 것이었다(그는 이미 학부생이었을 때 이런 접근법에 열중했다). 그러나 이것은 생각보다 더 어려웠다. 그 뒤 전쟁이 터졌고 그는 로스알라모스로 갔으므로 그 문제는 진척을 보지 못했다.

전쟁 후 그는 코넬로 갔고 한스 베테를 만나게 되었다. 램 실험과 쉘터 섬에서의 학회는 양자전기역학의 되틀맞춤에 대한 관심을 소생시켰다. 베테는 쉘터 섬에서 돌아온 직후 그의 계산에 대해 강연을 했다. 그는 그 문제의 일부와 그것들이 어떻게 해결되어야 하는지를 대강 설명했다. 강연이 끝나자 파인만은 그에게로 걸어가 이렇게 말했다. "그 계산을 할 수 있소. 내일 계산결과를 가져오겠소." 그 다음날 그는 베테의 연구실로 결과를 가져갔고, 그 중 두 문제를 칠판에 풀어 놓았다. 그러나 당황스럽게도 문제가 잘 해결되지 않아서 무한대가 여전히 남아 있었다.

파인만은 자기 방으로 돌아와 그 문제를 조심스럽게 다시 풀었다. 그러자 놀랍게도 모든 것이 OK였다. 무한대는 없었다. 그는 다시 베테의 연구실로 갔고 이번에는 계산을 성공적으로 마쳤다. 그는 후에도 칠판 상에서 틀렸던 것이 무엇이었는지 결코 알아내지 못했다고 말했다. 파인만은 자신의 방법을 발전시켜 1947년에 출간했다.

그 뒤 그 문제에 대한 세번째 해법이 나타났다. 오펜하이머가 펜실베이니아 학회에서 돌아오자 연구실에 원고 하나가 그를 기다리고 있었다. 그 무한 문제에 대한, 언뜻 보기엔 앞의 두 개와 다른 또 하나의 해법이었다. 그 해법은 1943년에 일본의 도모나가 신이치로 Tomonaga Shinichiro가 고안한 것이었다. 그 당시에는 전쟁 때문에 일본이 고립되어 있었으므로 일본 물리학자와 미국 물리학자들 사이에는 교류도 없었다.

도모나가는 1906년에 도쿄에서 태어났다. 그는 유카와처럼 교토 대학으로 갔으며, 사실 한동안 유카와 밑에서 일했다. 그가 양자전기역학에 관심을 갖게 된 것은 1937년에 유럽의 하이젠베르크를 방문했을 때였다. 그는 그 밑에서 연구하며 2년을 보냈다. 그 이야기의 마지막 에피소드는 1949년에 나왔다. 프리만 다이슨이 세 사람의 공식이 완전히 동등하다고 밝혔던 것이다. 도모나가와 슈윙거의 방정식은 파인만이 도면을 짜는 데 이용했던 것과 똑같은 그래프 규칙을 주었다. 다이슨은 또한 양자전기역학의 되틀맞춤을 대단히 정확하게 증명했다. 그가 이렇게 할 수 있었던 것은 파인만이나 슈윙거와 함께 연구했기 때문이었다. 그는 두 방법을 모두 철저히 이해할 수 있는 몇 안되는 사람 중 하나였다.

1965년에 슈윙거와 파인만, 그리고 도모나가는 그 업적으로 노벨상을 공동 수상했다. 그 방법들 중에서 파인만의 방법이 가장 대중적이었다. 파인만은 작은 도면들을 개발한 뒤『피지컬 리뷰』 *Physical Review*가 그것들로 가득 채워진다면 얼마나 재미있을까 생각하면서 혼자 웃었다. 그리고 그런 일은 실제로 일어났고, 사실상 그 분야에서 연구하는 모든 이론가들은 이제 이들 도면을 방정식 작성의 길잡이로 이용하고 있다.

불행히도 되틀맞춤 드라마에는 슬픈 기록이 있다. 스위스의 물리학자 에른스트 슈테켈베르크 Ernst Stueckelberg의 기여가 거의 간과되었던 것이다. 일찍이 1930년대 중엽에 슈테켈베르크는 되틀맞춤 프로그램을 연구하기 시작했다. 1942년경 그는 그것을 발전시켜『피지컬 리뷰』로 보냈다. 그러나 그의 수학적 표기법이 관습을 따르지 않은데다 심사위원 중 하나는 그 프로그램이 불완전하다고 주장했으므로, 논문이 거절되었다. 슈테켈베르크는 그 소식을 듣고 아연해 했다. 그러나 점점 건강이 나빠지고 있었으므로 연구에 전념할 수 있는 시간이 많지 않았다. 그는 1945년에 사망하고 만다. 하지만 그의 연구는 어디에도 언급되지 않았으며 다만 그의 학생의 논문에서 발표되었을 뿐이다. 더욱이 그 즈음에는 슈윙거와 파인만, 그리고 도모나가가 이미 결과를 제시한 뒤였다.

물리학자들은 양자전기역학의 성공적인 되틀맞춤 이후 몇 년 동안 의기가 충천했다. 과거의 어떤 이론도 예측과 실험 사이에 그렇게 놀랄만한 일치를 보였던 적이 없었다. 대부분의 이론가들은 머지않아 그러한 모든 상호작용들이 완전히 이해될 것이라고 확신했다. 양자전기역학은 그 모형이었다. 그들은 이제 그 방법들을 확장시키기만 하면 되었다. 유카와는 1935년에 양자전기역학과 유사한 강한 상호작용 이론을 발전시켰다(그는 가상 광자의 위치에 가상 파이온을 넣었다). 그는 곧 되틀맞춤 방법을 자신의 이론에 적용했다. 그 방법을 적용하는 데는 아무 문제가 없었지만, 그들이 얻는 것이 아무 쓸모 없는 것으로 드러났다. 양자전기역학에서 2차 항들은 1차 항들보다 1/137배 작았으며, 3차 항들은 2차 항들보다 1/137배 작고, 그런 식으로 계속되었다. 그러나 강한 상호작용에서는 2차 항들이 1차 항보다 15배 더 컸다. 이것은 건드림 전개 때 항들의 계열(즉 1차, 2차, …)이 수렴하지 않고 점점 더 커진다는 것을 의미했다.

이론가들은 또한 동일한 방법을 약한 상호작용에도 적용했다. 그리고 그들은 다시 장벽에 부딪혔다. 앞서의 경우만큼 심각한 문제는 아니었지만 아무도 해결책을 찾지 못했다. 이번의 주요 문제는 되틀맞춤이었는데, 무한대들을 흡수하기 위해 질량과 전하를 재정의하는 방법이 여기에서는 잘 듣지 않았다. 무한대들이 되틀맞춤되지 않았던 것이다.

양자전기역학의 성공에 대한 행복감은 1950년대 중반 즈음 끝났고, 마당이론은 슬럼프에 빠졌다. 약한 상호작용과 강한 상호작용을

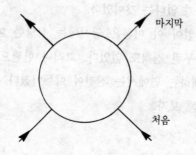

S 행렬 개념의 간단한 표현

다룰 방법이 없는 것처럼 보였다. 이론가들은 그 마당이론 접근법을 버리고 대안을 찾기 시작했다. 또 하나의 접근법은 1943년에 하이젠베르크가 도입한 방법에 기초를 두고 있었다. 하이젠베르크는 S, 즉 가능한 모든 상호작용의 집합인 산란행렬 scattering matrix이라는 것을 도입했다. 그 방법은 양자전기역학이나 강한 상호작용 어디에든 적용될 수 있었는데, 문제들이 강한 상호작용에 있었으므로 대부분의 관심은 모든 가능한 하드론 상호작용 집합에 집중되어 있었다. S 행렬이론에서는 처음과 마지막 상태에만 관심이 있다. 우리는 이것을 단순히 그림과 같이 표현한다.

이론가들은 S 행렬의 다양한 성질들을 연구했다. S 행렬 고찰로 다른 접근들이 가능해졌다. 그들 중 하나가 이탈리아의 렛제 T. Regge의 이름을 딴 렛제이론 Regge theory이었다. 렛제의 연구는 캘리포니아 대학교의 츄와 프라우츠치에 의해 발전되었다. 그들은 하드론의 스핀을 그 질량에 대해 도면으로 나타내면 직선(렛제 궤적이라고 불린다)이 된다는 것을 발견했다. 이것을 바탕으로 하드론이 모두 다른 하드론으로부터 만들어진다는 모형 하나가 개발되었다. 간단히 말해, 기본입자가 없다는 것이었다.

　말할 필요도 없이 이 이론은 당시에는 상당한 매력이 있었지만 10년이 넘도록 아무런 진척도 없었다. 그러나 한편으로는 입자 분류와 그 분류를 이해하는 면에서는 진전이 이루어졌다. 다음 장에서 이것에 대해 이야기해 보자.

제 6 장

우주 만들기

"쿼크, 쿼크"

겔만은 팔정도 방법을 발표하고도 완전히 만족하지 못했다. 그것은 입자들을 가족들로 분류하는 데는 대단히 도움이 되었고, 오메가-마이너스 입자를 예측하게끔 했지만 대부분의 소립자 이론가들을 괴롭히고 있던 문제에 대한 해답을 주지는 못했다. 최근에 발견된 입자들 모두가 정말 기본입자일까? 게다가 겔만은 자신의 이론을 만들 때 세 입자로 이루어진 그 기본적 표현을 생략하고 넘어갔었으므로 그것이 마음에 걸렸다. 하지만 이 표현으로부터 다른 모든 것을 이끌어냈으므로 어떤 형태로든 의미를 지녀야 했지만, 알려진 자연의 입자 어떤 것과도 관련 있어 보이지 않았다.

그 기본 표현에 대한 가장 논리적인 해석은 그것이 기본 세겹항 입자이며, 그것으로부터 모든 다른 입자가 형성된다는 것이었다. 사카타는 이미 그러한 세겹항을 도입한 바 있었다. 그것은 다름 아닌 양성자와 중성자, 그리고 그가 람다라고 불렀던 입자였다. 그것들은 겔만의 방법에는 적합하지 않았지만, 그의 방법으로 입자들의 양자수가 무엇인지를 알아내기란 아주 쉬웠다. 그런데 이것이 고민거리였다. 아무리 보아도 이상스런 세겹항이었다. 모든 다른 입자가 그것들로 이루어져 있다면 비정수 전기 전하를 가져야 했다. 즉, 그 입자들의 전하가 전자의 1/3 혹은 2/3가 되어야 했다. 그런 하전 입자는 자연 어디에서도 발견된 적이 없었다.

겔만은 막다른 골목에 처해 있었다. 그러다가 그가 콜럼비아 대학교를 방문중이던 1963년 3월에 그 해답이 나왔다. 콜럼비아의 로버트 서버 Robert Serber와 점심을 함께 하다가 대화가 팔정도 쪽으로 흘러갔다. 왜 기본 세겹항을 이용하지 않았습니까? 서버가 물었다. 아무튼 그것이 가장 중요한 표현이었기 때문이었다. 겔만은 부끄러운 듯이 그것의 중요성을 간과한 것이 아니며, 계산을 해보아도 아무런 의미도 없는 것 같았다고 설명했다. 그가 그것들을 발표하지 않았던 것은 우선 대부분의 저널이 그 논문을 받아들이지 않았을 것이고, 설사 받아들였다 해도 모두 그가 자제를 잃었다고 생각했을 것이기 때문이었다.

서버는 그의 아이디어를 경청하고(웃지 않고), 그 연구를 계속하라고 격려해 주었다. 겔만은 그 비정수 전하를 다시 한 번 진지하게 살펴보았다. "빌어먹을." 그는 혼잣말로 중얼거렸다. "그것이 어쩌면 가능할지도 모르지." 그것들이 관측된 적은 없었지만, 이 문제를 해결할 방법이 있었다. 그것들이 그 입자 내에 갇혀 있다고 가정하면 되었다. 예를 들어, 양성자 안에는 돌아다니면서 서로 상호작용은 하지만 절대로 자유로울 수 없는 이들 입자 세 개가 있을 것이다. 그는 빅토르 바이스코프에게서 걸려온 전화를 받자마자 그 아이디어에 대해 말했다. "뭐라고, 이봐 머리," 그 당시 유럽에 있었던 바이스코프가 이렇게 말했다. "이거 유럽에서 건 전화야. 전화비가 많이 든다구. 우리 이런 종류의 어리석은 짓은 하지 말자구." 그리고 논문이 출간되었을 때 대부분의 물리학자들도 비슷한 반응을 보였다. 그는 『피지컬 리뷰』가 그 논문을 받아들이지 않으리라 확신했지만, CERN에 의해 출간되는 『피지컬 레터스』 *Physical Letters*라는 저널의 편집장을 알고 있었다. 그리고 다행히도 그 당시에는 그들에게 미국인들의 논문이 아주 부족했던 터라 쉽게 받아들여졌다.

그의 논문 제목은 「바리온과 중간자의 체계적 모형」이었다. 그리고 논문을 본다면 그렇게 짧은 논문이 어떻게 그렇게 중요해질 수 있을까 의아해질 것이다. 그것은 2쪽도 되지 않는 길이였고 공식도 거의 없었다. 더욱이 읽어보면 겔만이 기묘한 결과에 대해 어물쩍 넘어가고 있는 느낌을 받을 수 있다. 그는 심지어 전하가 분수가 아니라는, 대단히 정연하지 못한 방법을 설명하면서 시작한다. 그 뒤 그는 『피네간의 경야』를 잠시 언급하면서 '쿼크'를 소개한다. 당시에는 자신이 어떤 이름을 붙여도 곧 잊혀질 것이라고 확신했으므로 말장난을 해본 것이었지만 뜻밖에도 그 명칭이 굳어지고 말았다. 그는 『피네간의 경야』에 나오는 "Three quarks for muster Mark!"라는 문구로부터 그 이름을 딴 것이었다. 오늘날까지 우리는 여전히 그 문구가 의미하는 바를 알지 못한다. 사실 '쿼크'라는 말이 무엇을 의미하는지도 모른다. 독일어로는 쿼크가 넌센스를 의미하는데 어쩌면 그런 의미가 적절한지도 모르겠다. 어떤 사람들은 그것이 갈매기의 울음소리인 "쿼크, 쿼크"라고 말하기도 했다. 어쨌든 그것이 무엇이든지간에 이쯤에서 멈추도록 하자.

그 논문의 한 문장이 혼동을 일으켰다. 거의 끝 부분에서 겔만은 이렇게 말했다. "만일 쿼크가 무한 질량의 경계에 있는 순수 수학적 존재가 아니라 물리적인 유한 질량 입자라면 그 행동방식을 추측해 보는 것은 재미있다." 많은 사람들은 이 말을 겔만이 쿼크를 실재하

	J	Q	S	B	I	I_z
ü	1/2	2/3	0	1/3	1/2	1/2
d	1/2	-1/3	0	1/3	1/2	-1/2
s	1/2	-1/3	-1	1/3	0	0

는 어떤 것이라고 정말로 믿지 않았다는 의미로 받아들였다. 그러나 그는 후에 이렇게 말했다. "내가 말하고자 했던 바는 쿼크가 하드론 내부에 영구적으로 갇혀 있다는 것이었다."

논문의 끄트머리에 나타난 다음과 같은 말을 보면 그가 출간을 망설였음을 엿볼 수 있다. "-1/3이나 +2/3 전하를 갖는 안정한 쿼크 탐색은 쿼크의 부재를 재확인하는 데 도움이 될 것이다." 그가 만일 쿼크가 영원히 갇혀 있다는 점을 확신했다면 실험가들에게 탐색을 권유했을 것이다. 그러나 내가 볼 때 여기서 그는 미쳤다는 말을 듣지 않기 위해 노력했던 것이 아닌가 싶다.

그렇다면 이들 쿼크는 정확히 무엇일까? 우선 그것들은 물론 하드론을 구성하는 기본적 구성요소이다. 겔만에 따르면 그 기본 구성요소는 세 개로 각각 위(u)와 아래(d), 그리고 기묘(s)라고 불렸다 (그 방법에는 반쿼크도 있다). 그리고 모든 다른 입자들과 마찬가지로 양자수도 있다. 표를 참고하기 바란다.

겔만은 바리온이 모두 세 개의 쿼크로 이루어져 있으며, 중간자는 쿼크 하나와 반쿼크 하나로 이루어져 있다고 설명했다. 특히 중요한 것은 쿼크의 양자수 quantum number로 그것들을 합하면 그 입자 자체의 양자수가 되었다.

쿼크는 논문상으로는 결함이 없어 보이지만 실제 세계에서는 전혀 발견되지 않는다는 심각한 문제가 있었다. 물론 겔만은 그것들이

입자들 내에 갇혀 있다고 가정했다. 그럼에도 불구하고 대부분의 과학
자들은 회의적이었다. 하지만 쿼크가 존재한다고 가정할 때 증거를 어
디에서 찾을 수 있을까? 거품상자는 확실히 가능한 장소였다. 입자들
이 그 상자 안에서 움직일 때 생성되는 이온에 거품들이 응결해서 입
자 흔적이 만들어진다. 따라서 입자들의 전하가 크면 클수록, 더 많은
이온이 생성되며 흔적은 더 길어진다. 쿼크가 분수 전하를 가지므로
그 흔적은 정수 전하 입자들에 의해 만들어진 것과 쉽게 구별될 것이다.

많은 다른 거품상자의 흔적 사진들을 탐색하는 작업이 이루어졌
다. 또한 우주선도 탐색되었다. 그리고 흔적이 '발견'되었다. 발견자는
호주의 연구팀이었다. 한동안 모두가 흥분했으나 그러한 탐색에서 흔
히 일어나듯 그것이 가짜였음이 밝혀졌다. 다른 사람들이 그 실험을
조사하자 아무것도 발견되지 않았다.

가능성이 가장 큰 장소에서의 탐색이 실패로 돌아가자 사람들은
크게 실망했다. 그 밖의 어디에서 그것들을 찾을 수 있을까? 지구는
어떨까? 지구 형성 때 몇 개의 떠돌이가 암석에 갇혀졌을 가능성이
있다. 이런 생각으로 몇 가지 지질 탐색이 이루어졌다. 심지어 해수와
암석, 그리고 심해 속 조개들도 조사됐다. 그러나 아무것도 없었다.

사실 쿼크를 찾는 보다 직접적인 방법이 있었다. 아니 어쩌면 분
수 전하를 탐색하는 더 나은 방법이라고 말해야 할 것이다. 그것은
1910년에 전자의 전하를 결정하기 위해 밀리칸 R. Millikan이 처음
으로 사용한 것으로 오늘날 밀리칸 기름방울 방법 Millikan oil drop
method으로 알려져 있다. 전기마당에 기름을 뿌리면 작은 방울들이
형성되는데 그 마당을 적절히 조정하면 일부는 그 안에 계속 정지해
있다. 그것은 각 방울이 전하를 가져서—어떤 것은 전기전하 1을 갖
고, 어떤 것은 전기전하 2를 갖는 식이다—방울의 무게가 전하에 미

치는 상향 전기력과 평형을 이루기 때문이다. 그 방울의 무게와 그것이 정지하는 데 필요한 힘이 알려져 있으므로 전하 계산은 쉽다.

1977년에 스탠퍼드 대학교의 윌리암 페어뱅크 William Fairbank와 그의 그룹이 유사한 실험을 했다. 그들은 기름방울 대신 니오븀 알을 사용했지만, 원리는 같았다. 그리고 과연 $-1/3$의 전하가 발견되었다(아니 적어도 그들은 그렇게 믿었다). 과학계는 회의적이었지만, 페어뱅크가 철저한 실험기록을 갖고 있었으므로 한동안 상당한 관심이 집중되었다. 그러나 그 실험 역시 입증되지 않았다.

겔만은 최근에 페어뱅크가 정말로 쿼크를 발견했다고 믿느냐는 질문을 받았다. "그가 만일 쿼크를 찾았다면 그건 내 겁니다." 그는 싱글벙글 웃으며 이렇게 말했다. 그는 사실 쿼크의 가둠 confinement은 절대적이라고 확신한다고 몇 차례 말했었다. "그러나 우리가 오늘날 이해하지 못하는 어떤 누출 가능성이 있을 수도 있겠죠." 그는 최근 인터뷰에서 이렇게 말했다. 그는 그리고 계속해서 만일 쿼크가 발견된다면 대형 쿼크 산업이 급속히 성장할 것은 두말 할 나위도 없다고 말했다. 응용은 무궁무진할 것이다.

쿼크에 몰두했던 사람은 겔만만이 아니었다. 기본 세겹항을 완전히 설명하지 못한다는 사실이 다른 사람들의 흥미를 유발시켰다. 그들 가운데 유발 네만과 줄리안 슈윙거가 있었다. 두 사람 모두 기본입자로 그 세겹항을 설명하려고 시도했지만 누구도 성공하지 못했다. 그러나 세번째 인물은 성공했다. 사실 그는 겔만과 똑같은 이론을 거의 동시에 고안해 냈으나 불행히도 자신의 아이디어를 논문으로 펴내지 못했으므로 쿼크 예측의 영광은 겔만에게로 돌아갔다. 그의 이름은 조오지 츠바이크였다.

츠바이크는 1937년에 모스크바에서 태어났지만 아주 어렸을 때 미국으로 가 1959년에 미시간 대학교에서 학사학위를 받았다. 그는 졸업하자마자 칼텍에서 박사과정을 시작했는데, 어떤 실험 프로젝트로 3년간을 씨름하며 보냈지만 결국 실패로 끝나고 말았다. 지칠 대로 지친 그는 이론 물리학으로 바꾸어 리차드 파인만 밑에서 논문을 썼다. 그가 사카타 모형과 겔만의 팔정도 방법에 대해 읽기 시작한 것은 이 시기였다. 그는 겔만처럼 기본 세겹항이 입자들의 세겹항으로 표현될 수 있다는 것을 깨달았다. 그는 자신의 입자들을 '에이스'라고 불렀다. 1963년에 그는 1년간 연구원으로 CERN으로 갔고, 그곳에서 자신의 아이디어를 자세히 기록하며 출간을 준비했다. CERN에서 일하고 있었으므로 그가 CERN 저널에 발표하는 것은 당연했다. 그는 다소 긴(24쪽) 자신의 논문을 『핵물리학』 *Nuclear Physics*의 편집장에게 제출했다.

그 이론이 문제를 해결하자 너무 기뻤던 나머지 츠바이크는 그것을 '기적'이라고 말했다. 그리고 겔만과 달리 분수 전하가 고립상태로 발견될 수 있다고 확신해서 실험가들의 탐색을 강력히 주장했다. 그러나 『핵물리학』의 편집장은 그 논문이 대폭 수정되지 않는 한 출간이 어렵다고 거절했다. 츠바이크는 그를 만족시키기 위해 한동안 애썼지만 결국 지쳐서 포기하고 말았다. 그 논문은 결코 출간되지 않았다. 그런 불행에도 불구하고 CERN에 있는 동료들 대부분이 그의 연구를 알고 있었으므로 그에겐 공동발견이었음을 요구할 정당한 권리가 있었다. 사실 그 소식은 심지어 CERN의 외부에까지 알려졌고 그는 대학에 지원했다가 학과장이 그 모형을 '허풍선이'의 연구라고 여겨 그만 거절당하고 말았다.

쿼크 모형이 상당한 소동을 일으킨 것은 사실이지만, 결코 금방 성공으로 자리잡은 것은 아니었다. 과학자들은 관심을 가지면서도, 회의적이었다. 분수 전하와 가둠이라는 것이 너무 추상적으로 비쳤던 것이다. 그러나 이상하게도 그 이론에는 매력적인 부분이 많았다. 그 것은 다른 방법으로는 설명되지 않는 많은 것들을 설명했다. 쿼크는 일부 사람들이 생각하기에는 다소 임의적으로 도입되었던 개념인 기묘도와 돌스핀에서 의미를 가졌다. 기묘입자가 기묘한 것은 기묘 쿼크를 포함하고 있기 때문이었다. 그리고 돌스핀의 경우, 앞에서도 보았듯이 쿼크는 가상 공간과 관련된 것으로 생각될 수 있다. 즉 돌스핀이 가상 공간에서 '위' 방향에 있으면 그 핵자는 양성자이고, '아래' 방향에 있으면 중성자이다. 쿼크 모형에서 양성자는 두 개의 u를 가지므로 주로 '위' 방향에서 돌스핀을 갖는다. 반면에 중성자에는 두 개의 d 쿼크가 있으며, 그 돌스핀은 주로 '아래' 방향이다.

또한 쿼크이론은 기묘입자의 긴 수명을 설명했다. 그 이론에 따르면 강한 상호작용은 쿼크의 스핀 방향만 바꿀 뿐 쿼크의 '맛깔'(유형)을 변화시키지 못했다. 반면에 약한 상호작용은 쿼크의 '맛깔'을 바꿀 수 있었다. 간단히 말해, 위 쿼크를 아래 쿼크로 바꿀 수 있었다. 이 두 경우를 비교해 보면 약한 상호작용이 왜 강한 상호작용보다 훨씬 더 느린지를 쉽게 알 수 있다. 약한 상호작용의 경우 쿼크 유형의 변화가 요구되지만, 강한 상호작용에서는 스핀 회전만 필요한 것이다. 쿼크를 확 뒤집는 것이 그 유형을 바꾸는 것보다 훨씬 시간이 적게 걸리는 것은 당연하다.

공명도 쿼크 모형으로 설명된다. 그 이론에 따르면 쿼크는 마치 전자가 원자핵의 주위를 돌 듯이, 서로의 주위를 돌 수 있었다. 가능한 배열이 아주 많으므로 가능한 공명의 수도 거의 무한하다. 세 쿼크의 경우 한 개가 다른 두 개의 주위를 돌거나, 혹은 두 개가 한 개의 주위를 돌 수 있다. 그리고 그 계에 더 많은 에너지가 더해지면 궤도

셸던 글래쇼우

상에 있던 것들이 훨씬 더 먼 궤도로 건너뛸 수 있다. 공명 스펙트럼은 사실 그 모형의 결과로 완전히 설명되었다.

감탄스러운 그 이론의 또 다른 특징은 대칭이었다. 즉 세 개의 쿼크와 세 개의 렙톤(전자, 뮤온, 그리고 중성미자)이 우주의 최적의 진짜 기본입자였다. 자연이 대칭적이므로 이것은 중요한 특징으로 여겨졌다. 그러나 그 뒤 충격적인 사건이 발생했다. 네번째 렙톤이 발견된 것이다. 과학자들은 전자나 뮤온과 관련된 중성미자들이 동일하지 않다는 것을 알고 깜짝 놀랐다. 대칭이 사라진 것이다. 하버드의 셸던 글래쇼우 Sheldon Glashow는 그것이 마음에 들지 않았다. 그는 대칭의 존재를 확신해서 또 하나의 쿼크가 있다고 제안했으며, 심지어 '맵시' charm라는 이름까지 붙였다.

　글래쇼우는 뉴욕에서 성장했다. 그는 10대 시절 집 지하실에 화학 실험실을 만들어 많은 위험한 실험을 해서 부모님을 당황케 했는데, 특히 그의 아버지는 그가 과학에 흥미를 갖는 것을 못마땅하게 여겼다. 그는 자신의 아들이 의사가 되기를 바랐으나 그것이 곧 사그라들 지나가는 취미일 뿐이라고 생각했으므로 완강히 말리지는 않았다. 하지만 아버지의 그런 생각은 착오였다. 사실 그런 흥미는 1940년대 말 브롱크스 과학고등학교 시절 내내 그대로 남아 있었다. 그의 열정은 그가 속한 공상과학소설 클럽의 영향도 있었다. 그는 심지어 물리학의 최신 진보에 관한 몇 편의 기사를 그 회보에 발표하기도 했다. 흥미롭게도 같은 학급 동료 중 하나가 또 다른 노벨상 수상자인 스티븐 와인버그 Steven Weinberg였다. 그러나 그들이 브롱크스 고등학교에서 배웠던 물리학은 영감을 전혀 불어넣어 주지 못했다. 글래쇼우는 후에 와인버그나 다른 학급동료들과의 토의와 자신이 읽었던 수많은 대중 과학서들로부터 과학을 배웠다고 말했다.

　브롱크스를 마친 뒤 글래쇼우는 코넬로 갔다. 그곳의 물리학은 훨씬 더 나았지만 열정으로 가득한 그를 감동시키지는 못했다. 대부분의 수업이 지루하고 재미없었다. 게다가 그는 문제 채점 방식이 마음에 들지 않았다. 그런데 4학년 때 실반 슈웨버 Silvan Schweber가 강의하는 양자마당이론에 관한 대학원 과정 하나를 수강하게 되었다. 이 수업은 그의 취향에는 맞았지만, 학기말 시험을 형편없이 치르고 말았다. 슈웨버는 그가 학부학생으로는 너무 '건방지다'고 생각해서 유난히 어려운 시험문제를 출제해 혼내주려 했던 것이다. 어쨌든 글래쇼우는 코넬을 졸업한 뒤 1954년에 하버드의 대학원 과정에 들어갔지만, 역시 수업에서는 큰 감명을 받지 못했다. 그 뒤 줄리안 슈윙거의 수업 하나를 택했다. 그리고 그 수업을 너무 즐기게 되어 즉시

슈윙거 밑에서 연구하기로 마음먹었다. 그러나 슈윙거에게 가서 말하
자 문제가 있었다. 열한 명의 다른 학생들도 역시 그 밑에서 일하고
싶어했는데 슈윙거는 그렇게 많은 학생들을 받고 싶어하지 않았던 것
이다. 그는 마지못해 글래쇼우를 끼워주고 그에게 약한 상호작용을
초래하는 가상 입자들의 성질에 관한 논문 프로젝트를 주었다. 그 연
구는 그 후에도 계속 큰 도움이 되었다.

　1958년에 박사학위를 마친 그는 코펜하겐의 보어 연구소로 갔다.
그리고 칼텍과 스탠퍼드, 캘리포니아 대학교를 거쳐 1966년에 마침내
하버드로 돌아왔다.

　글래쇼우가 맵시에 매혹된 것은 1964년에 보어 연구소에 있는
동안이었다. 그는 맵시를 드러내는 네번째 쿼크가 존재한다고 확신했
다. 그곳에 있는 동안 그는 제임스 뵤르켄 James Bjorken을 만나 자
신의 아이디어를 설명했다. 뵤르켄은 처음엔 회의적이어서 그런 엉뚱
한 일에 연루되기를 꺼려했지만 결국 글래쇼우와 공동연구를 했고
『피직스 레터스』의 1964년 8월 호에 논문 한 편을 발표했다. 그러나
혁신적인 아이디어였음에도 그 논문은 주의를 끌지 못했다.

　그 다음 몇 년 동안 입자물리학에서는 거의 아무 일도 일어나지
않았다. 주요 발견도 이루어지지 않는 따분한 시기였다. 그러나 되돌
아보면 비록 그 당시에는 인정받지 못했지만, 많은 중요한 논문들이
출간되었다. 이 중 하나가 1921년에 도쿄에서 태어나 도쿄 대학교에
서 박사학위를 받고, 현재 미국 시카고 대학교에 있는 일본 물리학자
남부 요이치로 Nambu Yoichiro의 논문이었다. 그는 한무영 Han
Moo-Young과 공동연구로 보통의 전기전하 이외에도 쿼크가 또 하나
의 전하를 갖는다는 아이디어를 제시했다. 그는 그것을 맵시라고 불
렀지만, 글래쇼우가 이미 이 명칭을 사용했으므로 오래가지 않았다

(오늘날 그의 전하는 색 color이라 불린다). 남부에 따르면 이런 유형의 전하가 세 개 있었다. 그 당시에는 그 제안이 거의 주목받지 못했지만, 중요한 진전이었다.

이 시기 동안 입자물리학에서 피상적인 진보가 없었음을 고려할 때 자연히 이런 물음이 떠오를 것이다. 마당이론에는 어떤 일이 일어나고 있었을까? 수년 전 그것은 이론 물리학에서 중요한 역할을 했다. 마당이론은 전기역학을 설명하는 데는 대단히 성공적이었지만 강한 상호작용과 약한 상호작용에 적용되자 실패로 드러났다. 그리고 지금까지 그 어려움들이 어떻게 해결되어야 하는지 알지 못한다. 결과적으로 마당이론은 어떤 의미에서는 죽은 것이나 다름없었다. 행렬과 부트스트랩이론 bootstrap theory이 '유행'했지만, 그것들은 마당이론의 정신뿐 아니라 쿼크 아이디어와도 상충되었다. 부트스트랩 이론에 따르면 쿼크 같은 기본입자는 없었다. 그것이 그저 필요하지 않았다. 그러나 몇몇 사람들은 여전히 SU(3)(쿼크가 없는)에 몰두하고 있었다. 사실, SU(3)가 스핀의 두 방향을 설명하도록 일반화될 수 있음이 알려지자 한동안 그 분야에서 상당한 활동이 있었다. 이것은 SU(6)을 낳았다. 이론가들은 SU(6)에 1년 정도 열광했지만, 그 뒤 그것이 상대론과 일치하지 않는다고 밝혀지자 관심이 사라졌다. 다른 무리들도 시도되었지만 거의 절망적이었다. 그리고 그 침체상태로부터 입자물리학을 구해 줄 것이 하나도 없는 것 같았다. 주요 문제는 실험적 발견의 부족이었다. 1964년과 1968년 사이에는 문자 그대로 단 하나의 발견도 없어 이론 물리학에 심각한 영향을 미쳤다. 이론가들은 많은 그룹으로 뿔뿔이 흩어져, 각각이 다른 접근에 몰두했지만, 아무도 어느 것이 옳은지 확신하지 못했다. 다행히 몇몇 사람들이 계속해서 양자전기역학을 연구함으로써 마당이론이 그 명맥을 유지할 수 있었다.

새로운 시작, 새로운 물리학

쿼크 모형은 많은 것을 설명했지만 정말로 필요한 것은 쿼크가 실재한다는 증거였다. 만일 쿼크가 입자들 내부에 갇혀 있다면 그러한 증거를 얻기란 불가능할지도 모른다. 그런데 뜻밖에도 1960년대 말 스탠퍼드 선형가속기 Stanford Linear Accelerator : SLAC로부터 그 증거가 나왔다.

SLAC는 처음에는 논란이 많은 프로젝트였다. 과학자들은 그것을 '괴물'이라고 불렀다. 샌안드레아 단층에서 멀지 않은 3.2km 길이의 터널 안에 거대한 선형가속기를 만드는 계획이었다. 입자들이 긴 터널 아래로 가속할 때 지상의 고속도로상에서는 차량들이 오갔다.

그 커다란 가속기가 가동된 것은 1967년이었지만 실험들은 이미 줄지어 차례를 기다리고 있었다. 최초의 실험은 양성자에서 전자를 산란시키는 가장 간단한 실험이었다. 그러나 그 실험에서는 쿼크 존재의 증거가 나오지 않았다. 쿼크의 존재는 SLAC와 MIT, 그리고 칼텍의 과학자들이 관련된 실험에서 밝혀졌다.

여기서 '산란'이란 두 당구공의 충돌에서처럼 물리적인 '충돌'이 발생한다는 의미가 아니며 그 상호작용은 광자교환의 결과이다. 전자들이 양성자 가까이 지나갈 때 그들 사이에 가상 광자가 지나간다. 132쪽에 있는 파인만 도면에서 간단한 표현을 볼 수 있다.

자, 이제 그 실험을 자세히 살펴보도록 하자. 산란은 전자의 에너지에 따라 두 가지 유형으로 나뉜다. 비교적 낮은 에너지에서는 전자

상공에서 본 스탠퍼드 선형가속기 SLAC의 모습. (SLAC 제공.)

가 양성자로부터 탄성적으로 산란된다. 즉 전자 하나와 양성자 하나가 반응하면 전자 하나와 양성자 하나가 나온다. 관련된 입자 유형에는 전하가 없다. 이런 유형의 실험은 대단히 유용한데 전체 목적은 물론 양성자의 내부 구조를 결정하는 것이다. 만일 그런 구조가 존재한다면 말이다. 비록 대부분의 사람들이 전하가 균일하게 분포되어 있다는 데 동의하기는 했지만, 그들은 입자 내의 전하 분포를 결정하고

SLAC 터널 아래의 모습. (SLAC 제공.)

싶었다.

　두번째 유형의 산란은 더 높은 에너지에서 발생하는 비탄성 산란
이다. 에너지가 충분히 높으면 전자들이 너무 강력해서 그 충돌로 새
로운 입자가 생성된다. 그리고 에너지가 높을수록 생성되는 입자수는
많아진다. 사실 혼란을 가져올 수 있으므로 이런 유형의 실험은 유용
하지 않다. 아주 많은 수의 입자들이 나오기 때문에 양성자 내부에서
정확히 무슨 일이 벌어지고 있는지를 결정하기 어려운 것이다.

　그 실험은 어떤 의미에서 러더퍼드의 고전실험을 현대화한 것이
다. 그가 마르스덴에게 금 원자에 알파입자(헬륨핵) 충격을 주어보라
고 했을 때는 러더퍼드 역시 예상하지 못한 일이었지만 놀랍게도 알

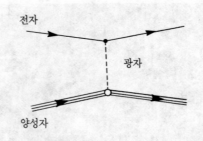

전자

광자

양성자

양성자-전자 충돌의 파인만 도면

파입자 중 일부가 되튀어 나왔다. SLAC 실험에서도 마찬가지였다.

　그 실험을 시작할 때 과학자들은 무엇을 기대해야 할지 몰랐지만, 일부는 중요한 진전이 있으리라 확신했다. 요컨대 실제로 양성자 안을 들여다보는 것은 그 실험이 처음이었던 것이다. 아주 작은 바이러스를 관찰하고 싶다고 하자. 더 명확히 보기 위해 그것을 분해하려 한다면 바이러스의 크기보다 훨씬 더 짧은 파장을 갖는 빛을 사용해야 한다(만일 파장이 더 길다면 흐릿한 것밖에 보이지 않는다). 우리가 보통의 빛으로 원자를 볼 수 없는 것은 바로 이 때문이다. 보통 빛의 파장이 원자의 지름보다 훨씬 더 긴 것이다. 그러나 더 짧은 파장의 복사(예, X선)를 시도할 때 문제에 부딪힌다. 파장이 감소함에 따라 에너지가 증가하는 것이다. 그리고 만일 그러한 강력한 살다발로 작은 어떤 것을 보려고 하면 그것은 금세 파괴되어 없어져 버릴 것이다.

　전자에서도 정확히 동일한 문제가 발생한다. 기억하겠지만, 전자에도 역시 그것과 관련된 파장이 있다. 그리고 역시 이 파장이 '보고 있는' 물체보다 훨씬 더 짧아야 한다. 이 경우에 전자는 양성자를 보고 있으며, 양성자의 지름은 약 10^{-13}cm이다. 간단한 계산을 해보면 그 살다발은 몇 GeV(수십억 전자볼트)의 에너지를 가져야 한다. 물론 SLAC 살다발은 이 정도로 강력하다.

그 실험에서 전자들은 3.2km 터널을 내려가면서 광속에 가깝게 가속되며 액체 수소 형태로 목표물인 양성자를 향해 간다. 그 목표물 주위에는 양성자에 의해 살다발에서 산란된 전자의 수를 측정하는 기기들이 설치되었다. 가장 흥미로운 측정은 가속되는 전자가 잃는 에너지와, 전자들의 산란 각도였다. 얼마나 많은 운동량이 양성자로 전이되는지도 흥밋거리였다. 그 당시 전자가 다른 전자로부터 산란되는 방법은 잘 알려져 있었다. 전자는 또 다른 전자와 정면으로 부딪히면 큰 각도로 산란된다. 그것은 마치 단단한 당구공이 또 다른 당구공과 부딪힐 때처럼 되튄다. 그러나 양성자는 다르다. 양성자는 단단한 물체는 아니지만 차원을 갖는다. 그러므로 산란은 양성자의 전하가 그 전체에 어떻게 분포되어 있느냐에 의존한다. 전하가 고르게 분포되어 있다면 산란은 '부드러울' 것이다. 따라서 양성자에 비교적 가까이 온다고 해도 대부분의 전자는 약간만 산란될 것이다.

첫번째 실험은 저에너지 탄성 산란 실험이었다. 계산은 이미 되어 있었으므로 사람들은 그 산란이 어떨지 알고 있었으며, 실제로 예상대로 되었다. 전자의 대부분은 액체 수소를 통과할 때 약간만 산란되었다. 소수는 비교적 큰 각도로 산란되었지만 예상했던 바였다. 모든 것이 사실 너무 순조로웠으므로 관련된 세 연구팀 중 칼텍 팀은 나머지 실험에서는 아무것도 얻을 수 없으리라 결정하고 철수해 버렸다.

두번째 실험은 1967년 말에 시작되었다. 비탄성 충돌에서는 새롭고 무거운 입자들이 나올 것이다. 그러한 혼란은 이론가에게는 악몽이었다. 길잡이가 거의 없었으므로 의미 있는 계산을 한다는 것이 실제로 불가능한 것처럼 보였다. 저에너지에서는 공명 즉 양성자의 들뜬 상태가 탐지되리라 예상되었지만, 고에너지 너머에서의 상황은 불확실했다. 그러나 대부분은 큰 각도로 산란되는 전자가 거의 없을 것이라고 확신했다.

실험이 이루어진 뒤 그 다음해 봄이 되어서야 자료가 분석되었다. 저에너지에서는(비탄성 지역 내에서) 모든 것이 예상대로 되었다. 도면상에 공명들이 혹으로 명확히 보였다. 그러나 고에너지를 조사하자 공명 봉우리는 예상대로 사라지고 없었지만 단면 곡선은 예상과 달랐다. 그것은 쇠퇴하지 않고 높은 채로 남아 있었다(도면의 이 부분은 오늘날 '연속복사' continuum로 불린다). 이것이 무슨 의미일까? 대답은 하나밖에 없었다. 즉 양성자 내부의 전하분포가 매끄럽지 않고, 다소 '단단한' 점 전하 형태로 있다는 것이었다. 그러나 이 시기에 대부분의 실험가들은 이 해석을 받아들일 준비가 되어 있지 않았다. 다른 가능성들도 있었다. 전자들이 비껴지자마자 많은 에너지를 방출할 수도 있을 것이다. 어쩌면 이것이 문제였다. 그러나 적절한 계산을 하자 복사손실이 그 효과를 설명할 수 없는 것으로 나타났다.

SLAC이 건립되기 전인 1963년에 그 프로젝트에 참여했던 제임스 뵤르켄도 그 계산을 했던 사람 중 하나였다. 그 가속기가 건립되고 있는 동안 그는 최초의 실험 결과를 예측하려 애썼다. 따라서 실험 자료가 나오자 그 일에 열중했다. 그는 다양한 유형의 도면을 작성하기 시작했고 곧 무언가 기이한 것을 발견했다. 전자의 운동량 혹은 에너지가 커질 때 운동량과 에너지에 대한 자름 넓이의 의존이 대단히 단순해졌다. 그의 발견에 곧 '스케일링' scaling이라는 이름이 붙여졌지만, 그 의미는 아무도 몰랐다. 심지어 뵤르켄조차도 확신하지 못했다. 그러나 그는 복잡한 수학을 이용해 한 가지 설명을 만들어냈다. 문제는 그가 무엇을 하고 있는지 아무도 이해하지 못한다는 것이었다.

그 뒤 리차드 파인만이 왔다. 파인만은 1940년대 말에 기념비적

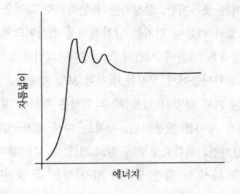

에너지 증가에 따라 나타낸 자름넓이

인 발견을 한 뒤 수년 동안 소립자 분야에서 연구를 계속했지만, 결국 일반상대론으로 빠지고 말았다. 파인만은 그 당시나 오늘날의 주요 문제 중 하나인 아인슈타인 이론의 양자화에 관심을 갖기 시작했다. 그러나 그에 앞서 시도했던 많은 다른 사람들과 마찬가지로 그는 곧 그 문제가 얼마나 엄청난 것인지 알게 되었다. 몇 년 뒤 그는 입자물리학으로 되돌아갔다. 그는 동료 몇 명에게 지금의 문제에 대해 물었고 SLAC 실험에 대해 들었다. 그는 SLAC를 방문해 보기로 했다. 이 당시 그는 뵤르켄을 만난 적도 스케일링에 대해 들어본 적도 없었다.

실험실이 흥분의 도가니에 있을 때 파인만이 도착했다. 새로운 자료가 쏟아져 나왔지만, 아무도 설명하지 못했다. 파인만은 그 실험에 참가할 뜻을 밝히고 그 실험에서 어떤 일이 벌어지고 있는지를 상상해 보려 애썼다. 우선 양성자와 전자가 광속에 가까운 속도로 서로를 향해 날아가고 있다고 가정하자. 실제 실험에서 양성자는 우리에 대해서 움직이지 않는 것처럼 보이지만 아인슈타인에 따르면 모든 운동은 상대적이다. 전자가 무차원인 점입자이므로 그 속도가 차원에 영향을 미치지는 못하지만, 양성자는 유한하므로 그것을 통과하는 동안 상대론적 효과 때문에 전자는 납작해져서 팬케이크처럼 보일 것이다. 그리고 상대론 때문에 시간이 느려진다. 그러므로 그 안에 있는 것은 무엇이나 얼어붙어서 정지한 것처럼 보일 것이다.

그 안에는 과연 무엇이 있을까? 파인만은 확신을 갖고 있지는 않았지만, 전자가 광자를 방출하며, 광자는 다시 전자-양전자 쌍을 준다는 것을 양자전기역학으로부터 알고 있었다. 그 결과 만들어지는 입자들 각각은 다시 더 많은 광자와 입자 쌍을 줄 것이다. 간단히 말해, 전자는 실제로는 전자구름이었다. 마찬가지로 양성자는 쌍을 생성하는 가상의 파이온을 방출하며, 이들 쌍 각각이 파이온과 쌍들을 줄 수 있다. 따라서 양성자 역시 입자 구름으로 여겨질 수 있다. 물론 관련된 쿼크가 있을 가능성이 있었다. 무엇보다도 겔만은 양성자 안에 쿼크가 있다는 설득력 있는 증거를 제시한 바 있었다. 그러나 파인만은 그것들을 무시했다. 그는 그 입자를 쪽입자 parton라고 불렀지만 그것이 정확히 무엇인지에 대해서는 관심을 두지 않았다. 그 부분이 그의 분석에서는 중요하지 않기 때문이었다.

그러면 전자는 그 자리에 고정되어 있을, 입자들로 가득한 팬케이크 모양의 양성자 즉 쪽입자를 '본'다(그림 참조). 그러나 중대한 것은 파인만의 다음 조치였다. 그는 지나가는 전자에 의해 방출되는 가상 광자들이 쪽입자하고만 상호작용한다는 대담한 가정을 했다. 그런 조치로 광자-양성자 상호작용이 아닌 훨씬 더 다루기 수월한 광자-쪽입자 상호작용을 고찰할 수 있게 되었다.

그리고 그러한 방법으로 파인만은 뵤르켄의 스케일링을 설명했다. 뵤르켄이 한 복잡한 방법을 이용해 그것을 부분적으로 설명하기는 했지만, 이제 간단한 설명을 할 수 있었다. 심지어 뵤르켄조차도

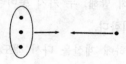

전자가 양성자를 '보는' 방법(즉, 팬케이크로 본다). 파인만은 전
자가 쪽입자하고만 상호작용할 뿐, 전체적으로 양성자와는 상호
작용하지 않는다고 가정했다.

그 타당성을 인정했다. 사실 파인만이 떠난 직후 그는 동료와 함께 쪽
입자와 스케일링에 관한 논문을 한 편 출간했다. 파인만은 이 시기에
아직 자신의 모형을 발표하지 않았지만(1972년에 이르러서야 발표했
다), 뵤르켄은 자신의 논문에서 그것을 파인만의 공로로 돌렸다.

  사람들은 그 새로운 쪽입자 모형에 만족했다. 그러나 겔만은 화
를 내며 "왜 쪽입자지?"라고 말했다. 그는 양성자 안에 쿼크가 있어
야 한다고 밝힌 바 있었다. 이들 쪽입자가 어디서 나왔을까? 흥미롭
게도 칼텍에 있는 파인만의 연구실은 겔만의 연구실 바로 옆이었고,
겔만이 쪽입자에 대해 질색했으므로 그 두 사람 사이에는 한동안 냉
기가 돌았다. 대부분 사람들의 생각으로는 쪽입자가 쿼크와 관련되어
있는 것 같았다. 그러나 파인만의 이론에 따르면 쪽입자가 쿼크인 것
같지는 않았다. 몇 가지 문제점이 있었다. 그 중 하나는 쪽입자가 자
유로운 것으로 가정되었다는 사실이었다. 즉 파인만 이론에서는 쪽입
자들이 서로 상호작용하지 않았지만 쿼크들은 서로 상호작용했다. 또
한 쪽입자 모형을 통해 스케일링을 설명하기에는 세 개의 쿼크만으로
는 부족했다. 이것을 해결하기 위해 두 종류의 쿼크가 존재한다고 가
정되었다. 우리는 양성자가 파이온과 핵자 구름으로 에워싸여 있다고
상상하듯, 그것도 쿼크 '바다'로 에워싸여 있다고 상상할 수 있다

(쿼크 모형에서). 간단히 말해, 두 가지 종이란 세 개의 보통 쿼크와 그 주위의 '바다'를 의미한다.

그러나 이런 가정 하에 계산을 다시 해도 문제가 해결되지 않았다. 물론 아직은 아무도 쿼크들간의 상호작용을 고려하지는 않았다. 쿼크들은 어떻게 상호작용할까? 빅토르 바이스코프는 1971년에 이미 수년 동안 존재해 왔던 교환입자(후에 글루온이라고 불림)가 있다는 아이디어를 상세한 이론으로 발전시켰다. 그의 모형에서는 전자기 상호작용에서 가상 광자들이 교환되는 것처럼 쿼크들 사이에서 가상 글루온들이 교환되었다. 이렇게 해서 그 이론은 실험과 일치되었고 사실 오늘날 모든 사람은 쪽입자가 쿼크라는 사실을 받아들이고 있다.

그러나 그 모형에 대한 더 많은 입증이 요구되었고, 전자를 중성미자로 대체하자 곧 그 증거가 나왔다. 중성미자-양성자 실험은 중성미자를 포착하기가 어려웠으므로 전자-양성자 실험보다 훨씬 더 어려웠다. 중성미자-양성자는 거의 상호작용하지 않지만 오랜 노력의 결과 역시 여기에서도 스케일링 현상이 발생하며 쪽입자-쿼크 모형으로 설명된다는 것이 밝혀졌다.

쿼크의 존재가 마침내 입증되었다. 수수께끼 조각들이 마침내 하나 둘 맞춰지기 시작했다. 하드론은 쿼크들로 이루어져 있으며, 쿼크가 진짜 기본입자였다.

그러나 완벽한 우주 이론을 위해서는 입자들을 결합시키는 마당을 설명해야 한다. 자, 이제 마당이론으로 화제를 돌려 1950년대 중반까지도 곤란에 빠져 있던 그 문제들이 어떻게 극복되었는지 알아보자.

제 7 장
우주 게이지

　과학의 진보는 때로 너무나 평범한 것들로부터 초래되어서 막상 발견이 되었을 때 과학자들에게 당혹감을 안겨주곤 했다. 마당이론도 그랬다. 이 경우 평범한 현상이란 바로 대칭이었다. 지난 20여 년 동안 중요한 발견들이 이루어질 수 있었던 것은 비록 오랜 세월이 흐른 뒤였지만 대칭이 자연에서 중요한 역할을 한다는 사실을 인식했기 때문이었다.

　대칭은 어디에나 있다. 나뭇잎의 대칭은 쉽게 알아볼 수 있다. 나뭇잎의 왼쪽과 오른쪽은 똑같다. 다음 그림에 있는 별도 대칭을 갖는다. 별을 중심에 대해 회전시켜 점 A가 점 B로 가도 모양은 똑같다. 이것이 바로 본질적으로 대칭이다. 어떤 식으로 회전되거나 변환되어도 변하지 않는다면 그 물체는 대칭적이다. 별은 72도로 회전시켜도 똑같다. 이때 그 별은 회전에 대해 '불변'이라고 말한다.

　주변에서 다른 대칭들을 쉽게 발견할 수 있다. 예를 들어 우리의 몸도 대칭이다. 정육면체 상자도 대칭이며, 야구공도 그렇다. 이러한 대칭은 기하학적 대칭이라고 불린다. 그러한 대칭도 중요하지만 꼭 그런 유형만 있는 것은 아니다. 변환이 이루어진 뒤에도 계가 변하지 않는 다른 경우들이 있다. 예로 자석을 보자. 자석에 북극과 남극이

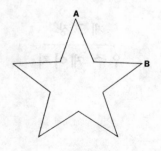

별-대칭 물체

있으며 그 양극 사이에 자기력선이 흐른다는 것은 주지하는 사실이
다. 그러나 극을 바꾸어도 자기마당선 형태에는 변화가 없이 똑같다.
양전하와 음전하 사이에 흐르는 전기력선도 마찬가지다.

다소 덜 친숙하기는 하지만 최근에 이론가들에게 대단히 중요했
던 또 하나의 대칭은 돌스핀과 관련된다. 기억하겠지만 돌스핀은 양
성자와 중성자의 차이를 설명하기 위해 도입되었다. 가상의 돌스핀
공간에는 핵자라는 단 하나의 입자만이 있는데, 그것이 양성자인지
중성자인지는 그 공간에서 방향이 어떻게 설정되어 있는가에 달려 있
다. 이런 경우의 대칭은 연속대칭이라고 불리며, 공이 갖는 종류의 대
칭과 유사하다(어떤 식으로 돌려도 공은 항상 똑같게 보인다).

대칭이 중요한 것은 물리학의 기본 법칙인 보존 법칙과 관련되어
있기 때문이다. 예를 들어, 에너지 보존 법칙은 반응 전후의 에너지가
같다고 말한다. 그러나 대칭의 중요성은 독일의 수학자 에미 뇌터
Emmy Noether가 보존의 법칙 각각과 관련된 대칭이 존재한다고 지
적했을 때 비로소 진정으로 이해되었다.

뇌터는 1882년에 독일에서 태어났다. 어린 시절에 이미 수학적

자석 주위의 자기마당선

재능을 보였던 그녀는 수학교수였던 아버지의 도움으로 1908년에 박사학위를 받았다. 이것은 여성의 대학입학이 거의 허용되지 않았던 그 당시로서는 그 자체로서 하나의 큰 성취였다. 그러나 학위를 가지고도 일자리 구하기는 쉽지 않았다. 그녀는 보수를 받는 직장을 구할 수가 없었지만 수학을 너무나 좋아했으므로 부근의 수학연구소에서 무료로 근무했다. 그녀가 첫번째 교직자리를 얻은 곳은 괴팅겐이었다. 그러나 역시 무보수직이었다. 그녀는 박사학위를 받은 지 10년이 지난 1920년대 초에서야 비로소 보수를 받을 수 있었다.

뇌터는 선생으로서는 그다지 성공적이지 못했는데, 그것은 주로 그녀의 비정통적 접근 방식과 외모 때문이었다. 그녀는 땅딸막한 키에 두꺼운 안경을 끼고 다녔으며 외모에는 전혀 신경을 쓰지 않아서 머리를 빗는 적이 없었다. 더욱이 큰 소리로 말했으며, 자주 미친 듯이 손을 흔들었는가 하면, 논쟁에서는 결코 물러서지 않았다. 그 시절의 학생이 볼 때 그녀는 확실히 기이한 인물이었다. 그러나 복잡한 수학을 뚫어보는 통찰력은 놀라웠다. 그녀에게는 수학 문제의 핵심을 꿰뚫어보는 신비한 능력과 기본 문제들을 이해하려는 강렬한 열망이 있었다.

불행히도 뇌터가 괴팅겐에 머물렀던 기간은 1년 정도에 불과했다. 독일에서 나치주의가 등장하고 있었으므로 다른 곳으로 피신해야만 했다. 그녀는 미국으로 이민 갔지만 또 한 번의 오랜 투쟁을 치른 뒤에야 간신히 펜실베이니아 브린 모오 대학교에 임시직을 하나 구했다. 그러나 2년 뒤 53세의 나이로 사망하고 만다. 비극적이고 짧은 인생이었다.

대칭과 보존법칙이 관련되어 있다는 그녀의 정리는 오랫동안 주목받지 못했다. 수학자들은 그녀가 무리이론 group theory과 수이론 number theory 같은 다른 이론적 수학에 미친 영향에만 관심을 두었으며 대부분의 물리학자들은 그녀를 알지도 못했다.

그녀의 정리에 대한 간단한 응용을 위해 공간을 고찰해 보자. 평이한 보통의 공간이다. 그것이 대칭이 아니라고 주장하는 사람이 없을 것이다. 공간은 어디서나 똑같으므로 그 안에서는 물리 법칙도 어디서나 동일하다. 이것은 공간과 관련된 보존법칙이 있음을 의미한다. 무엇일까? 바로 운동량의 보존이다. 즉 운동량(질량×속도)이 반응 전후에 같다.

대칭은 사실 물리학에서 너무나 중요해져서 자연에서 새로운 대칭이 발견될 때마다 과학자들은 즉시 관련된 보존법칙을 찾는다. 혹은 거꾸로 보존법칙을 발견하면 그것과 관련된 대칭을 찾으려 할 것이다. 전하 보존 법칙을 보자. 그것은 임의의 반응에서 전기 전하가 반응 전후에 같아야 한다는 법칙이다. 어떤 대칭이 관련되어 있을까? 바로 게이지 대칭 gauge symmetry이다. 1915년에 아인슈타인이 일반상대성이론을 발표한 직후 독일의 수학자 헤르만 바일 Hermann Weyl이 게이지 대칭을 도입했다. 바일은 그것을 이용해 아인슈타인의 중력마당이론과 막스웰의 전자기마당이론을 통합하려는 시도를 했다.

게이지란 무엇인가? 무언가를 게이지한다는 것은 물론 측정한다는 것에 불과하다. 따라서 게이지를 정한다는 말은 측량막대를 지정한다는 의미이다. 일단 측량막대가 지정되면 그 길이는 일정하게 유지되는 것으로 가정된다. 측량막대를 이동시킬 때 그 길이가 변한다면 측정이라는 아이디어 자체가 전혀 말이 되지 않을 것이다. 그럼에도 불구하고 바일은 이 가능성을 고려해서 그것을 한곳 게이지 변화 local gauge change라고 불렀다. 도처에서 동일한 변화는 온곳 게이지 변화 global gauge change라고 불렀다. 전체 변화의 간단한 예는 마을에 있는 모든 집을 15m 오른쪽으로 이동시키는 것이다. 집과 집 사이에는 분명 아무런 변화가 없다. 이동이 각 집마다 동일해서 마을의 모습이 변하지 않기 때문이다. 그러나 어떤 집은 오른쪽으로, 어떤 집은 왼쪽으로 무작위로 이동시킨다면 그 마을의 모습은 달라진다. 이것이 한곳 변화이다. 언뜻 보기에 물리학에서 그러한 변화가 중요하지 않은 듯하지만 막스웰의 전자기이론에도 이런 성질이 있다.

이것이 어떻게 발생하는지를 이해하기 위해서, 각각 다른 전기 전위(전압)를 갖는 많은 전기 전하를 고찰하자. 즉 양전하와 음전하가 제멋대로 돌아다니고 있다고 하자. 그들 각각에 50V를 더해도 전체적인 변화는 없다. 임의의 두 전하 사이의 차이는 같기 때문이다 (즉, $60-55=5$이고, $10-5=5$이다). 이것이 전체 변화이다. 그러나 각각에 다른 전압을 가하면 한곳 변화가 일어난다. 이것은 그 전하와 관련된 전기마당이 한곳 게이지 불변성 local gauge invariance을 만족시키지 않는다는 의미이다. 그러나 좀더 상세히 살펴보면, 놀라운 일이 벌어지고 있다. 움직이는 전기 전하가 자기마당을 일으키며, 자기 '전위'라는 것이 이들 마당과 관련되어 있어서 그 변화를 정확히 보상한다. 그 결과 즉 전기마당과 자기마당이 결합된 마당인 전자기 마당은 게이지 불변이다.

바일은 물론 이것을 잘 알고 있었고 무언가 유사한 것이 중력마당과 전자기마당을 결합시켜주길 바랐다. 그는 이 사실을 염두에 두

144

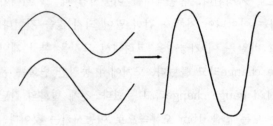

*위상이 서로 같게 보이는 파동. 이 경우에 파동들은 서로를 강화
시킨다. 위상이 다르면 서로를 상쇄시킨다.*

고 일반상대론을 수정했고, 희망했던 대로 막스웰의 전자기이론이 나
타났다. 너무 기적과 같았으므로 바일은 그 두 마당을 통합시킬 수 있
다고 확신했다. 그는 즉시 자신의 논문 사본을 아인슈타인에게 보냈
다. 그러나 아인슈타인은 곧 결함을 찾아냈다. 그는 그 아이디어가 맞
다면 서로에 대해 움직이는 시계들은 다른 속도로 흐를 것이라고 밝
혔다. 예를 들어, 두 관측자가 각각 시계를 하나씩 갖고(그 두 시계는
만났을 때 정확히 같은 속도로 흐른다고 가정한다), 그 중 한 명이 근
처 마을로 놀러갔다가 돌아온다면, 관측자들이 다시 모였을 때 그 두
시계의 경과시간은 같지 않을 것이다. 바일은 아인슈타인으로부터 이
소식을 전해 듣고 실망했지만, 그의 지적은 옳았다. 그 이론에 결함이
있었으므로 그는 그것을 덮고 잊어버렸다.

　　그러나 훌륭한 아이디어는 때로 쉽사리 죽지 않는다. 단지 잘못
된 이론에 적용되었을 뿐이었다. 드 브로글리는 전자에 관련된 파동
이 있다고 밝힌 적이 있었는데, 슈뢰딩거는 이 파동을 자신의 양자이
론에 편입시켜서 '파동함수 프시'를 도입했다. 파동의 중요한 성질 하
나는 위상 phase이다. 예를 들면, 두 광파의 위상이 같을 때는(즉

'혹'들이 일치할 때) 서로 강화시킨다. 반면에 위상이 정확히 반대면 서로 상쇄시키므로 빛이 전혀 보이지 않는다. 슈뢰딩거의 이론에 따르면 전자 파동에도 위상이 있지만, 기이하게도 최종 분석에서는 이 위상이 그 이론의 예측에 영향을 미치지 못했다. 이것은 그 이론의 한곳 게이지 대칭이 광자를 생성시킴으로써 보상했기 때문이었다. 물론 전자와 광자 상호작용이 모두 존재하는 양자론은 양자전기역학(QED)이다. 따라서 전자기이론과 마찬가지로 QED도 한곳 게이지 불변이라고 말할 수 있다.

그러나 한곳 게이지 불변이 이들 이론에서 그렇게 중요하다면, 예컨대 강한 상호작용은 어떨까? 그것도 한곳 게이지 불변일까? 1950년대 초에 시카고 대학교의 양첸닝이 한곳 게이지 불변을 갖는 강한 상호작용 이론을 만들 수 있는지 알아보기로 했다. 그는 그러한 이론이 있다면 아마도 이들 상호작용을 더 잘 이해할 수 있으리라 생각했다.

노벨상 수상 당시 양은 대학원생처럼 젊게 보였다. 그는 1922년에 중국의 호페이에서 태어났고, 5살 때 가족들과 함께 북경으로 갔지만 청일 전쟁으로 다시 이사해야 했다. 그는 국립 남서연합 대학교에서 1944년에 석사학위를 받았으며, 1945년에는 미국으로 건너가 시카고 대학교의 페르미 밑에서 연구해 1948년에 박사학위를 마쳤다. 시카고 대학교에 있는 동안 그는 리 충-다오 Lee Tsung-Dao(후에 양과 노벨상을 공동 수상했다)라는 또 한 명의 중국인 물리학자와 함께 저명한 천문학자인 찬드라세카 S. Chandrasekhar의 수업을 수강했다. 사실 그 수업을 듣는 학생은 그 둘뿐이었다. 찬드라세카는 그 수업을 후에 "수강한 사람이 모두 노벨상을 받은 수업"이라고 말했다.

강한 상호작용을 한곳 게이지이론으로 만들려고 했던 양의 초기

양첸닝

시도는 실패했지만 졸업 뒤 프린스턴의 고등연구소로 가게 되었을 때도 그 문제는 마음에서 떠나지 않았다. 주요 난점은 그가 그 계에 어떤 대칭을 주어야 하는가였다. 1953년에 휴가를 받아 브룩하벤 국립연구소로 간 그는 브룩하벤 체류기간의 대부분을 그곳에서 수행되고 있던 실험의 결과 예측에 쏟아 부었다. 그러나 게이지 문제는 계속해서 그를 괴롭혔다. 그는 그 문제를 동료인 로버트 밀스 Robert Mills 에게 말했고 그들은 함께 이 문제에 매달렸다.

그들은 돌스핀이 가장 효과적인 대칭이라고 결정했다. 이것을 출발점으로 그들은 양자전기역학에 관한 이론의 모형을 만들고, 한곳 게이지 불변을 도입했다. 그러자 예상대로 새로운 힘 마당이 튀어나왔다. 그들은 그것을 B마당이라고 불렀다. 그것은 양자전기역학의 광자마당과 유사했다. 그들은 이 마당이 강한 핵력마당과 동일한 성질을 가지기를 바랐다. 그러나 강한 핵력마당은 유효거리가 짧아서(거의 양성자 크기와 같은 거리에 대해서만 작용한다) 그것을 나타내는 입자가 대단히 무거움을 시사했던 반면 양-밀스 이론 Yang-Mills theory에서 나타나는 게이지 입자들(교환입자라고도 불린다)은 질량이 없었다. 더욱이 하나가 아니라 세 개였다.

특히 그들은 파인만 도면을 이용해 물리적으로 적절한 예측을 하게 되길 바랐다. 그러나 시도하면 할수록 상황은 더 악화되었으므로 그들은 결국 포기했다. 하지만 그 아이디어만은 충분히 가치가 있다고 여겨 출간하기로 했다. 1954년에 『피지컬 리뷰』에 그들의 논문이 실렸다. 불충분하다는 결점에도 불구하고 그 논문은 오늘날 고전으로 여겨지고 있다.

양-밀스 게이지 입자 혹은 교환입자는 또 다른 면에서 기이했다. 전자기마당의 게이지 입자인 광자는 다른 광자와 상호작용하지 않는데 양-밀스 입자들은 서로 상호작용해서, 그것들이 게이지 입자들만 포함하는 파인만 도면을 가짐을 시사했다.

과학자들은 여전히 1954년의 마당이론에 대해 흥분하고 있었으므로(1960년대의 정체기간이 시작되기 전이었다). 양-밀스 이론이 나타나자 상당한 관심이 일었다. 주요 문제는 물론 질량이 없는 게이지 입자였는데 만족스럽지는 않았지만 해결책은 있었다. 그냥 '억지로' 질량을 집어넣기만 하면 되었다. 즉 그 방정식에 그냥 질량 항을 넣는 것이었다. 많은 이론가들이 실제로 이렇게 했다. 이 방법의 문제점—심각한 문제였다—은 질량 첨가로 인해 그 이론의 게이지 불변이 파괴되어서 되틀맞춤이 가능하지 않게 된다는 것이었다.

결국 그 이론에 대한 관심은 사라져 오랫동안 아무도 거들떠보지 않았다. 그것은 신기한 이론이었지만 그 이상은 아니었던 것이다. 다행스럽게도 이것으로 이야기가 끝난 것이 아니다. 그러나 계속하려면 먼저 약한 상호작용을 살펴보아야 한다. 위의 문제가 극복되고 만족스런 게이지이론이 형성된 것이 바로 이 상호작용이기 때문이다.

약한 상호작용

오늘날 베타붕괴로 알려진 현상이 발견된 것은 1896년에 안토인 베커렐 Antoine Becquerel에 의해서이다. 그것이 약한 상호작용 연구의 시작이었지만, 과학자들은 오랜 시간이 지나서야 비로소 이 사실을 깨달았다.

에른스트 러더퍼드는 심지어 베커렐 전에도 그 기이한 광선을 보았고, 그것을 베타선 beta rays이라고 불렀다. 동시에 그는 또 다른 유형의 광선을 알파선이라고 불렀다. 그는 후에 알파선이 바로 헬륨 핵이라고 밝혔다. 그러나 베타선이 전자라는 사실을 입증한 사람은 베커렐이었다.

베커렐은 공학자였다. 그의 아버지는 파리 자연역사 박물관의 물리학 교수로 형광성에 대한 중요한 초기연구를 한 인물이었다. 안토인은 결국 아버지의 연구를 이어받았다. 세기의 전환점은 물리학자들에게는 흥미로운 시기였다. 빌헬름 뢴트겐이 X선을 발견하자 유럽의 과학계는 활기를 띠었다. 베커렐을 포함해 모두가 그 새로운 현상에 사로잡혔다.

베커렐의 가장 중요한 발견은, 많은 발견들이 그러하듯 거의 우연히 이루어졌다. 그는 어느 날 어떤 형광 화학물질에서 나오는 광선이 검은 색종이를 관통하는지를 알아보기로 했다. 그는 우선 그 물질에 햇빛을 쪼이고(아마도, 그 물질이 형광을 내도록 하기 위해, 즉 빛을 발하게 하기 위해), 그 밑에 검은 색종이와 인화지를 놓았다. 그런데 인화지를 현상하자 그것이 흐려져 있었다. 광선이 그 검은 종이를 관통한 것이었다. 그런데 그 뒤 날씨가 계속 흐렸으므로 그는 그 형광물질을(검은 색종이와 인화지에 싸서) 서랍 속에 넣어두고 해가 나오기를 기다렸다. 그러나 구름 낀 날씨가 계속 이어졌다. 그는 참다못해 그 인화지를 현상해 버렸다. 그런데 놀랍게도 인화지가 짙게 흐려져 있었다. 어떻게 된 걸까? 해가 없는데도 흐려지다니! 햇빛은 확실히 그 복사와 아무런 관련이 없었다. 그는 곧 그 종이를 흐리게 한 광선의 일부가 뢴트겐의 X선이라는 것을 알았다. 그러나 어떤 것은 그렇지 않았다. 그가 자기마당에 그 광선을 놓자 음으로 하전된 방향으로 굽어졌다. 1900년에 그는 마침내 그 광선이 톰슨의 음극선과 동일한 성질을 갖는다는 결론에 닿았다. 그 광선은 다름 아닌 전자였다.

그 형광물질의 중성자가 베타붕괴로 양성자와 전자로 붕괴되고 있었던 것이다. 그 당시에 과학자들은 전자와 양성자가 어디서 나오는지 몰랐으므로 전자가 커다란 범위의 에너지를 갖고 나온다는 것을 발견했을 때 전혀 걱정하지 않았다. 그러나 그런 에너지를 일으키는 것이 중성자라는 사실을 깨닫자 즉각 문제가 제시되었다. 이 경우에 전자는 모두 동일한 에너지를 갖고 나와야 했다. 왜 그렇지 않을까? 그 답변을 제시한 사람은 볼프강 파울리였다. 그는 방출되고 있지만 보이지 않는 입자가 있다고 제안했다. 오늘날 그 입자는 중성미자라고 불린다.

1930년대 초에 과학자들은 마침내 자신들이 자연의 새로운 힘을 다루고 있음을 깨닫기 시작했고, 1934년에 로마 대학교의 앙리코 페

앙리코 페르미

르미가 최초의 약한 상호작용이론을 공식화했다.

페르미는 1901년에 로마에서 태어났다. 그는 너무나 쇠약해서 두 살 때까지 간호사에 의해 교외에서 양육되었다. 아버지가 철도종업원이었던 그의 가족은 외풍이 세고 난방도 되지 않는 철도역 근처 아파트에서 살았다. 집이 어찌나 추웠던지 그의 형은 감기에 걸렸다가 15살 때 그만 폐렴으로 죽고 말았다. 앙리코는 형과 우애가 대단히 좋았으므로 그 죽음은 그에게 큰 충격을 주었다. 슬픔을 잊기 위해 그는 책 속에 파묻혔고, 결국 수학과 물리학에 빠졌다. 그는 돈이 생길 때마다 중고 물리학 책을 사서 읽었다. "이것 봐. …… 멋지지." 그는 수학적 증명들을 가리키며 여동생에게 이렇게 말하곤 했다. 고등학교를 졸업하고 피사에 있는 대학교에 장학금을 신청했다. 전문적 주제에 대한 논문이 입학 조건의 하나였다. 페르미의 논문은 진동하는 끈에 관한 것이었는데, 심사위원들은 그 논문에 큰 감명을 받았다. 1918년에 그 대학교에 입학했을 때 그는 이미 학급 학생들의 수준을 훨씬 웃돌았다. 그는 혼자 계속 공부했고, 곧 교수들의 수준까지도 뛰어넘어 그들을 당황케 했다. 그러나 그런 뛰어난 재기에도 불구하고 그는 장난꾸러기여서 악취탄을 터트려 거의 퇴학당할 뻔하기도 했다. 문제는 그가 학교의 일상에 지루해 했다는 것이었다.

한 교수는 어느 날 그를 연구실로 불러 이렇게 말했다. "내게 물리학을 가르쳐 주지 않겠나?" 페르미는 깜짝 놀랐다. "교수님을 가르친다구요?" 그 교수는 고개를 끄덕이며 자신이 페르미보다 많이 알지 못한다는 사실을 시인했다.

페르미는 1922년에 박사학위를 받았다. X선에 관한 그의 논문은 너무 훌륭했는데 고시위원회 교수들 대부분은 그것을 이해하지 못했으므로 그에게 무슨 질문을 해야 할지 몰라 그를 신속히 통과시켰다. 학위를 마치자마자 그는 로마 대학교로 갔고 4년도 되지 않아 정교수가 되었다.

로마에서 그는 핵분열 고전실험을 했지만, 그 밖의 다른 것을 찾는 데 여념이 없었으므로 그 발견을 놓치고 말았다. 한 번은 그 발견을 아깝게 놓친 것에 대해 어떻게 생각하느냐는 질문을 받았다. "아니, 나는 그것을 놓쳐서 기쁩니다." 그는 아랑곳하지 않고 이렇게 대답했다. 그는 그 분야에서 그 이상의 발전은 놓치지 않았으며, 결국 가장 중요한 실험인 지속적인 핵분열 반응을 최초로 이루어냈다. 이 실험은 12월의 어느 황량한 날 시카고 대학교의 스태그 경기장 관람석 밑에 있는 스쿼시 코트에서 수행되었다. 그리고 이어 로스알라모스에서 원자폭탄이 제조되었다.

페르미는 로마 대학교에 있는 동안 약한 상호작용에 관한 가장 유명한 논문을 썼다. 그는 어느 날 알프스 산에서 스키를 탄 뒤 몇 명의 동료들에게 그 이론에 대해 자신 있게 말했다. "나는 이 논문으로

152

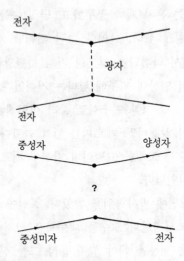

위 그림은 두 전자의 *QED* 상호작용을 보여준다. 아래 그림은 유
사한 약한 상호작용을 보여준다.

기억될 걸세." 그는 그것이 자신이 지금까지 한 일 중 가장 훌륭한 것
이라고 확신했다. 이전에도 많은 다른 사람들이 그러했듯이 그는 양
자전기역학에 맞춰 그 이론의 모형을 만들었다. 주지하다시피 두 전
자가 서로 가까이 지나치면 광자가 교환된다. 페르미는 베타붕괴에서
는 그 상호작용 지점에서 중성자는 양성자로, 동시에 중성미자는 전
자로 변한다고 가정했다. 광자를 대신하는 입자, 즉 교환입자는 대단
히 짧은 범위에만 미쳐야 하므로 페르미는 상호작용이 한 점에서 일
어난다고 가정했다. 그 붕괴는 153쪽의 그림처럼 표현된다.

     그 새로운 이론에 대한 자신감에도 불구하고, 페르미의 논문은
『네이처』 *Nature*로부터 거절되어 돌아왔다. 편집장은 현대 물리학과
의 관련이 없어서 대부분의 물리학자들에게는 흥밋거리가 되지 못한
다는 짧막한 편지를 동봉했다. 당황한 페르미는 그 논문을 별로 알려

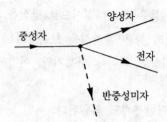

중성자가 양성자와 전자, 그리고 반중성미자로 붕괴한다(베타붕괴).

지지 않은 이탈리아 저널에(그리고 후에는 독일 저널에) 보냈다. 그 논문은 '이렇게 보잘것없이' 시작했지만, 마침내 크고 명확한 소리를 냈다. 그것이 바로 약한 상호작용이론이었다. 그 이론은 거의 변하지 않았으며 사실 오늘날까지도 사용되고 있다. 그것은 노벨상감이었지만 그는 이 논문으로는 그 상을 받지 못하고, 몇 년 뒤 다른 연구로 노벨상을 받았다.

그러나 그 이론에 문제가 전혀 없는 것은 아니었다. 그 이론은 사실 불완전해서 그 마당이 왜 약한지를 설명하지 못했으며, 약력의 성질을 거의 언급하지 않았다. 더욱이 그것은 저에너지에서만 의미를 가졌다.

홀짝성

페르미 이론의 또 하나 결점은 수년 뒤에야 나타났다. 앞에서 대칭에 관해 이야기할 때 언급하지 않은 한 가지 유형은 반사대칭 reflection symmetry 즉 홀짝성 parity이었다. 그것은 좌우 교환으로 발생하는 대칭이다. 거울을 들여다보면 당신이 보는 상은 좌우가 뒤 바뀌어 있다. 그러나 몸은 좌우대칭이므로 당신은 그 차이를 금방 알아채지 못한다. 당신의 상은 홀짝성을 보존한다(완벽하게 정확한 홀짝성이 되려면 그 이상이 되어야 하겠지만, 여기서는 그것을 무시하도록 하자).

홀짝성은 또한 핵반응에도 적용된다. 어떤 반응의 거울상이 발생할 때 그 반응이 홀짝성을 보존한다고 말하는데 자연의 모든 상호작용은 오랫동안 홀짝성을 보존하는 것으로 여겨졌다. 그러나 기묘입자가 발견된 직후 케이온과 관련된 기이함이 알려졌다. 정확히 동일한 질량과 스핀을 갖지만 다르게 붕괴하는 타우와 세타라는 두 가지 유형의 케이온이 있는 것 같았다. 사실 너무나 유사해서 많은 과학자들은 그것들을 동일한 입자라고 생각했다. 그것들은 붕괴과정이 홀짝성을 보존하지 않을 때만 동일했다. 그런데 모든 사람들은 홀짝성이 보존된다고 생각했으므로 그 문제는 타우-세타 수수께끼로 알려졌다.

1956년 4월에 뉴욕의 로체스터에서 학회가 열렸다. 타우-세타 수수께끼도 그 프로그램에 포함되어 있었다. 이 시기에 이론가들은 여전히 혼돈 속에 있었다. 겔만과 양 모두 그 문제에 대한 짤막한 강연을 했지만, 해결책을 제시하지는 못했다. 청중석에서는 리차드 파인만과 듀크 대학교의 실험가인 마틴 블록 Martin Block이 나란히 앉아 열띤 논쟁을 벌이고 있었다. "글쎄, 어쩌면 홀짝성이 보존되지 않을지도 모르지." 블록이 갑자기 이렇게 말했다. 파인만은 그런 생각은 어리석다고 말했다. 그리고는 말을 멈추었다. 어쩌면 그것이 그렇게 어리석은 생각이 아닐지도 몰랐다. 홀짝성이 보존되지 않을지도 모르는 일이었다.

양과 동료인 콜럼비아 대학교의 리 충-다오가 그 아이디어에 대해 들었다. 그들은 일찍이 두 사람 모두 국립 남서연합 대학교 학생시

리 충-다오

절 중국에서 만난 적이 있었다. 리는 1946년에 장학금을 받고 미국으로 갔고, 양처럼 시카고 대학교에서 공부했으며 1950년에 박사학위를 받았다. 그는 1953년에 콜럼비아 대학교의 교수진에 합류했다. 그는 29살의 나이로 콜럼비아에서 최연소 정교수가 되었으며 그 후 얼마되지 않아 중국인 최초의 노벨상 수상자가 되었다. 더욱이 그는 그때까지 노벨상을 받은 사람 중 두번째로 젊은 인물이었다.

　　양과 리는 곧 타우와 세타가 동일한 입자이므로, 약한 상호작용에서는 홀짝성이 위반되어야만 한다고 확신했다. 그리고 문헌 조사를 해보자 홀짝성 보존이 입증되었으리라 믿었던 그들의 생각과는 달리 놀랍게도 아무도 입증하지 않았다는 것을 알았다. 홀짝성 보존은 그저 당연한 일로 생각되어 왔던 것이다.

1956년에 그들은 자신들의 증거를 제시하는 논문을 『피지컬 리뷰』에 발표했다. 물론 검증은 곧 이루어졌다. 그 다음해 콜럼비아 대학교의 중국 물리학자인 우 치엔-슝 Wu Chien-Shiung과 국립표준국의 언스트 앰블러 Ernst Ambler는 검증 결과 약한 상호작용에서는 홀짝성이 보존되지 않았다고 발표했다. 양과 리는 1년 내에 노벨상을 수상하게 된다.

우는 약한 상호작용 전문가인데다 양이나 리와 잦은 접촉을 함으로써 그들의 연구를 누구보다도 잘 이해하고 있었다. 사실 약한 상호작용에서 홀짝성이 보존되지 않는다는 사실이 입증되었는지를 알아내기 위해 양이 찾아간 사람이 바로 우였다. 그녀는 그에게 문헌 조사를 해볼 것을 제안했다.

양과 리가 논문을 발표하기 전에도 우는 연구에 열심이었다. 그녀는 방사성 형태의 코발트를 이용해 베타붕괴를 조사했다. 본질적으로 그녀는 전자들이 핵에 대해 대칭적으로 나오는지, 아니면 비대칭적으로 나오는지를 알아내기만 하면 되었다. 전자들이 비대칭적으로 나온다면 홀짝성은 보존되지 않는 것이다. 비대칭을 알아보기 위해 그녀는 핵들이 모두 같은 방향을 가리키도록 일렬로 정렬시켰다. 핵 각각에 작은 자기마당이 있으므로 그것들을 외부 마당에 놓으면 이렇게 만들 수 있었다. 그러나 문제는 여전히 있었다. 실내온도에서는 핵이 계속해서 돌아다니므로, 아무리 강력한 자기마당도 그것들을 정렬시키지 못했다. 따라서 핵들이 움직이지 않도록 하기 위해 절대 영도에 가깝게 냉각시켰다. 그녀는 인내와 고된 연구 끝에 마침내 그 실험을 완성했다. 그리고 그 뒤 재확인 작업을 거친 뒤 1957년 1월에 양과 리가 옳다는 결과를 발표했다.

홀짝성(P)은 보존되지 않았다. 그러나 기이하게도 홀짝성을 전하

의 부호를 바꾸는 전하켤레짓기 charge conjugation(C)와 결합시키
자 그 결합된 과정인 CP는 보존되는 것 같았다. 그 뒤 과학자들은 오
랫동안 CP가 보존된다고 믿었다. 그러나 1964년에 프린스턴 대학교
의 피치와 크로닌이 이것을 조사한 결과 CP도 정확히 보존되지 않는
것으로 밝혀졌다.

　이제 이런 물음이 떠오를 것이다. 홀짝성의 보존이 페르미의 베
타붕괴이론에 어떤 영향을 미쳤을까? 페르미는 분명 그것을 고려하지
않았다. 그 문제를 이해하기 위해서는 마당의 성질을 살펴보아야 한
다. 마당은 묘사에 필요한 변수들의 수에 따라 분류된다. 가장 간단한
마당은 스칼라(S)마당이다. 한 가지 좋은 예로 주어진 지역의 온도를
들 수 있다. 그 마당은 각 점에 대해 한 가지 수로 상술된다. 전자기
마당에서는 네 개의 수가 필요한데 그것은 벡터(V)마당으로 알려져
있다. 반면에 중력마당은 특별히 복잡해서 10개의 수가 필요하다. 그
것은 텐서(T)마당이라고 불린다.

　페르미의 이론은 양자전기역학에서 비롯되었으므로 그것 역시 벡
터마당이었다. 그러나 일단 약한 상호작용이 홀짝성을 보존하지 않는
것으로 알려지자 과학자들은 그것이 순수한 벡터마당이 아니라고 생
각했다. 로체스터 대학교의 수다르산 E. C. Sudarshan과 로버트 마
샥 Robert Marshak은 결국 그것이 벡터마당과 축성벡터 axial-vec-
tor마당—홀짝성이 보존되지 않는 벡터마당—의 결합이라는 것을 입
증했다. 보다 전문적으로 설명하면 그것은 V-A(벡터-축성벡터)였
다. 이것을 바로잡기 위해 페르미의 이론이 수정되어야만 했다. 겔만
은 수년간 약한 상호작용의 발전에 관심을 가져왔는데, 더욱이 칼텍
의 그의 연구실 옆방에 있던 교수인 리차드 파인만도 동일한 관심을
나타냈다.

파인만은 리가 로체스터 학회에서 발표한 논문을 들은 적이 있었으므로 양-리 결과에 대해 알고 있었다. 그러나 그는 혼란을 느꼈다. 그는 양과 리가 쓴 논문을 이해할 수 없었다. "나는 리와 양이 말하는 것들을 이해할 수 없어. …… 너무 복잡하단 말야." 그는 학회가 끝난 날 저녁 여동생에게 이렇게 말했다.

그러자 여동생이 소리내어 웃었다. "아니야, 오빠가 찾아내지 않았기 때문에 이해하지 못하는 거야." 그녀는 이렇게 말했다. "그것을 오빠식으로 알아내봐. …… 그러면 이해할 수 있을 테니까." 그는 여동생의 충고를 받아들였고 결국엔 분명하게 설명할 수 있다고 확신했다. 그는 사실 오래 전 유사한 일에 열중한 적이 있었다.

그해 여름에 그는 브라질로 갔다가 돌아와 베타붕괴에 어떤 일이 벌어지고 있는지를 알아내기 위해 콜럼비아에 있는 우의 실험실에 들렀다. 그런데 그녀는 없고 그녀의 실험실에 있던 누군가가 그에게 최근의 발전에 대해 설명했다. 그러나 그는 전혀 이해할 수 없었다. 그가 칼텍으로 돌아오자 세 명의 동료가 그에게 마샥과 수다르샨(그리고 독립적으로 겔만)에 의해 발전된 그 이론을 상세히 설명해 주었다. 그는 그제야 그 이론을 이해했다. "약한 이론은 V-A이어야 해. 모든 것이 맞아떨어졌어!" 그는 신속히 겔만과 다시 모였고 곧 V-A를 편입시킨 모순 없는 페르미 이론 개정판을 얻었다. 논문은 1958년에 『피지컬 리뷰』에 출간되었다.

그렇게 수정되었지만 그 이론은 여전히 완벽하지 않았다. 파인만과 겔만은 그 이론에 홀짝성 비보존을 도입했지만, 여전히 그 상호작용이 점에서 발생한다고 가정하고 있었다. 어떤 교환입자도 없었다. 게다가 그 이론은 되틀맞춤되지 않고 고에너지에서는 문제가 발생했다.

그 밖의 무언가가 필요했다. 그 이론은 양자전기역학만큼 성공적이지 못했다. 중요한 면에서 달랐기 때문이었다. 그것은 게이지이론이 아니었다. 그러나 과학자들은 게이지가 물리학 이론의 중요한 면이라는 사실을 믿으려 하지 않았으며, 그것이 그저 양자전기역학을 흥미롭게, 어쩌면 일부러 멋부려 쓴 말에 불과하다고 여겼다.

그러나 약한 이론이 갖는 문제점은 그것이 전자기이론의 일부이기 때문에 일어나는 것인지도 몰랐다. 과연 그 두 이론을 통합할 방법이 있을까? 그것들은 많은 면에서 유사했지만, 매우 중대한 차이점이 있었다. 대부분의 물리학자들이 통합 시도를 하지 않았던 것은 이 차이점 때문이었다. 그러나 줄리안 슈윙거는 단념하지 않았다. 그는 1958년에 그 두 마당을 결합시켜 "기본 상호작용 이론"이라는 제목으로 출간했다. 그는 자신이 두 마당을 적절히 통합했다고 확신했다.

수년 전 독일 물리학자 오스카 클라인 Oskar Klein은 약한 상호작용과 관련된 교환입자가 있다고 제시한 적이 있었다. 그는 그것을 W라고 불렀는데, 오늘날도 동일한 이름으로 불린다. 슈윙거는 클라인의 아이디어를 자신의 이론에 편입시키고, W에 양과 음 두 가지가 있다고 가정했다. 그것들은 광자와 같은 가족에 속한다. 그는 SU(2) 무리를 이론의 기초로 삼고 전자와 중성미자가 광자와 중성자와 같다고 가정했다. 다시 말해서 그것들은 동일한 입자이며 돌스핀꼴 공간에서 어떤 방향이냐에 따라 특정한 본질(전자 혹은 중성미자)을 나타냈다. 슈윙거 이론에서의 베타붕괴는 그림과 같이 표현된다.

슈윙거 이론은 흥미롭지만 결정적인 결함이 있었다. 그는 이론가들이 약한 마당이 V-A라고 입증했다는 사실을 전혀 몰랐으므로 벡터와 텐서(텐서는 더 높은 차수의 벡터다)가 결합된 마당을 사용했다. 그는 논문이 출간된 뒤에 그 소식을 듣고 대단히 불쾌해 해서 더이상 그 이론을 연구하지 않았다.

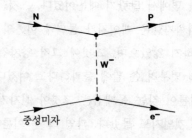

슈윙거 이론에서의 베타붕괴

슈윙거가 논문을 발표한 직후 로렌스 복사연구소에 있던 블러드 만 S. A. Bludman이라는 이론가가 V-A 상호작용을 편입시킨 이론 을 고안해 냈다. 그러나 슈윙거의 이론과 달리 그것은 약한 마당과 전 자기마당 모두를 포함한 이론이 아니라 약한 상호작용만의 이론이었 다. 그 이론의 주요 문제점은 이번에도 질량 없는 교환입자였다. 그 입자가 질량을 갖도록 하려면 '억지로' 삽입되어야 했으며 그 과정에 서 그 이론의 게이지 불변을 파괴시켰다. 그럼에도 그 방법은 올바른 연구방향에 들어섰다고 볼 수 있었다.

슈윙거는 약한 상호작용에 대한 연구를 하지 않기로 맹세했지만 학생인 셸던 글래쇼우에게 지식을 전승시켰다. 글래쇼우는 박사학위 논문을 쓰는 한편 약한 상호작용에 대해 생각하기 시작했다. 그리고 1958년부터 1960년까지 통합을 위해 연구에 몰두했다. 게이지 불변 과 되틀맞춤의 열렬한 숭배자였던 그는 그것들이 어떤 상호작용이론 에도 중요한 일부가 되리라 믿었다. 따라서 그의 이론은 게이지이론 이라는 점에서 슈윙거의 이론과 달랐다.

1959년 초에 그는 마침내 전자기마당과 약한 마당을 통합했다고 생각했다. 그는 자신감에 넘쳐 자신의 아이디어를 영국의 압두스 살

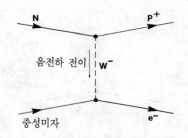

하전된 전류와 관련된 약한 상호작용

람 Abdus Salam(살람도 같은 문제를 연구하고 있었다)에게 보여주
었다. 그런데 당황스럽게도 살람은 그 자리에서 그의 기를 꺾어 놓고
말았다. 살람은 그 논문에 몇 가지 심각한 수학적 오류가 있다고 지적
했다. 그러나 글래쇼우는 포기하지 않았다. 그는 오히려 목적을 달성
하고야 말겠다고 굳게 다짐하고 그 이론을 다시 공략했다. 그는 1961
년에 마침내 제대로 된 논문을 발표했다.

그러나 처음에는 글래쇼우의 새로운 이론조차도 결점을 갖고 있는
것처럼 보였다. 그 이론은 약한 상호작용의 교환입자로 알려진 W^+
외에도 중성 입자 Z^0가 있다고 암시했다. 이것은 약한 상호작용에 '중
성 전류'가 있음을 의미했지만, 그러한 전류는 관측된 적이 없었다.

중성 전류가 무엇일까? 베타붕괴에 대한 파인만 도면을 살펴보
자. 주지하다시피 그것은 W^-와 관련된다. 게다가 전하는 W^-를 통해
도면 한쪽에서 다른 쪽으로 전이된다(다른 유사한 도면은 W^+와 관
련된다). Z의 경우에는 다음과 같은 도면을 갖는다.

이런 경우 전하의 전이는 없다. 그것은 중성 전하 상호작용으로
불리지만, 그 당시 글래쇼우는 그러한 상호작용이 관측된 적이 없다
는 논문을 발표했다. 그러나 이론가들이 글래쇼우의 이론을 탐탁히

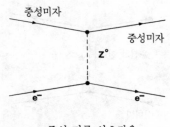

중성 전류 상호작용

여기지 않았던 것은 이 점만이 아니었다. 불만족스런 또 한 가지는 그가 '섞임각' mixing angle을 이용해 약한 마당과 전자기 마당을 결합시켰다는 것이었다. 그러나 그 논문의 최악의 부분이며 그 논문이 일반적으로 무시당했던 원인은 그것이 슈윙거의 구식 기호로 씌어졌기 때문이었다. 그 기호에 대해서 아는 사람들이 거의 없었던 것이다.

대서양 건너편에서는 영국의 압두스 살람 역시 유사한 이론 연구에 여념이 없었다. 살람은 영국령이었던 인도에서 태어나고 자랐지만 1946년에 영국으로 건너갔고, 캠브리지의 수학과를 졸업한 뒤 물리학을 공부해 보기로 결심했다. 그는 이론물리학에 더 관심이 있었지만 성적이 대단히 높았으므로 실험물리학 쪽으로 들어갈 것을 권유받았다(러더퍼드 시대 이후 일반적으로 최우수 학생들은 실험물리학 쪽으로 들어갔다). 살람은 마지못해 삼중수소와 중수소(무거운 수소 형태들)의 산란을 다루는 실험 프로젝트에 관련되어 연구하기 시작했다. 그러나 실망스럽게도 캠브리지의 실험실들은 너무나 낡았고, 또 기기를 제작하거나 유리를 불어서 만드는 기술자들도 없었다. 모든 것은 스스로 해야만 했다. 하지만 더 화가 나는 것은 애써 기기를 만들었는데 작동하지 않을 때였다. 아무것도 되는 게 없어 보였다. 그는 마침내 자신에게는 실험가 자질이 없다고 여겨 포기하고 말았다. 그는 이

압두스 살람

론물리학으로 바꾸고 니콜라스 케머 Nicholas Kemmer 밑에서 양자 마당이론을 연구했다.

박사학위를 마치자마자 그는 파키스탄으로 돌아가 라오레 대학교의 강단에 섰다. 그러나 동료들은 양자마당이론과 입자물리학에 전혀 관심이 없을 뿐더러 그런 연구에 대해서도 알지 못했다. 그는 혼자 힘으로 안간힘을 썼지만 결국 영국으로 돌아가기로 결심했고, 마침내 런던 임페리얼 칼리지의 교수직을 얻었다. 그럼에도 불구하고 그는 중동지역에서 물리학이 자리를 잡게 되길 몹시 열망해서 수년 뒤 트리에스테에 이론물리학 연구소 설립을 도왔다. 그는 현재 그 연구소의 소장이다.

1956년에 살람은 양과 리가 홀짝성이 약한 상호작용에서 보존되지 않을 가능성을 논했던 시애틀 학회에 참석했었다. 그 강연은 살람의 관심을 불러일으켰다. 그는 후에 이렇게 말했다. "게이지 이론으로 가는 나의 지루하고 고된 여행은 그 학회와 함께 시작되었다." 노벨상 수상연설에서 그는 그 학회에 참석한 뒤 미국공군수송기를 타고 런던으로 돌아갔던 이야기를 했다. 우는 아이들이 너무나 많아 비행기 안에서 잠을 잘 수가 없었으므로 그는 양과 리의 강연에 대해 생각했다. 약한 상호작용에서 홀짝성이 위반될 수 있을까? 만일 그렇다면 왜? 그의 논문 지도교수가 박사학위 자격시험 때 던졌던 질문이 머리 속에서 계속 맴돌았다. 중성미자는 왜 질량이 없을까? 그런데 갑자기 그 대답이 떠올랐다. "질량 없는 중성미자가 있다면, 홀짝성은 위반되어야 한다. 자연에는 그 길밖에 없다."

그 다음날 아침 비행기가 런던에 내리자마자 살람은 급히 연구실로 달려가 그 아이디어의 상세한 부분을 풀어냈다. 그 결과를 누구에게 보여줄 것인가? 그 아이디어가 맞다는 것을 누가 알까? 그에게 중성미자 질량에 대해 질문했던 그의 논문 지도교수인 루돌프 파이얼스 Rudolf Peirls밖에 없다고 생각했다. 중요한 진전을 이루어냈다고 확신한 그는 흥분해서 파이얼스에게 갔다. 그러나 양과 리는 홀짝성이 약한 상호작용에 의해 보존되지 않는다고 추측했을 뿐 입증된 사실은 아니었다. 그런데 파이얼스는 홀짝성이 보존된다고 굳게 믿고 있었으므로 살람에게 시간 낭비하지 말라고 충고했다. 그를 설득하다 지친 살람은 다른 사람에게 가보기로 했다. 이번에 찾아간 사람은 파울리였다. 그러나 파울리가 없었으므로 그는 논문을 남겨두고 와 답변을 기다렸다. 그런데 그에게서 온 답변 역시 뜻밖이었다. "살람, ⋯⋯ 좀더 나은 문제에 대해 생각하게."

살람은 실망했으나 그 이론에 계속 몰두했고, 존 워드 John Ward라는 이론가와 팀을 이루어 일련의 논문을 발표했다. 그는 글래쇼우와 마찬가지로 게이지이론에 대해 생각하고 있었다. 근본적으로 그가 하고자 했던 것은 슈윙거의 이론을 게이지이론으로 만드는 것이었다. 결국 발전된 이론은 글래쇼우의 이론과 거의 같았지만, 그들은 흥미롭게도 그 문제를 전혀 다른 관점에서 공격했다. 글래쇼우의 이론과 마찬가지로 그 이론 역시 중성입자와 중성 전류를 주었다. 주요 장애물은 무거운 교환입자를 얻는 것이었다. 그러나 그런 입자를 자연적으로 얻을 수 없는 것 같았으므로, 그들 역시 포기하고 말았다.

대칭깨짐

게이지 이론이 곤경에 처하자 글래쇼우와 살람 모두 마침내 중대한 돌파구가 필요하다고 결정했다. 그때까지는 '억지로' 질량을 넣었지만 게이지 불변을 파괴시키지 않고 게이지 입자에 질량을 주는 방법을 찾아내야 했다. 살람은 그 방법의 요령은 제시했지만 그것을 발전시키지는 못했다.

그 돌파구를 찾아낸 사람은 시카고 대학교의 남부였다. 남부는 마당이론과 초전도 분야의 전문가로 1960년대 중반에는 두 분야 모두 순풍에 돛단 듯 발전하고 있었다. 초전도이론은 절로대칭깨짐 spontaneous symmetry breaking의 발견으로 매우 정확한 이론으로 발전되었다. 남부는 절로대칭깨짐이 마당이론에도 유용할 것이라고 생각했다. 실제로 절로대칭깨짐은 마당이론에도 큰 반향을 일으켰다.

그러나 대칭깨짐이란 정확히 무엇일까? 간단한 예를 들어보자. 어떤 사람이 당신 쪽으로 걷고 있다고 하자. 당신이 볼 때 그의 몸은 좌우 대칭이다. 특히 그의 오른손과 왼손이 거의 동일하기는 하지만 그가 다가와 오른손을 내밀며 악수를 청한다면 어떤 일이 벌어질까?
그의 좌우대칭은 확실히 깨졌다.

또 다른 예를 보자. 많은 사람이 원형탁자에 둘러앉아 있다. 각
접시들 사이에 냅킨을 놓아서 사람들 왼쪽과 오른쪽에 냅킨이 있다.
모든 사람이 두 개의 냅킨을 보면서 앉아 있다. 어느 것이 자기 냅킨
인지는 아무도 모른다. 갑자기 누군가가 손을 뻗어 냅킨을 자신의 오
른쪽으로 가져간다. 그러면 모든 사람이 냅킨을 자신들의 오른쪽으로
가져가서 좌우 대칭이 깨진다.

게이지이론의 경우에도 대칭이 깨어지는 것으로 믿어졌다. 아니
일부 사람들은 "그것이 감춰져 있다"고 말했다. 왜냐하면 그것이 최
저상태 즉 바닥상태에서는 분명하지 않고, 더 높은 상태(혹은, 동등한
의미로 더 높은 온도)에서는 분명하기 때문이었다. 우리가 커다란 자
석 안에 산다고 상상해 보자. 자석이 단단하다는 사실에 대해서는 걱
정하지 않기로 하자. 자석이 자기마당을 갖는 것은 내부에 있는 수백
만 개의 작은 자석이 모두 같은 방향으로 정렬해 있기 때문이다. 그러
나 온도를 증가시키면, 이들 작은 자석들이 교란되어서 정렬을 유지
하지 못하므로 결국 자성을 잃어버린다.

자석내의 온도가 비교적 높을 때는 전체적인 자기마당이 없으므
로 나침반이 특정한 방향을 가리키지 않는다. 이것도 하나의 대칭 상
황이다. 그러나 온도가 내려가면서 자기마당이 형성되어 나침반이 남
북 방향을 가리킨다. 대칭이 깨진 것이다.

이론가들은 깨진 대칭이 열쇠라고 확신했지만, 처음에는 어려움
을 겪었다. 설상가상으로 심각한 문제가 제기됐다. 캠브리지의 제프리
골드스톤 Jeffrey Goldstone이 마당이론에서 대칭이 깨질 때는 항상
어떤 입자가 나타난다고 밝혔던 것이다. 문제는 그 입자 자체가 아니

라, 그것의 질량이 없다는 사실이었다. 우리에게 필요한 것은 질량 없
는 입자가 아니라 무거운 입자였는데 말이다(그 입자는 결국 골드스
톤 보오존이라고 불려졌다).

　이 입자가 무겁게 되는 방법이 있을까? 슈윙거는 이론가들에게
온곳 대칭깨짐과 한곳 대칭깨짐의 차이를 면밀히 조사할 것을 제안했
다. 그러면서도 어떤 이유에서인지 자신은 굳이 계산을 하지 않았다.
벨 연구소의 필립 앤더슨 Phillip Anderson은 그의 제안에 대해 듣
고, 초전도이론에 있는 대응 입자가 질량을 가지므로 질량 없는 골드
스톤 보오존을 해결할 수 있다고 주장했다. 그러나 아무도 그의 논문
에 관심을 기울이지 않았다. 그런데 영국 킹스 칼리지의 피터 힉스
Peter Higgs가 그 논문에 주목했다. 힉스는 남부와 골드스톤의 연구
를 하나하나 따라가며 조사하다가 그 이론을 한곳이론으로 만든다면
어떤 일이 벌어질까 알아보기로 했다. 그런데 놀랍게도 질량을 갖는
교환입자가 나타났다. 그 입자는 오늘날 힉스 보오존이라 불린다. 이
것이 바로 우리가 찾던 것이었다. 하지만 그러한 귀중한 새 발견을 출
판하는 영광을 차지하기 위해 과학저널들이 줄을 서리라는 예상은 빗
나갔다. 힉스는 그 논문을 출간하는 데 많은 어려움을 겪었고, 두번째
논문은 그 자리에서 거절되었다.

와인버그-살람 이론

　MIT의 스티븐 와인버그 Steven Weinberg는 큰 흥미를 두지 않
고 힉스의 논문을 읽었다. "그 당시 나는 그것을 기술적인 문제라고
보았죠." 그는 이렇게 말했다. 와인버그는 강한 상호작용에 대해 연구

스티븐 와인버그

중이었고 질량 없는 골드스톤 보오존을 이용한 이론을 발전시킨 바 있었다. 그는 파이온을 골드스톤 보오존이라고 가정했는데, 파이온은 질량이 있었다. 그러나 와인버그는 이 점을 걱정하지는 않았다. 그는 노벨상 수상연설에서 이렇게 말했다. "그것은 아마도 이론물리학에서의 새로운 발전 때문이었을 겁니다. 왜냐하면 그 발전으로 골드스톤 보오존의 역할이 불필요한 방해자에서 갑자기 환영받는 친구로 변한 것 같았거든요." 따라서 그는 처음에는 힉스의 발견에 그다지 큰 관심을 두지 않았다.

　와인버그는 1933년에 뉴욕 시에서 태어나 1954년에 코넬에서 학사학위를, 1957년에는 프린스턴에서 박사학위를 받았다. 10대 시절 그는 글래쇼우와 브롱크스 과학고등학교를 함께 다녔다. 두 사람 모두 공상과학소설 모임의 회원이었다. 그리고 그들은 이 모임에서 초기 물리학의 대부분을 터득했다. 물리학의 최근 발전에 관한 길고 열 띤 토론들이 바로 이곳에서 이루어졌다.

 "1965년부터 1967년까지 나는 강한 상호작용에서 절로대칭깨짐 의 함축적 의미를 밝히면서 즐겁게 보냈습니다." 와인버그는 노벨상 수상연설에서 이렇게 말했다. 비록 처음에는 힉스의 발견에 큰 관심 을 갖지 않았지만 그는 자신이 연구하고 있던 강한 상호작용 이론을 한곳이론으로 만들려고 애쓰고 있었다. 그 뒤 1967년 가을 어느 날 불현듯 그에게 "올바른 아이디어를 잘못된 문제에 적용해 왔다"는 생 각이 들었다. 절로대칭깨짐과 힉스 메커니즘은 약한 상호작용에 적용 되어야 했다. 그는 즉시 연구에 들어갔고 곧 믿을 수 없을 만큼 훌륭 하고 논리적이며 우아한 이론 하나를 얻었다.

 힉스 메커니즘을 약한 상호작용과 전자기 상호작용의 $SU(2) \times U(1)$ 이론과 결합시키자 그가 바랐던 질량이 만들어졌다. 그의 이론에 는 모두 5개의 입자가 있었는데, 그 중 4개가 질량을 가졌다. 그는 무거운 입자 3개를 각각 W^+와 W^-, 그리고 중성입자 Z^0와 관련시켰다. 질량 없는 입자는 광자라고 가정했으며, 나머지 무거운 입자는 너무 무 거워서 보이지 않을 것이라고 가정했다. 그것이 힉스 보오존이었다.

 그러나 와인버그가 논문을 발표하자 모두 "새로울 게 없다."는 시큰둥한 반응을 보일 뿐 별로 관심을 갖지 않았다. 무관심의 주요 원 인은 그가 자신의 이론이 되틀맞춤될 수 있다고 밝히지 않았기 때문 이었다. 그 논문은 수년 동안 읽히지 않았다. 그런데 임페리얼 칼리지 의 토마스 키블 Thomas Kibble이라는 이론가가 살람에게 힉스 메커 니즘에 대해 언급하자 그는 그 문제에 대해 다시 관심을 갖기 시작했 다. 살람은 그 방법을 일찍이 워드와 발전시켰던 이론에 적용할 수 있 다는 것을 금방 알았다. 와인버그처럼 그 역시 되틀맞춤에서 문제에 부딪혔고 그 역시 중성전류를 갖고 있었다. 그럼에도 그는 그 이론이 옳다고 확신했다. 그는 자신의 이론을 출간하지는 않았지만, 스웨덴의 소규모 학회에서 간략히 발표해서 회보에 실렸었다. 그러나 그 학회의 참석자들은 그 중대성을 이해하지 못했다. 그 학회를 요약했던 겔만도 그 기여에 대해서는 전혀 언급하지 않았다. 따라서 와인버그의 논문처럼 살람의 논문도 수년간 파묻혀 있었다.

그 다음의 중요한 진전을 이끌어낸 사람은 네덜란드의 이론가 마르티누스 벨트만 Martinus Veltman이었다. 벨트만은 1931년에 네덜란드에서 태어났으며 유트레히트 대학교에서 물리학을 공부했다. 그는 박사학위를 마치자마자 약한 상호작용 이론의 되틀맞춤에 관심을 갖게 되었지만, 그 문제가 생각보다 어렵다는 것을 알았다. 파인만의 고차 도면들이 모두 무한대를 주었으므로, 그 문제를 풀려고 한다면 어쨌든지 간에 그것들이 모두 상쇄되어야 했다(다시 말해서 양 무한대와 음 무한대가 같은 수로 존재해야 한다). 그는 많은 무한대가 상쇄된다는 것을 알았지만 모두 상쇄시키기는 어려웠다. 그는 몇 개의 다른 방법을 시도했고, 결국 요구되는 막대한 양의 계산을 하기 위해 컴퓨터로 관심을 돌렸다. 그러나 효과가 없었다.

그 뒤 그는 대학원생인 제라드 트 후프트 Gerard 't Hooft를 알게 되었다. 학사학위를 마친 트 후프트는 입자물리학 분야에서 박사논문을 쓰기로 마음먹었다. 유트레히트에서는 벨트만이 유일한 입자물리학자였으므로 트 후프트는 그를 만나러 갔다. 벨트만은 그에게 자신의 수업 하나를 수강하고 메모를 자세하게 할 것을 제안했다. 이렇게 하는 동안 정말 하고 싶은 연구가 무엇인가 알 수 있을 것이라고 말했다. 그러나 벨트만이 제시한 주제들 중에는 트 후프트의 마음을 끄는 것이 없었다. 그는 특히 어려워서 정말로 도전할 만한 문제를

제라드 트 후프트

원했던 것이다. 벨트만은 자신이 연구하고 있는 게이지 문제에 대해
언급했지만 그것은 부적절하다고 혼자 생각했다. 게이지이론을 연구
하는 사람이 없었으므로 그 연구를 시작하는 것은 아무도 관심 갖지
않는 분야의 전문가가 되는 것을 의미했던 것이다. 게다가 그 문제가
너무 어려워서 성공한다는 보장이 없었다. 무엇보다도 벨트만 자신도
그 문제를 해결하지 못하고 있었으므로 그 분야에 대한 배경지식이
거의 없는 대학원생이 성공할 것 같지 않았다.

　　그러나 그 문제는 트 후프트가 바랐던 종류의 도전처럼 들렸다.
그는 그것을 연구하기로 결심하고 벨트만으로부터 상세한 설명을 들
은 뒤 돌아갔다. 그는 일을 어느 정도 진척시키고 벨트만의 연구실로
갔다. 벨트만은 회의적이었다. 트 후프트가 너무 잘난 척하는 것 같은
데다 벨트만은 그가 그 문제의 난점을 이해하지 못했다고 확신했다.

그러나 트 후프트는 자신이 한 것이 옳다며 그를 설득했다. 그는 그러나 그 문제를 아직 완성한 것이 아니었다. 벨트만은 마지막 단계인 되틀맞춤에 대해 물었다. "하겠습니다." 그는 자신감 있게 말했다. 그리고 정말 해냈다.

트 후프트가 되틀맞춤을 입증하는 방법을 가지고 나타났을 때도 벨트만은 여전히 회의적이었지만 그에겐 이제 트 후프트의 항들을 입력해 검토할 수 있는 컴퓨터 프로그램이 있었다. 결과가 나오자 그는 깜짝 놀랐다. 무한대가 모두 상쇄되고 없었다. 그 이론이 되틀맞춤 되었던 것이다.

와인버그는 트 후프트의 논문을 잘 이해하지 못했는데 그 주요 문제는 그것이 그가 잘 알지 못하는 형태로 씌어졌기 때문이었다. 친구인 리가 트 후프트의 방법을 잘 알고 있었으므로 곧 그것을 와인버그가 이해할 수 있는 형태로 해석해 주었다.

갑자기 와인버그와 살람의 논문에 관심이 치솟았다. 모두 그 논문들을 파헤치기 시작했다. 그 뒤 1973년에 CERN에서 중성전류가 발견되자 와인버그-살람 이론은 확고하게 자리잡았다.

그리고 전자기마당과 약한 마당의 통합인 와인버그-살람 이론에서 사용된 게이지 불변은 분명히 물리학의 중요한 개념이었다. 그러나 아직도 강한 마당이 남아 있었다. 게이지이론은 여기서도 중요할까? 그것은 다음 장에서 알게 될 것이다.

제 8 장
색 첨가

퀘크 모형은 소립자 물리학의 많은 문제를 해결했다. 이제 겉으로는 관계없어 보이는 수백 개의 '소립자'와 공명들을 이해하게 되었다. 그러나 아무리 탐색해도 독립적인 퀘크 isolated quark는 발견되지 않았다. 왜일까? 아마도 그것들은 겔만의 말처럼 하드론 내부에 영원히 갇혀 있는지도 몰랐다. 많은 물리학자들은 그 아이디어에 완전히 회의적이었지만, 그 이론의 예측들이 놀라울 정도로 정확했으므로 그저 무시할 수만은 없었다. 그럼에도 문제들이 있었다. 특히 입자의 스핀과 관련된 것이 유별나게 눈에 띄었다. 나는 앞에서 스핀에 대해 이야기하며 전자가 1/2 스핀을 갖는다고 말했다. 반면에 파이온 같은 입자들은 스핀이 0이다. 입자들은 사실 스핀에 따라 두 부류로 나뉜다. 첫번째 부류는 반정수 스핀 half-integral spin(예 1/2, 3/2, ……)을 갖는 것으로 페르미온 fermions이라고 불리며, 두번째 부류는 정수 스핀(예 0, 1, 2, ……)을 갖는 것으로 보오존 bosons이라 불린다. 전자는 페르미온이며, 파이온은 보오존이다.

그러나 1925년에 볼프강 파울리가 제안한 배타원리 exclusion principle 때문에 문제가 생겼다. 파울리는 페르미온들이 어떤 계로 분류된다면 각각은 그 계에 있는 다른 것들과 어떤 면에서건 달라야 한다고 밝혔다. 과학적으로 말하면 페르미온들이 다른 양자수를 가져야 한다는 뜻이었다. 물리학자들이 볼 때 그 원리는 모든 페르미온에 적용되어야 한다. 그리고 쿼크도 페르미온이므로 필시 쿼크에도 적용되어야 한다.

과연 그런가? 그렇지 않은 것 같았다. 예컨대 오메가 마이너스 입자는 정확히 같은 방향으로 도는 세 개의 야릇한 쿼크를 갖고 있었다. 즉 세 쿼크 모두 동일해서 파울리의 원리를 위반했다. 게다가 델타 입자(Δ^{++})도 세 개의 동일한 쿼크로 이루어져 있었다. 이것을 어떻게 설명할 수 있을까? 물론 쿼크는 파울리의 원리를 따르지 않을 가능성도 있었다. 어쩌면 쿼크는 실제로 보오존일지도 몰랐다. 보오존은 그 원리를 따르지 않았다. 그러나 대부분의 이론가들은 이런 생각에 동의하려 하지 않았다. 요컨대 쿼크는 1/2 스핀을 가지며 다른 모든 페르미온에는 그 원리가 적용되었던 것이다. 쿼크에는 왜 적용되지 않는 걸까?

1964년에 메릴랜드 대학교의 오스카 그린버그 Oscar Greenberg가 우연히 이 문제의 해답을 찾아냈다. 그린버그는 사실 쿼크이론에 문제가 있다는 것을 알기도 전에 그 문제를 풀어냈다. 이 시기에 그는 쿼크에 대해 알지도 못했지만 마당이론에 흥미를 갖고 있었다. 그는 특히 마당이론의 일반화, 즉 확장에 관심을 두어 '초월통계학' parastatistics이라는 새로운 유형의 통계학을 창안했다. 그러나 처음에는 확장이 필요했던 마당이론이 없었으므로 그 유용성이 의심되기도 했다. 그 뒤 쿼크이론에 관심을 갖게 된 그는 쿼크가 파울리의 원리를 따르지 않는다는 사실을 알게 되고 초월통계학으로 이 문제를 해결했다. 그는 1964년경 메시아와 공동연구로 일련의 논문을 출간했다. 그러나 그의 논문은 주목받지 못했다. 주요 난점은 초월하드론

para hadrons이었다. 그것은 이상스런 통계를 갖는 하드론으로 도저히 존재할 수 없음에도 나타나는 것을 피할 방법이 없었다.

남부 요이치로가 그린버그의 논문에 주목했다. 거의 동시에 시러큐스 대학교의 대학원생이었던 한무영은 쿼크에 대해 연구한 것을 남부에게 편지로 보냈다. 그는 SU(3)를 또 다른 전하(후에 색이라고 불림)의 기초로 이용할 수 있다고 제안했다. 남부는 한과 의견을 주고받는 과정에서 논문 하나를 구성했다. 그들은 쿼크 각각이 세 개의 색으로 생겨난다고 주장했다. 그들은 그것을 그저 전기 전하와 같은 새로운 유형의 전하라고 불렀는데, 실로 최상의 방법이었다. 오늘날에는 색 color이라 불리지만 그것은 일반적 의미의 색과 전혀 관계가 없다. 그것은 그저 강력과 관련된 입자의 성질에 불과하다.

이것은 세 가지 맛깔(유형)의 쿼크(u, d, s)가 있으며, 이들 맛깔 각각이 세 가지 색(말하자면 빨강, 파랑, 초록)으로 생긴다는 것을 의미했다. 중요한 것은 물리적으로 관측 가능한 입자들이 무색이라는 점이었다. 바리온은 세 개의 쿼크로 이루어져 있으므로 그들 각각이 다른 색을 가져서, 그 세 색의 조합으로 흰색(무색)이 된다는 설명이 가능했다. 이런 아이디어를 기초로 남부와 한은 쿼크이론의 미해결 문제들을 설명했다. 겔만은 바리온이 세 개의 쿼크(qqq)와 쿼크와 반쿼크의 중간자($q\bar{q}$)로 이루어져 있다고 주장했다. 그러나 왜 $qq\bar{q}$, $q\bar{q}\bar{q}$ 그리고 qqqq와 같은 다른 쿼크 조합들은 중요하지 않을까? 남부는 그러한 조합들은 무색이 될 수 없으므로(따라서 자연에 존재하지 않으므로) 중요하지 않다고 밝혔다. 무색이 되는 조합은 qqq와 $q\bar{q}$뿐이었다.

남부는 논문이 출간된 뒤에도 수년 동안 그 이론에 몰두했지만 마침내 그 아이디어가 너무 극단적이라고 결정해 다른 문제로 전환했다. 한동안 색 쿼크이론은 시들해졌지만 죽지는 않았다. 1970년대 초에 그 이론이 두 개의 중요한 현상을 설명할 수 있다는 사실이 밝혀지자 그것은 갑자기 그리고 확실히 되살아났다. 그 하나는 중성 파이온이 두 개의 광자로 붕괴된다는 사실이었다. 보통의 쿼크이론을 이용해 이 과정을 계산하자 아홉 배나 되는 오차로 예측이 빗나갔다. 그 뒤 그 예측이 실제로 쿼크 색 수의 제곱에 의존하는 것으로 밝혀졌다. 따라서 만일 세 개의 색이 있다면 실험과 거의 정확히 일치했다. 색이론으로 설명된 두번째 과정은 전자가 양전자와 상호작용한다는 것이다. 에너지가 충분히 높으면 대체로 하드론이 생산된다. 반면에 저에너지에서는 대부분이 뮤온-반뮤온 쌍이다. 그런데 이들 두 반응의 빈도수 비율, 즉 하드론의 수를 뮤온 쌍의 수로 나눈 값을 계산하자 잘못된 결과가 나왔다. 하지만 색 쿼크가 포함되자 이론과 실험이 일치했다.

자유와 예속

쿼크이론의 거의 모든 양상은 겔만이 제시한 것이며 색 쿼크이론도 예외가 아니었다. 비록 색 개념을 창안하지는 않았지만 그는 그 이론에 수많은 기여를 했고 다른 사람들이 관심을 갖지 않았을 때도 그 이론의 강력하고 열렬한 지지자였다. 1972년에 그는 독일의 이론가 하랄트 프리츠히 Harald Fritzsch와 팀을 이루어 남부의 아이디어를 확장하는 연구에 몰두했다. 그들이 발전시킨 이론은 두 가지 면에서 남부와 한의 이론과 달랐다. 우선, 남부는 분수 전하 쿼크가 필요하지 않다고 결정해 정수 전하 쿼크로 바꾸었다. 더욱이 남부의 이론은 한곳 게이지 불변이 아니었다. 즉 양-밀스 이론을 따르지 않았다. 겔만은 그러나 분수 전하를 선호했을 뿐 아니라 강한 상호작용 이론에서는 게이지 불변이 중요하다고 확신해서 그것을 이론에 편입시켰다.

오늘날 사용하는 쿼크이론 용어의 대부분은 겔만이 만든 것이다. 남부는 그저 새로운 유형의 전하라고 언급했을 뿐이지만 겔만은 이 새로운 전하에 색이라는 이름을 붙였다. 그리고 양자전기역학을 본떠 만들었으므로 그 이론을 자연스럽게 양자색역학 quantum chromodynamics(QCD)이라고 불렀다. 그 새로운 이론은 중요한 일보였지만, 예전 이론처럼 문제가 있었다. 주요 문제는 스케일링을 설명하지 못한다는 점이었다. 파인만은 스케일링을 쪽입자의 도입을 통해 설명했다. 그러나 쿼크—심지어 색 쿼크조차도—는 쪽입자와 아주 다르게 행동했다. 양성자 안의 쪽입자들은 자유입자처럼 행동했던 반면 색 쿼크는 보통의 무색 쿼크와 전혀 다르지 않았다. 그 이론의 어느 부분에서도 쿼크가 단거리에 대해 자유롭다고 말하지 않았다. 그 새로운 이론의 또 다른 문제는 예전 이론을 괴롭혔던 문제인 속박이었다. 쿼크는 왜 양성자 안에 갇혀 있을까? 그리고 어떻게 갇혀 있을 수 있을까?

가둠 문제는 여전히 남아 있지만, 쪽입자와 쿼크 모형의 분쟁은 해결되었다. 최초의 진척을 이룬 사람은 켄 윌슨 Ken Wilson이었다. 윌슨은 하버드에서 수학을 전공했지만 1956년에 졸업하자마자 물리학으로 바꾸고 칼텍으로 옮겨가 겔만 밑에서 연구했다. 교과과정을 마치자 그는 겔만에게 논문 프로젝트에 대해 물었다. 그러나 겔만이 제시한 문제들은 별로 끌리지 않았다. 그는 오래 걸려야 결과를 얻을 수 있는 그리고 물리학에 근본적인 기여를 할 수 있는 문제를 찾고 있었다. 겔만은 강한 상호작용의 마당이론 해석을 조사해 보라고 제안했다. 하지만 그는 그것이 '유행하는' 문제가 아니라는 단서를 달았다. 대부분의 사람들이라면 그 자리에서 포기했겠지만, 윌슨은 그 과제가 마음에 들었다. 그는 곧 연구에 들어갔고 마침내 그 분야에서 박사학위를 받았다. 그는 하버드에 돌아가 한동안 머물다가 1963년에 코넬로 갔다. 그 동안 내내 그는 강한 상호작용에 관한 연구를 하며, 다양한 마당이론 방법의 응용을 시도했다. 연구는 천천히 진행되었다. 그는 졸업 후 10년 동안 2년마다 논문 한 편을 가까스로 발표했을 뿐이었지만 꾸준히 연구를 계속해 나갔다.

그는 겔만과 프란시스 로우 Francis Low가 1954년에 창안한 되틀맞춤무리에 관심을 갖게 되었다. 수년 전 에른스트 슈테켈베르크와 그의 학생인 앙드레 피터만 André Petermann이 그 방법의 일부 아이디어를 발전시켰지만 표준 참고문헌이 된 것은 겔만-로우 논문이었다. 그것은 한 에너지 준위에서 일어나는 일을 알면 다른 에너지에서 일어나는 일을 예측할 수 있었지만 거의 사용되지 않았다. 윌슨은 되틀맞춤무리 방법이 강한 상호작용에 유용하다고 밝혔지만 그 방법으로 중요한 진전을 이루어내지는 못했다.

그것을 해낸 사람 중 하나가 하버드 대학교의 데이비드 폴리처 David Politzer였다. 1973년 초에 대학원생이었던 그는 예비시험을 마치고 논문에 몰두했지만 일이 잘 되지 않았다. 그는 논문을 완성할 충분한 자료를 얻을 수 없을까봐 걱정하기 시작했다. 그 뒤 되틀맞춤무리 방법에 대해 알게 되었다. 그것은 그의 논문보다 훨씬 더 흥미로운 분야였다. 그는 처음에는 그것을 약전자기이론에 적용하려 했지만 잘 되지 않았으므로 강한 상호작용으로 관심을 돌렸다. 어쩌면 그것을 이용해 절로대칭깨짐 Spontaneous Symmetry breaking을 설명할 수 있을지도 몰랐다. 그는 그 문제가 마음에 들었으므로 논문 지도교

데이비드 폴리처

수에게 그런 연구가 이루어진 적이 있었는지 물었다.

그의 논문 지도교수는 시드니 콜맨 Sidney Coleman으로 그 당시 프린스턴 대학교에서 안식휴가를 보내고 있었다. 그는 그 문제가 해결되었는지 잘 알지 못했으므로 프린스턴의 교수인 데이비드 그로스 David Gross에게 물어보기로 했다. 그리고 아무도 그 문제를 해결하지 못했다는 대답을 들었다. 그는 즉시 연구에 들어갔다.

그런데 마침 그로스도 유사한 문제를 연구중이었다. 그 역시 되틀맞춤무리에 관심이 있어 그것을 이용해 스케일링을 설명하고 싶어 했지만, 이렇게 하려면 스케일링을 예측하는 마당이론을 찾아야 했다. 그러나 웬만한 이론들을 모두 시도해도 효과가 없자 좌절감에 빠져 있었다. 효과 있는 이론이 전혀 없는 것 같았다. 이제 남은 것은 양-

밀스 이론뿐이었지만 그 이론은 다루기가 까다로웠다. 이즈음 프랑크 윌첵 Frank Wilczek이 그의 학생으로 들어왔다. 그로스는 그에게 논문 프로젝트로 이 이론의 조사를 맡겼다. 윌첵은 그러나 시작하자마자 겁을 먹었다. 유럽의 이론가 커트 시만지크 Kurt Symanzik의 논문을 읽고 시만지크 역시 그 문제에 관심을 가졌다는 사실을 알게 된 것이다. 그는 시만지크가 먼저 알아낼까 봐 연구에 박차를 가했다. 그러나 문제들이 쉽지 않았다. 그는 양-밀스 이론이 그로스가 바랐던 대로 스케일링을 설명할 수 없다는 점을 입증하는 것으로 시작했지만, 그가 실수했다는 것을 알았다. 그런데 그것을 바로잡자 또 다른 실수가 발견되었다. 물론 곧 수정되었다.

한편 하버드의 폴리처는 근본적으로 다른 관점에서 연구하고 있었는데 기쁘게도 양-밀스 이론이 '점근적으로 자유롭다'는 사실을 발견했다. 이것은 하드론 내부의 쿼크가 단거리에 대해서는 자유입자처럼 행동한다는 것을 의미했다. 그는 중요한 발견을 했다고 확신하고 콜맨에게 가져갔다. "안됐군. 자네가 맞을 리가 없어. 막 그로스를 만났는데, 그의 학생인 프랑크 윌첵이 양-밀스 이론이 점근적으로 자유롭지 않다는 것을 입증했다고 하더군. 분명히 부호실수가 있었을 거야." 폴리처는 깜짝 놀랐다. 그러나 가능한 일이었다. 계산과정이 길었으므로 실수를 했을 수도 있었다. 그는 계산을 주의 깊게 검토했다. 그러나 몇 차례나 검토해도 결과는 매번 같았다. 이제 그의 마음 속에서는 의심의 여지가 없었다. 부호실수는 없었다. 그는 콜맨을 다시 찾아갔다. 이즈음 윌첵이 자신의 실수를 발견했고 콜맨도 그 소식을 들었다. 폴리처는 안도했다. 이제 충분한 자료가 준비되었을 뿐 아니라 양-밀스 이론이 점근적으로 자유롭다는 중요한 발견도 했던 것이다. 1973년 『피지컬 리뷰』의 같은 호에 하버드 팀과 프린스턴 팀이 모두 그 현상에 관한 논문을 발표했다.

흥미로운 것은 그 발견이 대서양 저편 네덜란드에서 이미 이루어졌다는 사실이다. 제라드 트 후프트 역시 양-밀스 이론이 점근적으로 자유롭다는 것을 발견했던 것이다. 그러나 그 이야기를 들은 시만지크는 부호실수일 거라며 고개를 가로 저었다. 트 후프트는 그 발견을 어떤 학회에서 발표했을 뿐 그 뒤 그것을 출간하지도, 끝까지 알아보지도 않았다. 그는 그 중요성을 깨닫지 못했던 것이 분명하다.

겔만과 프리츠히는 점근 자유에 대해 듣고 기뻤다. 점근 자유가 모형에 첨가되자 모든 것이 일치했다. 그들의 이론의 중요한 성질 중 하나는 한곳 게이지 불변이라는 것이었다. 그리고 전체이론을 한곳 게이지이론으로 만들 때마다 새로운 마당이 생긴다. 이 경우 새로운 마당은 쿼크들간의 상호작용 마당이다. 겔만은 그 마당입자를 글루온 gluons이라고 불렀다. 글루온은 본질적으로 쿼크들을 결합시키는 '접착제'였다. 쿼크들은 양성자 내부에서 돌아다닐 때 글루온을 교환한다. 점근 자유 때문에 쿼크들이 충분히 가까이 붙어 있을 때는 글루온이 교환되지 않지만, 떨어져 있을 때는 그 수가 증가한다.

이들 글루온은 양자전기역학의 광자와 같지만, 훨씬 더 복잡하다. 우선, 광자는 단 한 가지 유형인 데 비해 글루온은 8가지 유형이 있다. 그러나 훨씬 더 중요한 차이가 있다. 광자는 중성이어서 서로 반응하지 않는 반면, 글루온은 색이 있으며 서로 반응한다. 간단히 말해 글루온들은 서로 달라붙어 있다. 이것은 중요한 차이이며, 동시에 중대한 함축적 의미를 지닌다.

자, 이제 점근 자유로 돌아가 보자. 점근 자유는 쿼크들이 양성자 내부에서 가까이 모여 있을 때 자유롭게 돌아다닐 수 있기 때문에 발생한다. 쿼크들은 결합되어 있지 않으며, 본질적으로 아무 힘도 느끼지 않는다. 이것은 물론 파인만이 쪽입자에 대해 발견한 사실이었다. 따라서 쿼크 모형은 더 이상 쪽입자 모형과 상충되지 않았다. 즉 쪽입자가 쿼크였다.

쿼크들은 가까이 모이면 자유입자처럼 행동하지만, 서로의 거리가 증가하면 그들 사이의 힘이 증가해서 마침내 대단히 강한 힘을 느낀다. 여기서 언급하는 힘은 물론 색힘 color force이다. 그것은 거리 (전하들 사이의 거리)에 따라 감소하는 정전기력 electrostatic force 과 달리 오히려 증가한다.

이러한 기묘한 현상을 어떻게 설명할 수 있을까? 쿼크의 이웃에서 어떤 일이 벌어지는지 더 자세히 살펴보자. 우선 전자 주위의 전하 구름의 성질을 간략히 조사해 보자. 우리는 앞에서 전자의 이웃에서 가상의 쌍들이 생산될 수 있다는 것을 알았다. 이들 쌍 내에서 생성된 전자들은 중앙 전자에 의해 배척되고, 양전자는 당겨진다. 따라서 전자 구름은 뚜렷한 두 지역으로 나뉘어 바깥쪽은 일반적으로 음성 지역이고, 내부는 양성 지역이 된다. 그 결과 전자의 진짜 전하가 차폐 shielding된다. 이 진짜 전하를 '순수 전하' naked charge라고 부른다. 우리는 전자에서 상당히 떨어져 있으므로 물리적 전하, 다시 말해서 순수 전하에서 차폐 전하를 뺀 나머지 전하를 볼 뿐이다. 힘이 전자 근처에서 감소하지 않는 것은 바로 이 때문이다.

쿼크에도 둘레에 구름이 있을 것이다. 그것은 쿼크와 반쿼크로 이루어져 있지만, 쿼크들 사이에서 글루온이 계속 왔다갔다하므로 글루온도 존재한다. 더욱이 글루온 구름의 편극현상이 있다. 그러나 여기에서는 전자-양전자 쌍에서 일어나는 색짐 color charge의 차폐 대신 증대가 일어난다. 전하에서 멀리 떨어질수록 인력은 감소하지 않고 오히려 더 커진다. 이것은 쿼크가 양성자 안에 있는 다른 쿼크로부터 너무 멀리 떨어지려고 하면 다시 당겨진다는 것을 의미한다. 우리는 때로 이것을 '예속' slavery이라 부른다. 쿼크는 지나치게 멀리 탈선하지 않는 한 자유로우며, 탈선한다 해도 멀리 가지 못한다.

QCD

양자색역학은 현재 대단히 정확한 이론으로 여겨진다. 그리고 양자전기역학이 전자기 상호작용의 이론이듯, 양자색역학은 강한 상호작용의 이론이다. 구 쿼크이론과 마찬가지로 그것은 SU(3)무리에 바탕을 두고 있다. 쿼크이론의 '세겹항'은 이제 맛깔 세겹항(위, 아래, 야릇한)이 아니라 색 세겹항(빨강, 초록 그리고 파랑)으로 여겨진다. 또 하나의 차이는 신이론이 정확하다는 것이다. 구이론은 위 쿼크, 아래 쿼크, 그리고 기묘 쿼크에 기초를 두었고, 그 질량이 서로 달라서 정확한 대칭이 아니었다. 신이론은 그러나 빨강, 초록, 파랑이라는 세 가지 색에 기초를 두고 있으므로 같은 유형의 쿼크는 색은 달라도 질량은 같다.

양자색역학의 또 다른 중요한 성질은 왜 쿼크-반쿼크 쌍과 쿼크 세겹항만이 존재하는지를 설명한다는 점이다. 바로 무색 조합이 그것들뿐이기 때문이다. 더욱이 색힘이 만들어지는 것은 글루온이라는 교환입자 때문이다. 그리고 쿼크처럼 글루온도 채색되어 있다. 사실 글루온에는 두 개의 색이 있다. 3개의 기본 색이 있고, 각 글루온이 2개의 색부호 color label를 가지므로 마치 9가지(즉, 3×3=9)의 글루온이 있는 것처럼 보인다. 그러나 그 중 하나는 색이 없는 것으로 밝혀졌으므로 결과적으로 8개의 다른 유형이 있을 뿐이다.

184

다른 원자 현상에서처럼 여기서도 불확정성 원리가 효력 있다는 사실은 유념할 만하다. 양성자 안의 어떤 쿼크가 빨강인지는 확실히 말할 수 없으며, 그저 빨강이 될 확률을 가질 뿐이다. 즉 그것이 '평균적으로 볼 때' 빨강이라고 말하는 것이 가장 좋은 방법이다. 중요한 것은 '평균적으로 볼 때' 각 색이 하나씩 있어서 전체적으로는 무색이라는 사실이다.

'평균적으로 볼 때'라는 말을 사용한 것은 쿼크의 색이 계속 변하기 때문이다. 쿼크는 글루온을 흡수하거나 방출할 때 색이 변한다. 예를 들어, 빨강 쿼크가 빨강-노랑 글루온을 방출하면 파랑으로 변한다. 또 파랑 쿼크가 빨강-노랑 글루온을 흡수하면 빨강이 된다. 간단히 말해 글루온은, 아니 강한 상호작용은 쿼크의 색을 변화시킬 수 있다. 그러나 쿼크의 맛깔은 변화시키지 못한다. 강한 상호작용은 '위' 쿼크를 '아래' 쿼크로 변화시킬 수 없다. 맛깔의 변화는 약한 상호작용으로 이루어진다. 쿼크가 W 입자를 방출하거나 흡수하면 맛깔은 변하지만, 색은 그대로 남아 있다.

글루온들은 서로 상호작용하므로 전혀 새로운 유형의 속박상태 —두 개의 글루온이 아교 덩어리처럼 결합된 상태—도 가능하다. 이 아교덩어리는 무색이어야 하므로 한쪽 글루온의 두 색이 다른 쪽 글루온의 두 색을 상쇄시켜야 한다(예, 빨강-반파랑+파랑-반빨강).

이런 아교덩어리가 어떻게 생길까? 한 가지 방법은 전자-양전자 충돌이다. 그것은 수명이 10^{-25}초 정도로 짧아서 직접 관측은 가능하지 않지만 그 붕괴 때 생성되는 입자들을 관찰함으로써 간접 검출을 할 수 있다. 브룩하벤의 실험가들이 그것을 검출했다고 주장하고 있지만 여전히 확인이 요구된다.

잠시 글루온과 강한 핵력을 생각해 보면 문제가 있는 것처럼 보

아교 덩어리

인다. 우리가 관측하는 강한 핵력은 쿼크들 사이의 힘이 아니다. 그것은 핵자(양성자와 중성자)들 사이의 힘이다. 색힘은 핵력과 어떻게 관련될까? 전자들은 전자기력에 의해 제자리에 유지된다. 원자들도 결합해서 분자가 되며 분자는 전자 파동구름들이 겹치는 반데르발스 힘 van der Waals forces 때문에 생긴다. 마찬가지로 강한 핵력은 색힘과 관련된 반데르발스 힘인 것이다.

속박

앞에서 여러 차례 언급했듯이 현대 입자이론의 주요 문제 중 하나는 가둠이라는 것이다. 쿼크들은 필연적으로 하드론 내부에 갇혀 있을까? 아니면 충분한 에너지가 있다면 끌어낼 수 있을까? 대부분의 물리학자들은 쿼크가 영원히 갇혀 있다고 믿지만, 지금까지 누구도 그것을 입증하지 못했다. 물론 위에서 논의된 예속현상 때문에 쿼크를 아주 멀리 끌어내기는 어렵다. 잡아끌면 끌수록 그 쿼크를 다시 당기는 힘이 커지기 때문이다. 이렇게 물어보자. 쿼크를 핵으로부터 1m 잡아당길 수 있을까? 두 개의 전기전하를 고찰해 보자. 그들 사이의

비교적 서로 가까운 두 전하 둘레의 전기마당선

힘은 전기력선으로 나타낸다. 주어진 부피에서는 전기력선이 많을수록 힘이 크다. 전하 사이의 거리를 증가시키면 그림에서 보듯 전기력선은 덜 조밀해지며 더 흐려진다. 이것이 두 전하 사이의 거리가 증가할 때 힘이 감소한다는 쿨롱의 법칙 Coulomb's law이다.

자, 이제 두 쿼크를 생각해 보자. 쿼크들 사이의 색힘도 역시 색전기마당선 chromoelectric field lines이라는 힘선으로 나타낼 수 있다. 그러나 이 경우 중요한 차이점이 있다. 전기마당과 자기마당은 광자와 관련되어 있으며 쿼크의 경우에도 상황은 유사해서 색전기선과 색자기선이 있다. 그러나 광자의 경우에는 자체 상호작용이 없으므로 두 마당의 상호작용은 걱정할 필요가 없는 반면 글루온은 서로 상호작용한다. 그것을 간단히 표현하면 187쪽 위 그림과 같다.

이것은 두 쿼크 사이에 뻗치는 색전기선 사이에 상호작용이 있다

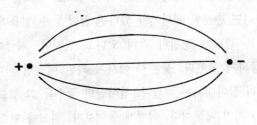

더 멀리 떨어진 두 전하 둘레의 전기마당선

색전기선이 색전기선과 색자기선으로 쪼개진다

는 것을 의미한다. 처음에 두 쿼크가 비교적 가까울 때는 아래 그림 같은 힘선이 만들어진다.

실제로 색전기선들 사이에서는 상호작용이 거의 없다. 그러나 쿼크들을 떼어놓으면 상호작용(색자기) 선이 증가해서 색전기선들을 끌어당긴다. 그리고 단위 부피당 선의 수가 힘의 척도이므로 쿼크들 사이의 힘이 증가한다. 결국 쿼크들 사이의 힘선들이 평행해져서 거의 '끈'처럼 보일 것이다.

이런 일은 언제 일어날까? 많은 사람들은 쿼크들이 10^{-13}cm 떨어져 있을 때 그렇게 된다고 믿는다. 이것은 양성자 크기에 해당한다. 그곳부터는 힘이 계속 일정하게 유지되겠지만, 이미 힘이 너무 크므로 이 시점으로부터 조금이라도 더 떼어놓으려 한다면 지구상의 어떤

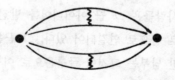

두 쿼크 사이의 힘선

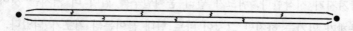

멀리 떨어져 있는 두 쿼크 사이의 힘선

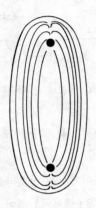

가둠의 주머니 모형. 보이는 선들은 쿼크들 사이의 마당선이다.

가속기가 공급할 수 있는 에너지보다도 더 많은 에너지가 필요할 것이다.

그러나 이런 일이 일어나기 훨씬 전에 끈이 끊어져서 두 개의 쿼크, 말하자면 쿼크 하나와 반쿼크 하나를 얻는다. 중간자가 바로 이런 것이다. 따라서 쿼크 하나가 떨어져 나오리라 기대하면서 양성자에 충격을 가하면 결국 중간자 하나를 얻는다.

남부와 다른 사람들은 그 끈 아이디어를 발전시켰다. 남부에 따르면 쿼크들은 서로 끈으로 연결되어 있다. 그 끈은 단순히 고무줄로 생각될 수도 있지만 남부는 그것이 글루온으로 이루어져 있다고 생각했다. 쿼크들이 비교적 가까이 있으면 고무줄이 느슨해서 그 사이에 힘이 거의 없지만, 거리가 증가하면 고무줄이 팽팽해져서 다시 잡아당겨지기 시작한다. 쿼크가 멀리 움직일수록 힘이 더 커지는 것이다. 문제가 있기는 하지만 그것이 바로 현대 끈이론의 기초가 되었다.

또 다른 가둠 모형을 만든 사람은 켄 윌슨이다. 그것은 주머니 모형 bag model으로 불린다. 이 모형에서 개별 하드론의 쿼크들은 그 압력 때문에 부풀려진 주머니 안에 갇혀 있다. 그것들은 어떤 의미에서 고무풍선 안의 가스 분자들과 같다. 쿼크들은 주머니를 뚫고 지나갈 수 없으며 그 색힘선도 지나갈 수 없다. 역시 쿼크들을 떼어놓으려고 할 때 주머니를 잡아늘여서 색힘선들을 찌부러뜨리므로 힘선들이 더 강해진다. 충분히 당기면 힘선들이 평행해지며 주머니는 길게 잡아늘여져 끈처럼 된다.

위 모형들 각각이 가둠의 특정한 양상을 설명하기는 하지만, 어느 것도 전부를 설명하지는 못한다. 이론가들은 양자색역학이 결국 가둠을 설명할 것이라고 굳게 믿고 있지만 완벽하고 만족할 만한 설명은 아직 요원하다. 그러나 과학자들은 마침내 강한 상호작용을 이해하기 시작했다. 그리고 그 뒤 맵시가 나타났다.

제 9 장
맵시 첨가

　네번째 쿼크의 성질인 맵시에 대한 이야기는 맵시 자체가 아니라, 중성전류로 시작된다. 중성전류는 중성미자 반응에서 발생한다. 대부분의 중성미자 반응은 '하전된 전류'를 필요로 하며, 이 반응으로 중성미자는 전자로 변해 그 과정에서 전하의 전이가 일어난다. 그러나 와인버그-살람 이론에 따르면 전하의 전이가 없는 중성전류가 있다. 이 경우 반응에 중성미자 하나가 들어가면 중성미자 하나가 나온다. 중성전류는 두 입자 사이를 오가는 중성 보오존 Z^0과 관련된다 (제 7장, 162쪽 참고).

　많은 이론가들은 중성전류의 존재를 확신했지만 1970년까지도 실험가들을 크게 자극하지 못했다. 그러나 스티븐 와인버그는 자신이 공식화한 이론이 문제가 되었으므로 관심이 특별했다. 만일 중성전류가 존재하지 않는 것으로 밝혀진다면, 그 이론은 흥미롭지만 틀린 이론으로 취급될 것이다. 1971년에 트 후프트가 와인버그-살람 이론이 되틀맞춤된다고 밝히자 실험가들이 주목했으나 탐색에는 소수만이 긍정적이었을 뿐 대부분은 여전히 회의적이었다.

　1971년에 와인버그는 페르미 연구소로 달려가 실험가들에게 탐색을 권유했다. 거의 동시에 유럽의 이론가들도 CERN의 실험가들에게 압력을 넣기 시작했다. 사람들이 생각할 때 CERN은 최상의 장소였다. 중성미자 검출을 위해 특별히 디자인된 거대한 거품상자 가게멜 Gargemelle이 건립 중이었다. 그때까지는 지구에 미치는 대부분의 중성미자가 상호작용을 하지 않고 지구를 통과했으므로 중성미자를 검출하기가 대단히 어려웠다. 그러므로 그것들을 지구보다도 훨씬 작은 탱크 안의 입자들과 상호작용시키기란 상당히 어려운 일이었다.

그러나 가게멜은 그 과업을 수행해 낼 능력이 있었다. 그것은 수천 톤의 무게에 10톤의 프레온을 포함하고 있었다(그 이상스런 이름은 프랑스와 라벨레 Francois Rabelais가 쓴 16세기의 어떤 이야기에서 유래했다. 가게멜은 거인 대식가로 철도 기관사를 먹어치운 뒤 가간투아라는 또 하나의 대식가를 낳았다고 한다). 가게멜에 들어가는 수십억 개의 중성미자 중 대부분은 완전히 통과하겠지만, 아주 가끔은 프레온 분자와 반응해서 그 존재를 드러낼 것이다. 그러나 중성인 중성미자는 하전된 입자들과 달리 자국을 남기지 않는다. 따라서 그 위치는 반응에 관련된 다른 입자들로부터 결정되어야 했다.

가게멜이 최초의 가동에 들어갈 즈음 어쩌면 중성전류를 처음으로 '보게 될지도' 모른다는 기대감이 팽배해 있었다. 그러나 유럽의 거의 모든 국가와 미국을 비롯한 많은 다른 나라의 연구팀들이 그 거대한 기계를 사용하기 위해 줄서 있었으므로 차례를 기다려야 했다. 또 약한 중성전류는 우선 순위에서 뒤로 처졌다.

가게멜 프로젝트의 지휘를 맡은 폴 무세트 Paul Musset는 거대한 거품상자의 건축을 감독하던 중 중성전류에 대해 들었지만 너무 바빴으므로 그 일을 다 끝내고 나서야 물리학 문제에 생각할 여유를 갖게 되었다. 그는 중성전류에 점점 더 마음이 끌렸으므로 그 증거를 찾을 수 있을지 알아보기로 했다. 그는 동료 몇 명을 설득해 도움을 요청하고 바로 조사에 들어갔다. 그는 뮤온의 부재와 연결된 전자의 존재가 가장 흥미로운 사건이라고 결정했다. 거품상자에 강한 자기마당이 있으므로 작은 나선 모양을 그리는 전자는 쉽게 발견될 수 있을 것이다. 그러나 뮤온은 파이온의 자국으로 착각될 위험이 있었다. 무세트와 그의 동료들은 다른 사람들이 실험실을 떠난 뒤에도 계속해서 사진을 찍었다. 마침내 수십만 장을 조사한 뒤에야 흥미로운 사건 하나를 발견했다. 그러나 한 장의 사진으로는 불충분했다. 무세트는 그것을 이용해 다른 사람들의 관심을 유발시키는 것이 최선책이라고 결정했다. 그는 이제 열정으로 가득 차 있었으며 자신이 최초의 중성전류 발견자가 되리라 단단히 결심했다.

그러나 같은 연구소의 미국인 한 명도 동일한 것을 찾고 있었다. 가게멜로 연구하기 위해 1971년에 CERN으로 온 로버트 팔머 Robert Palmer는 도착한 뒤 자신의 연구에 필요한 기기가 아직 완성되지 않았다는 것을 알고 대기하는 동안 또 다른 프로젝트를 찾아보기로 했다. 그리고 중성전류로 결정했다. 그것은 별도의 실험을 필요로 하지 않을 것이므로 이미 쌓여 있는 자료를 이용하면 되었다. 따라서 그도 무세트처럼 동료 두어 명의 도움을 받아 그 탐색을 시작했다. 그리고 그 역시 곧 중성전류의 존재를 확신시켜주는 증거를 찾았다. 그러나 실험가들의 관심을 불러일으키기에는 부족해서 아무도 그의 말을 진지하게 받아들이지 않았다. 그가 사용했던 방법이 조잡했으므로 그 사건들이 다른 것에 의해 발생했을 가능성도 상당했던 것이다.

팔머는 크게 실망했지만 그것이 중요한 발견이라는 것을 확신했으므로 출간을 시도했다. 그러나 다른 그룹들이 얻은 자료를 이용했다는 문제에 부딪혔다.

한편 팔머와 달리 무세트는 다른 사람들의 흥미를 자극하는 데 성공했다. 사실 그는 CERN의 소장을 설득해 그 탐색을 할 수 있는 우선권을 따냈다. 많은 다른 사람들이 합류했고, 금방은 아니었지만 마침내 1973년 초에 또 하나의 흥미로운 사건이 발견되었다. 무세트는 여러 국제학회에 참석해 그 발견에 대해 이야기를 했다.

그 뒤 미국으로 돌아간 팔머는 학회에 참석했다가 우연히 무세트의 발견에 대해 듣고 깜짝 놀랐다. 그러나 대중 발표는 아직 이루어지지 않았으므로 충분히 빨리 출간에 착수한다면 아직 시간은 있었다. 도의상 실험 논문을 발표할 수는 없겠지만 그 결과들을 편입한 이론 논문은 발표할 수 있을 것이다. 그는 신속히 논문을 써서 『피직스 레터스』에 제출했다. 그러나 『피직스 레터스』의 발행인이 CERN인데다 그 즈음에는 편집자와 심사위원들이 CERN을 통해 그 관심에 대해 이미 들어 알고 있었다. 그들은 분명 미국인이 앞지르도록 내버려두지 않을 것이었다.

결국 무세트와 CERN의 관료들은 충분한 증거가 있다고 결정해서 1973년 7월에 그 발견을 공표했다. 그리고 그 직후 그 결과를 제시하는 논문이 『피직스 레터스』에 실렸다. 팔머의 논문은 몇 주 뒤 동일한 저널에 나타났다.

무세트는 팔머가 출간을 시도할 때까지는 팔머와 그의 그룹의 발견에 대해서 알지 못했다. 그의 걱정은 딴 곳에 있었다. 그는 미국인들이 수수방관하지 않으리라는 것을 알고 있었다. 페르미 연구소에서 유사한 탐색이 진행 중이었고, 카를로 루비아 Carlo Rubbia가 이끄는 그룹도 알 수 없는 전류의 자국에 대단히 열정적이었다. 루비아와 그의 그룹은 마침내 몇 가지 흥미로운 결과를 얻었다. 그러나 그들은 자신들의 결과를 확신있게 해석하지 못했으므로 출간을 망설였다. 주요 어려움 중 하나는 기묘입자의 붕괴에서는 중성전류가 절대로 발생하지 않는다는 사실이 밝혀진 것이었다. 게다가 그렇게 되어야만 한다는 증거들도 있었다. 어쩌면 그들이 보고 있는 것은 중성전류가 아닐지도 몰랐다. 그들은 결단을 내리지 못해 결국 최초의 발견자가 되는 영예를 놓쳤다.

루비아의 그룹은 CERN의 발표 소식을 듣고 실망했지만, 계속 기다렸다. 그리고 자신들이 발견한 것이 중성전류라는 사실이 분명해지자 출간을 서둘렀다. CERN의 발견과 페르미 연구소의 입증이 있었으므로 이제 의심의 여지가 없었다. 중성전류는 존재했다. 이렇게 해서 와인버그-살람 이론은 입증되었다.

그러나 맵시라는 것이 이러한 일들과 어떤 관련이 있을까? 지금까지 그것은 언급되지 않았다. 그것에 답변하기 위해 우리는 중성전류가 왜 기묘입자 붕괴에서 발견되지 않는가 하는 물음으로 돌아가야 한다. 몇 년 전 글래쇼우와 그리스의 존 일리오포울로스, 그리고 로마의 루시아노 마이아니는 논문에서 중성전류가 기묘입자 반응에서 만들어지지 않는다고 밝혔다. 그들의 추론은 아직 발견되지 않은 쿼크—맵시 쿼크—가 있다는 가정에 바탕을 두고 있었다. 그런데 그들의 예측이 입증되었으므로 맵시는 존재해야 했다.

맵시

결국 맵시를 발견한 두 팀 중 어느 쪽도 사실 그것을 찾고 있지 않았다는 사실은 흥미롭다. 글래쇼우-일리오포울로스-마이아니 이론의 입증이 그들의 목적이 아니었던 것이다.

두 팀 중 하나를 지휘했던 사람은 샘 팅 Sam Ting이었다. 팅은 그의 부모가 미시간 대학교를 방문중이던 1936년에 미시간 앤 아버에서 태어났다. 그러나 중국 본토로 되돌아간 직후 공산주의자들과의 전쟁 때문에 대만으로 피난가야 했다. 팅은 초기 교육의 대부분을 대만에서 받았다. 하지만 1956년에 고등학교를 졸업하자마자 미국으로 돌아가기로 결정했고, 그 역시 아버지처럼 미시간 대학교에 입학했다. 그리고 1962년에 박사학위를 받았다. 그는 한동안 콜럼비아 대학교에서 가르치다가 MIT로 가게 된다.

팅은 조용하고 상냥한 사람이었지만, 겉으로 보이는 고요함 뒤에는 놀라운 열정이 숨어 있었다. 그는 대단히 의욕적이어서 때때로 그 자신뿐 아니라 그 밑에 있는 사람들이 기진맥진해질 때까지 일하곤 했다. 그는 실수를 대단히 싫어했으며 연구의 모든 면에서 철저했다. 다른 사람들이 결과를 한두 번 검토할 때 그는 수없이 검토했다. 그러나 그는 그런 뒤에도 만족해 하지 않아서 항상 적어도 두 팀이 자료를 독립적으로 처리하도록 했다. 사람들은 그러한 지나친 행동을 시간낭비라고 생각했지만 그는 그렇게 여기지 않았다.

팅은 독일 함부르크의 DESY에서 연구하는 동안 전자-양전자 쌍을 다루는 전문적 기술을 상당히 익혔다. 1972년에 미국으로 돌아가자 그는 자신이 새로이 습득한 지식을 이용하고 싶어졌다. 그는 특히 '무거운 광자' heavy photons라는 것에 관심이 있었다. 그러한 입자는 로와 파이, 그리고 오메 이렇게 세 개가 존재하는 것으로 알려져 있었는데, 팅은 이들과 유사한 더 무거운 입자들이 있다고 확신했다. 그는 MIT의 민 첸 Min Chen과 함께 페르미 연구소에 연구신청서를 제출했다. 페르미 연구소에는 거대한 새로운 가속기가 있었으므로 그것은 당연한 선택이었고, 팅은 자신이 그 새로운 기기를 잘 이용하리라 확신했다. 그러나 페르미 연구소의 관료들은 생각이 달랐다. 그들은 무거운 광자의 존재를 확신하지 않았으므로 팅이 시간낭비를 하고 있다고 생각했다. 팅은 그들이 변명을 거듭하며 그의 제안을 지연시키자 차츰 좌절감을 느끼기 시작했다.

페르미 연구소에 염증을 느낀 팅은 CERN을 시도해 봤지만 그곳에서도 역시 환영받지 못했다. 관료들을 만나면서 유럽과 미국 사이를 왔다갔다했지만 아무 소용이 없자 그는 마침내 페르미 연구소에 냈던 연구신청서를 철회하고, 1972년 초에 브룩하벤 국립연구소에 연구신청서를 제출했다. 그리고 몇 달 뒤 이용 승인을 받았다.

팅은 곧 장비 디자인과 제작에 열중했다. 특히 중요한 장비는 검출기였다. 그 실험에서는 고에너지 양성자들이 표적을 때릴 때 많은 유형의 입자가 생성된다. 그 파편조각들 가운데 전자-양전자 쌍이 있을 것이며, 팅이 관심 있는 쌍들이 바로 그것이었다. 파편조각들 자체는 중요하지 않았지만, 전자-양전자 쌍들과 구별하는 것이 문제였다. 그것을 식별하기 위해서는 검출기의 강도가 대단히 높아야 했다.

팅은 그렇게 하는 것만으로 만족하지 못했다. 많은 사람들은 그가 감도와 정확도에 지나치게 열중한다고 생각했다. 그러나 1974년 봄에 마침내 첫번째 실험을 위한 준비가 완료되었다. 장비를 검토한 뒤 그 연구팀은 에너지 스펙트럼을 훑기 시작했다. 이들 에너지 어딘가에 새로운 무거운 광자가 있는 것이 사실이라면 전자-양전자 쌍의 갑작스런 출현으로 에너지 스펙트럼에 피크가 나타날 것이므로 신호를 통해 그 위치를 알 수 있었다. 그들은 스펙트럼을 조심스럽게 움직이면서 그 쌍들을 신중하게 셌다. 그러나 첫번째 실행에서는 아무것도 찾아내지 못했다. 그 뒤 그들은 그 살다발을 또 다른 그룹에 인계하고 기다렸다.

기다림도 성가신 일이었지만, 지연과 실패만큼 좌절감을 주지는

198

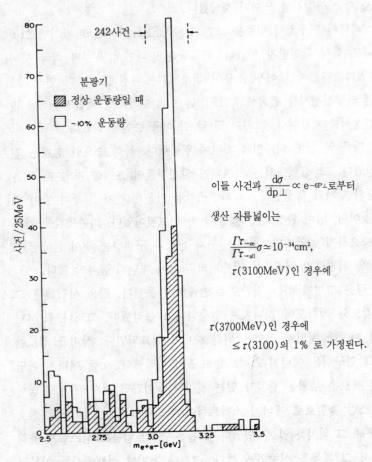

이들 사건과 $\dfrac{d\sigma}{dp\perp} \propto e^{-6P\perp}$로부터

생산 자름넓이는

$$\dfrac{\Gamma \tau_{\to ee}}{\Gamma \tau_{\to all}}\sigma \simeq 10^{-34}\mathrm{cm^2},$$

$\tau(3100\mathrm{MeV})$인 경우에

$\tau(3700\mathrm{MeV})$인 경우에

$\leq \tau(3100)$의 1% 로 가정된다.

3.1GeV에서 피크를 보여주는 $J/\varPsi$ 입자의 그래프. (브룩하벤 제공.)

브룩하벤의 팅과 그의 그룹. (브룩하벤 제공.)

J/Ψ 입자 발견에 사용된 분광계. *(브룩하벤 제공.)*

않았다. 그는 이제 더 낮은 에너지로 옮겨갔다. 항상 신중한 그였으므로 팅은 두 팀으로 하여금 결과를 독립적으로 분석하도록 했다. 한 팀의 인솔자는 울리히 베커였고, 다른 인솔자는 첸이었다. 각 팀은 컴퓨터로 자료를 처리했다. 다양한 에너지에서 생성되는 전자쌍들의 수가 나왔다. 1974년 초에 두번째 실험의 최초 자료가 준비되자 두 팀이 자료 처리에 들어갔다.

첫번째 도면을 보고 베커는 깜짝 놀랐다. 점들이 모두 30억 1천만 eV(3.1GeV) 주위에 모여 있었다. 그는 실수가 틀림없다고 확신했다. 그 피크는 마치 뾰족한 바늘 같았다. 장비에 결점이 있었을까? 아니면 컴퓨터 프로그램에? 그는 프로그램과 자료를 주의 깊게 다시 훑으며 검토했다. 그러나 피크는 여전했다.

두번째 자료 분석 팀의 인솔자인 첸도 피크를 보자 유사한 걱정을 나타냈다. 그는 그것을 믿을 수 없었다. 그는 베커 팀에서도 동일한 결과가 나올까 궁금했다. 만일 그렇지 않다면 그것을 팅에게 보고했다가는 난처해질 것이었다. 그럼에도 그는 팅에게 전화를 걸어 그 소식을 알렸다. 팅은 즉시 그룹회의를 소집했다.

첸과 베커는 두 결과가 모두 피크를 갖는다는 사실을 알고 안도했다. 그러나 이것으로 기계의 오작동에 대한 가능성이 사라진 것은 아니었다. 출간에 앞서 그 피크를 명확히 입증해야 할 것이다. 그러나 할당된 가속기 사용 시간을 다 썼으므로 다시 사용하려면 두 달쯤 지나야 했다.

팅은 어떻게 해야 할지 몰랐다. 그러나 분명한 것은 비밀을 철저히 지켜야 한다는 것이었다. 그는 그 발견에 대해 한마디도 해서는 안된다는 엄명을 내렸다. 그 이유는 분명했다. 대류 건너 SLAC에서도 버튼 리히터 Burton Richter 지휘하에 유사한 연구가 진행되고 있던 것이다. 그 실험은 몇 가지 면에서 팅의 실험과 다르기는 했지만 만일 3.1GeV에서 피크(봉우리)가 나타난다는 것이 알려진다면 리히터와 그의 그룹은 그것을 쉽게 찾을 수 있을 것이었다. 팅은 그들이 어떤 영역에서 일하고 있는지 궁금했다. 그러나 그들이 3.1GeV 영역을 통과했는데 아무것도 발견하지 못했다는 소식을 듣고 안심했다. 그는 그제야 한숨을 돌렸다. 잘만 되면 리히터가 피크를 발견하기 전에 검토가 가능할 것이기 때문이었다.

SPEAR 실험

리히터 그룹은 정말로 그 피크를 발견하지 못한 채 3.1GeV를 지나쳤다. 그 피크는 대단히 좁았는데 그들이 사용한 검출기의 감도가 팅의 기기만큼 높지 못했던 것이다.

리히터의 성격은 팅과 정반대였다. 그는 태평스럽고 호의적이었으며 그 밑에서 일하는 사람들과 자주 농담을 주고받고 잘 웃었다. 1931년에 브룩클린에서 태어난 그는 어린 시절 선물로 현미경을 받은 뒤 과학에 흥미를 갖게 되었다. 그는 10대시절 집 지하실에 화학 실험실을 만들고 화학도의 꿈을 키웠지만, 대학에서 화학과 물리학 수업을 모두 수강한 뒤 물리학이 더 취향에 맞는다고 결정했다. 그는 1955년에 MIT에서 박사학위를 받고 스탠퍼드로 간 뒤 그곳에 계속 머물렀다.

스탠퍼드에서의 연구생활은 많은 면에서 좌절감을 안겨주었다. 스탠퍼드로 간 직후 그는 프린스턴의 제라드 오닐 Gerard O'Neill이 발명한 방법에 관심을 갖게 되었다. 그것은 전자와 양전자를 커다란 고리 안에서 광속에 가까운 속도로 순환시킴으로써 '저장시키는' 방법이었다. 그는 SLAC에도 그러한 시설을 건립하고 싶었다. 그러나 그 꿈은 20년 이상이 걸린 뒤에야 비로소 실현되었다.

그 새로운 시설은 SPEAR라고 불렸다. 3.2km 길이의 선형가속기에서 전자와 양전자가 도입되어 SPEAR 고리에 저장되었다. 전자와 양전자들은 바늘모양을 한 2, 3cm 길이의 다발로 들어와 반대방향으로 순환했다. 그 다발들은 서로 상호작용 없이 매분 수백만 회를 지나쳤다. 그러나 가끔 전자 하나가 양전자 하나를 때리면 소멸이 일어날 것이다. 그 결과 발생된 에너지는 새로운 무거운 입자를 생산한

SLAC의 갈무리 고리 storage ring. (SLAC 제공.)

다. 리히터의 실험은 근본적으로 팅의 실험과 정반대였다. 리히터는 전자쌍들로 출발해 그것들을 충돌시킨 뒤, 그 결과를 분석했던 반면 팅은 양성자를 다른 양성자들과 충돌시켜서 전자쌍들을 생성시켰다.

리히터의 방법에는 몇 가지 이점이 있었다. 첫째, 생성되는 모든 것은 전자-양전자 소멸로부터 나왔다. 팅의 경우에 양성자-양성자 충돌은 원하는 쌍들 이외에도 상당한 양의 파편조각들을 생성시켰으므로 그 쌍들을 이들 조각으로부터 식별해야 하는 문제가 있었다. 더욱이 리히터의 실험에서는 입자들의 에너지 모두가 새로운 입자들 생성에 쓰였다(입자들은 반대방향으로 움직이지만 질량은 같다). 반면에 팅의 실험에서는 양성자들이 정지한 과녁에 있는 다른 양성자들을 때

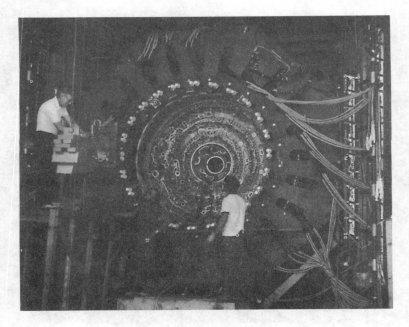

SPEAR의 마크 III세 검출기

리므로 그 에너지의 대부분이 새로운 입자 생성에 이용되지 않았다.

틩과 달리, 리히터는 새로운 입자들을 찾고 있지 않았다. 적어도 직접적으로는 아니었다. 그는 R이라는 비율에 관심이 있었다. 그것은 뮤온을 생산하는 수에 대한 하드론을 생산하는 전자-양전자 충돌수의 비로 앞에서 잠시 언급한 바 있다. 이 수는 양자색역학의 가장 중요한 실험 중 하나였다. 실험적으로 R의 값은 2로 밝혀졌는데, 이것은 세 개의 쿼크 빛깔을 갖는 쿼크 모형과 일치했다. 그런데 1973년에 5GeV 부근에서 자료를 취하자 R이 상당히 올라갔다. 그것은 기대값의 3배인 6 근처값을 가졌다. 그러나 모든 결과는 수용되기에 앞서 검증이 필요했다.

버튼 리히터

　리히터가 관심 있는 것은 바로 이 임시적 결과의 입증이었다. R
은 에너지에 따라 선형적으로 증가하는 것으로 나타났다. 그것이 언
젠가는 평평해질까? 아니면 막연히 계속해서 상승할까?

　그렇다면 그러한 상승을 일으키는 것은 무엇일까? 어떤 특정한
에너지에서 새로운 입자가 발생하면 자료에 혹을 생기게 했다. 리히
터의 그룹은 예비 시행 때 대략 3GeV와 4GeV에 약간의 혹이 있다
는 것을 알아챘다. 그들은 4GeV 에너지를 먼저 검토하기로 했다. 그
들이 그 영역을 검토하고 있을 때 그 그룹의 일원인 로이 슈위터스
Roy Schwitters는 그 결과들을 예비 보고서로 작성하는 것이 바람직
하다고 결정했으나 3GeV 혹에 대한 검토가 이루어질 때까지 기다리
는 것이 현명하다고 생각했다. 그러나 이번에도 3.1GeV의 뾰족한 봉
우리는 놓치고 말았다.

　한편 팅은 마침내 브룩하벤에서 다시 실험에 들어갔다. 검토는

긍정적이었다. 봉우리는 여전히 그 자리에 있었다. 그러나 더 많은 점
검이 요구되었다. 과녁과 살다발과 기기의 다양한 다른 부분에 변화
를 주었다. 그럼에도 봉우리는 여전히 존재했다. 이제 의심의 여지가
없었다. 그것은 실재하는 봉우리였다. 그러나 팅은 발표를 망설였다.
만일 그 영역에 봉우리가 하나 있다면 필시 더 많은 봉우리들이 있을
것이다. 그가 지금 발표할 경우 사람들이 즉시 그 탐색에 편승해서 자
신보다 앞서 그것들을 찾아낼지도 몰랐다. 그는 출간을 늦추고 주변
의 스펙트럼에서 더 많은 봉우리가 있는지 조사했다.

　　팅의 결정을 듣자 첸은 전전긍긍했다. 그는 다른 사람들이 앞질
러 보도할 것이라고 확신했다. 그 즈음 몇 명의 다른 사람들이 그 발
견에 대해 알고 있었고, 모두 팅에게 출간을 권유했다. 그러나 그는
완강했다. 팅이 출간을 막고 있는 동안 리히터는 그 발견에 점점 더
가까이 가고 있었다. 그 그룹 내에서는 3GeV 혹에 갑작스런 관심이
일었다. 그 그룹 중 하나는 맵시를 언급하며, 그 혹이 그것과 관련되
었을지도 모른다고 추측했다. 구성원들이 철저한 재검토를 재촉했다.
그러나 이미 더 높은 에너지를 조사중이었으므로 리히터는 그들의 요
구에 따르기를 꺼려했다. 하지만 그는 압력을 견디지 못해 11월 초에
마침내 허가를 내주었다.

　　그들은 3GeV 근처의 작은 혹을 간신히 찾아냈다. 처음에는 쌍이
거의 생산되지 않았지만 점점 더 그 수가 증가해서 곧 배경의 30배가
되었다. 그 그룹은 무언가를 발견했다는 것을 알았다. 모두가 그 장비
쪽으로 몰려들어 더 가까이 보려고 안으로 비집고 들어갔다. 마침내
그 봉우리가 배경의 70배가 되었다. 샴페인이 터뜨려지고 모두가 흥
분에 젖었다. 그 와중에도 일부는 벌써 그 사건을 보고하는 논문을 작
성하고 있었다.

이런 일이 벌어지고 있는 동안 팅은 회의 참석차 SLAC로 가는 중이었다. 첸은 막판까지도 그에게 발표할 것을 간청했지만 그는 고집을 꺾지 않았다. 그는 자신이 아주 간발의 차이로 그 발견을 빼앗기게 되리라는 것을 전혀 알지 못했다(그리고 만일 그 회의가 아니었다면 정말 선취권을 빼앗겼을지도 모른다). 11월 10일 일요일에 샌프란시스코에 도착하자마자 호텔 방으로 전화가 걸려왔다. 그는 깜짝 놀랐다. 리히터가 3.1GeV에서 새로운 입자를 발견했다는 것이었다. 그러나 그는 선취권을 빼앗기지 않으리라 결심했다. 그리고 신속히 유럽에 전화를 걸어 자신의 발견을 발표했다.

그 다음날 아침 그는 리히터와 만났다. "자네에게 말할 굉장한 뉴스가 있네, 샘." 리히터가 방으로 들어가면서 이렇게 말했다. 그가 말을 잇기 전에 팅이 이렇게 맞섰다. "나도 자네에게 말할 굉장한 뉴스가 있다네." 두 사람은 서로 자신들의 발견에 대해 말했다. 팅은 그 입자를 J라고 불렀고, 리히터는 Ψ라고 불렀다. 그 입자는 오늘날 절충안으로서 J/Ψ라고 불린다.

그 발견 소식은 전화로 전세계의 연구소로 퍼져나갔다. 12월 초에 『피지컬 리뷰 레터스』 *Physical Review Letters*에 세 편의 논문이 실렸다. 하나는 팅과 그의 그룹에 의해서였고, 또 하나는 리히터와 그의 그룹에 의해서, 그리고 세번째는 같은 분야에서 연구해 오고 있던 이탈리아 연구소로부터였다. 그것은 엄청난 발견이었으며, 1년도 되지 않아 팅과 리히터는 노벨상을 수상했다.

팅이 리히터보다 수개월 먼저 그 발견을 했으므로 혹시 말이 어떻게든 새어나간 것이 아닐까 의문을 가질 수 있다. 만일 리히터 그룹의 누군가가 3.1GeV에서 무언가가 발견되었다는 암시를 받았다면 그들은 재빨리 그것을 검토했을 것이기 때문이다. 팅은 그런 가능성도 배제하지 않았지만, 리히터는 완강히 부인했다. 우리는 아마 결코 알지 못할 것이다. 그러나 모든 정황으로 미루어볼 때 그 발견들은 완전히 독립적이었다. 팅의 발견에 대해 듣고 리히터는 진짜 놀라움을 표현했다. 그리고 그에게는 3GeV 주위에서 혹을 조사할만한 타당한 이유가 있었다. 같은 상황에 처한다면 누구라도 그렇게 했을 것이다. 게다가 팅에겐 자기 그룹의 누가 그 뉴스를 누설했다는 증거도 없었다.

그 발견과 관련해서는 노벨상 수상방식 때문에 또 다른 논쟁이 있었다. 그 연구에는 관련된 사람들이 많았을 뿐 아니라, 각각이 부분적인 기여를 했다. 사실 각 그룹 고참 구성원 일부의 기여는 아주 잘 알려져 있었음에도 상을 받은 사람은 두 명의 최고 책임자뿐이었다. 어떤 이는 이런 수상방식이 옳지 않다고 주장한다. 장래에 그룹 책임자들을 신청할 때 분명 이러한 점이 고려되어야 할 것이다.

J/Ψ의 성질

맵시입자 charmonium로 불려지게 된 이 새로운 입자(J/Ψ)는 3.1GeV 에너지에서 발견되었으므로, 3.1GeV라는 질량을 갖는다. 이것은 양성자 질량의 3배로 그 당시까지 알려진 입자 중 가장 무거웠다. 그 입자에는 전하가 없었으며 곧 중간자인 것으로 밝혀졌다. 이것은 그 입자가 쿼크 하나와 반쿼크 하나로 이루어져 있음을 의미했다. 그리고 쿼크-반쿼크 조합은 이미 모두 설명되었으므로 흥분은 더했다. 그 입자는 따라서 u나 d, 혹은 s 쿼크가 아닌 새로운 유형의 쿼크로 이루어져야 했다.

맵시 입자의 중요하고 뚜렷한 성질은 수명이었다. 유사한 입자들은 강한 상호작용을 통해 붕괴한다고 가정할 때 수명이 10^{-23}초 정도였다. 그런데 이 입자는 1,000배나 더 오래 살았다. 입자의 수명이 그 봉우리의 너비로 결정된다고 알려져 있으므로 이것은 쉽게 알 수 있다. 즉 봉우리가 넓으면 그 입자의 수명은 짧고 J/$\mathit{\Psi}$ 봉우리처럼 좁으면 수명이 길었다.

그러나 J/$\mathit{\Psi}$는 정확히 무엇일까? 그것이 발견되자마자 그 추측의 대부분이 맵시로 집중되었다. 글래쇼우와 다른 이들은 오랫동안 그것에 대해 논의해 오고 있었는데, J/$\mathit{\Psi}$의 성질들로 볼 때 그것은 단일 맵시 쿼크일 수 없었다. 즉 그것은 맵시 쿼크와 반맵시 쿼크의 조합($c\bar{c}$)이어야 했으므로 '숨겨진 맵시' hidden charm를 가진 입자였다. 그러한 입자들은 메리 게일라드와 벤자민 리, 그리고 조나단 로즈너에 의해 이미 예측된 바 있었다.

맵시입자 스펙트럼

리히터 그룹에게 맵시입자(J/$\mathit{\Psi}$)의 발견은 시작에 불과했다. 11일 뒤 두번째 입자가 발견되었다. 첫번째 입자의 경우처럼 그들은 3.7 GeV에서 약간의 혹을 찾았고, 예전처럼 점점 좁혀 갔다. 그들은 그것 역시 높고 뾰족한 봉우리라는 것을 알았다. 그것은 J/$\mathit{\Psi}$의 들뜬 상태로 SPEAR 그룹에 의해 $\mathit{\Psi}'$로 명명되었다.

일단 이론가들이 행동에 들어가자 그러한 더 많은 공명들에 대한 미래가 밝아 보였다. 맵시입자의 다른 들뜬 상태가 있는 듯했을 뿐 아니라 두 쿼크의 스핀이 서로 반대인 상태도 있었다(J/$\mathit{\Psi}$에서는 스핀 방향이 같다).

그 뒤 또 하나의 진전이 이루어졌다. 점근자유의 발견자 중 하나인 데이비드 폴리처가 하버드 대학교의 토마스 애펠퀴스트 Thomas Appelquist와 공동연구로 맵시입자가 잘 알려진 또 하나의 조합인 포지트로니움 positronium과 훨씬 더 닮았다는 것을 알아챘다. 포지트로니움은 전자-양전자 쌍의 속박상태로 25년 전에 관측된 바 있었다. 그것은 오랫동안 철저히 연구되었으며 이제 대부분이 알려져 있었는데 수소원자와 너무 흡사해서—수소원자에서 양성자를 양전자로 대치하기만 하면 된다—수소원자 이론이 새로운 모형 분석에 이용될 수 있었다. 포지트로니움 모형의 에너지 준위 스펙트럼은 상당히 상세히 이해되어 왔다. 맵시입자에 대해서도 곧 유사한 도면들이 만들어졌으며, 맵시입자 스펙트럼이라고 불렸다.

실험가들에겐 이제 길잡이가 될 탐색할 구체적 대상이 있었다. 그러나 그들의 탐색은 예상보다 훨씬 더 어려워서 아무런 소득 없이 몇 개월이 지났다. SPEAR 이외에도 DORIS라는 독일의 전자-양전자 소멸기가 그 탐색에 동원되었다. DORIS 팀은 J/Ψ와 Ψ'은 금방 발견했지만 새로이 예측된 상태로 바꾸자 아무것도 찾지 못했다. 6개월이 지났지만 여전히 아무것도 없었다.

그 뒤 마침내 DORIS로부터 진전이 이루어졌다. 이론가들은 Ψ'이 가벼운 입자들로 붕괴되기 전에 어떤 중간상태로 붕괴되어야 한다고 밝혔는데 DORIS의 실험가들이 그 중간 상태를 발견했던 것이다. 그리고 그 직후 SPEAR 그룹 역시 그것을 찾아냈다. 비록 작은 성공이었지만 그것은 축 늘어진 어깨에 기운을 북돋아 주었다. 그러나 그들의 의기양양함은 오래가지 못했다. 존스 홉킨스와 런던 임페리얼 칼리지의 이론가들이 그때까지 발견된 모든 것이 맵시를 도입하지 않고서도 설명될 수 있다고 밝혔던 것이다. 대부분의 과학자들은 그들

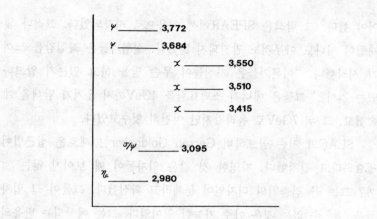

맵시입자 스펙트럼. 오른쪽의 숫자들은 에너지 준위이다.

의 주장에 무리가 있다고 믿었지만, 진지하게 다루어져야 했다.

그러나 맵시를 입증할 아주 간단한 방법이 하나 있었는데, 그것
은 바로 '순수 맵시' naked charm를 찾는 것이었다.

순수 맵시

막 보았듯이 맵시입자에는 숨겨진 맵시가 있었다. 즉 반쿼크의
맵시와 쿼크의 맵시가 서로 상쇄되어 알짜맵시는 영이므로 J/Ψ는 맵
시 행태를 보이지 않는다. 그러나 u와 d, 그리고 s라는 세 개의 다른
쿼크가 있었다. 만일 맵시가 정말로 존재한다면 그것들과 짝지어져야
했다. 따라서 c$\bar{u}$나 c$\bar{d}$ 같은 조합이 존재한다면 그것들은 순수 맵시
를 가질 것이다.

계산해 본 결과 최저 에너지의 순수 맵시상태는 2GeV 부근에 있

어야 했다. 그 탐색은 SPEAR에서 처음으로 시작되었다. 그러나 몇 개월이 지나도 아무것도 발견되지 않았다. 실험가들은 좌절감을 느끼기 시작했다. "이론가들은 자신들이 무슨 말을 하고 있는지 알고나 있는 걸까?" 그들은 에너지 스펙트럼을 4GeV까지 옮겨가 탐색을 계속했고, 그 뒤 7GeV로 올라갔지만 여전히 헛수고였다.

SLAC의 저슨 골드하버 Gerson Goldhaber는 새로운 접근법이 필요하다고 결정했다. 자명한 것 같은 입자들이 왜 보이지 않는 걸까? 그는 곧 검출기의 디자인이 문제라고 확신했다. 그들이 그 입자들을 '볼' 수 없는 것은 아주 가능한 일이었다. 그는 예상되는 반응의 유형을 다시 살펴본 뒤 지금까지의 기록에서 그것들을 주의 깊게 찾아보기로 했다. 거의 동시에 프랑스의 물리학자 프랑스와 피에르 Francois Pierre가 독립적으로 탐색을 시작했다. 곧 두 사람 모두 맵시를 포함해야 하는 표본 반응들을 찾아냈다. 골드하버는 피에르의 성공에 대해 듣고 공동으로 수십 개의 유사한 사건을 찾았다. 그 뒤 다른 사람들도 그 탐색에 합류했다. 어떤 의미에서는 뒷문으로 살금살금 들어온 것이었지만, 어쨌든 발견은 이루어졌다.

골드하버와 피에르가 발견한 것은 $c\bar{u}$와 $c\bar{d}$ 같은 조합의 증거였다. 그러한 상태들은 문자 D로 불린다. 1976년 6월 D 중간자의 존재를 보고하는 논문 한 편이 제출되었다.

이론가들은 맵시와 그에 관련된 스펙트럼의 발견소식을 듣고 몹시 기뻤다. 그것이 자신들의 이론을 입증했을 뿐만 아니라 비율 R의 상승을 설명하리라 예상했기 때문이었다. 그러나 R이 본질적으로 이론과 일치될 것이라는 예상과 달리 여전히 약간 높아서, 그들을 우려케 했다. R의 상승은 아직 발견되지 않은 또 다른 쿼크나 혹은 더 무거운 또 다른 렙톤의 존재를 암시했다.

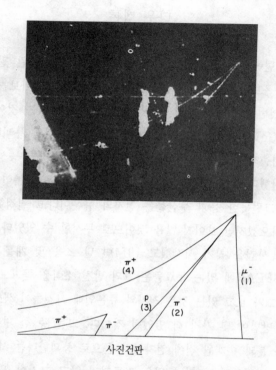

π^+
(4)

μ^-
(1)

p
(3)

π^-
(2)

π^+

π^-

사진건판

*맵시 바리온 생성의 한 예. 맵시입자가 직접 보이지는 않으나, 그
것의 붕괴 부산물인 p, π^+, π^-가 보인다.*

그러나 맵시를 도입하는 전체 아이디어는 쿼크-렙톤 방법에 대칭
을 주기 위한 것이었으므로 이론가들은 또 다른 입자를 원하지 않았
다. 그 당시에는 렙톤 네 개와 쿼크 세 개가 있었던 것이다. 그들이
볼 때 네번째 쿼크인 맵시는 렙톤과 쿼크를 모두 네 가지로 만들었고
대칭적이며 훨씬 자연스러워 보였다. 그런데 또 다른 쿼크나 렙톤이
발견된다면 이 대칭은 깨질 것이다.

타우 렙톤

1974년에 SPEAR의 그룹 인솔자 중 하나인 마틴 펄 Martin Perl은 뮤온보다 더 무거운 렙톤을 찾을 수 있을지 알아보는 일에 착수했다. 첫번째 문제는 그것을 어떻게 검출하는가 하는 것이었다. 그 질량이 1GeV보다 더 크다면 검출기에 도달하기 전에 붕괴해서 간접적으로 검출해야 했으므로 그는 그것을 생산할 가장 가능성 있는 사건을 고찰했다. 그는 전자-양전자 충돌에서 무거운 렙톤이 생성된다면 가장 그럴듯한 붕괴 부산물은 전자와 뮤온이라고 결정했다. 중성미자도 나오겠지만 보이지 않을 것이므로 무시할 수 있었다. 그는 '전자-뮤온' 사건을 찾기 시작했고 1974년 말 즈음 몇 개를 검출했다. 그러나 SPEAR에 있는 동료들은 그의 발견 소식을 듣고도 확신하지 못했다. 그가 보고 있는 것은 전자와 뮤온인데 그것들이 생산될 수 있는 다른 방법이 몇 가지 더 있었던 것이다. 그들 중 한 명은 사실 D 중간자가 불과 수개월 전에 전자와 뮤온으로 붕괴한다는 사실이 발견되었다고 지적했다. 그러나 펄은 흔들리지 않고 그것이 새로운 무거운 렙톤—그는 그것을 타우(τ) 입자라고 불렀다—의 증거라고 확신했다. 그리고 1975년에 그 발견을 발표했다.

그러나 아무도 이를 믿지 않았다. 펄은 더 많은 사건을 계속 탐색했고, 1976년에 드디어 성공했다. 그러나 그 뒤 심각한 실패가 이어지면서 회의론을 확산시켰다. 그가 사용하고 있는 것과 거의 동일한 장비를 갖춘 DORIS의 한 그룹이 무거운 렙톤을 탐색했으나 아무것도 발견하지 못했다고 보고한 것이다.

이것이 심각한 장애물로 작용했지만 펄의 그룹은 탐색을 멈추지 않았다. 그 뒤 최초의 서광이 비쳤다. SPEAR의 다른 그룹 중 하나

가 타우의 존재를 강력히 암시하는 대다수의 뮤온-하드론 사건을 발
견했던 것이다. 이어 그 다음해에는 DORIS의 실험가들이 뮤온-전자
사건과 뮤온-하드론 사건 모두를 발견했다고 보고했다. 이제 의심의
여지가 없었다. 무거운 렙톤인 타우 입자가 발견된 것이었다.

비율 R에 대해 검토하자 타우가 높은 R을 설명한다는 사실이 밝
혀졌다. 위기는 이렇게 모면되었지만 그 해결은 또 다른 위기를 발생
시켰다. 타우와 중성미자가 관련되어 있었으므로 렙톤의 총수는 여섯
이었는데 쿼크는 네 개뿐이었다. 대칭이 사라진 것이었다!

웁실론

대칭을 다시 만들려면 또 다른 쿼크가, 사실 두 개의 쿼크가 더 필요
했다. 확실한 탐색 장소는 전자-양전자 충돌이었다. 타우의 발견이 보
고되자마자 SPEAR와 DORIS의 실험가들이 즉각 탐색에 들어갔다.

그들은 5GeV 위의 영역에 집중하면서 기계의 한계인 8GeV 정
도까지 스펙트럼을 주의 깊게 훑었다. 그러나 좁은 봉우리도, 그들이
봉우리를 놓쳤다는 어떤 표시도 없었다. 더욱이 타우의 발견 이전에
있었던 R의 문제가 더 이상 없었다. R은 SPEAR와 DORIS 모두의
에너지 범위 내에서 거의 정확히 이론과 일치했다.

이것은 또 다른 쿼크가 없다는 의미일까? 그렇다면 이론가들은
대칭의 결여를 어떻게 설명할까? 물론 그 새로운 입자가 SPEAR와
DORIS의 에너지 범위 너머에 놓여 있을 가능성은 있었다. 이 에너지
범위에서 실험 가능한 전자-양전자 소멸기는 없었지만, 고에너지 양
성자 충돌에서 그러한 쌍들을 생산할 수 있는 기계는 있었다(팅의 실

현재 페르미 연구소 소장인 리언 레더만. *(페르미 연구소 제공.)*

험에서 행해졌던 것처럼). 페르미 연구소의 거대한 가속기는 500 GeV를 생산할 수 있었다.

여분의 에너지가 있었으므로 리언 레더만 Leon Lederman(현재 페르미 연구소 소장) 휘하의 한 그룹이 더 무거운 쿼크를 찾는 일에 착수했다. 레더만은 전자쌍 뿐만 아니라 뮤온 쌍도 관찰하기로 했다. 대다수의 그러한 쌍들도 더 무거운 쿼크의 징조를 나타낼 것이다. 1975년 말에 그들은 6GeV 주변의 전자쌍에서 갑작스런 증가를 관찰했다. 그러나 SPEAR와 DORIS는 이 지역에서 아무것도 찾지 못했었다. SPEAR와 DORIS가 놓친 무언가를 그들이 발견한 것일까? 레더만은 회의적이었으므로 많은 검토가 필요하리라 생각했다. 그럼에도 그는 그 입자에 웁실론(Υ)이라는 이름을 붙였다.

그런데 1977년에 그 가속기가 다소 개조된 뒤 레더만 그룹이 6GeV 봉우리를 다시 수색하자 그것이 사라지고 없었다. 그것은 실재하는 봉우리가 아니었을까. 그 범위를 계속 훑자 9.5GeV에서 또 다른 봉우리가 발견되었다. 이 봉우리는 뮤온 쌍과 관련된 것으로 SPEAR와 DORIS의 범위 너머에 있었고, 조사 결과 기계의 변덕이 아니라 실재하는 봉우리였다. 레더만은 그 뒤 앞서 사용했던 이름을 이 입자에게 붙여 1977년 8월에 그 발견을 발표했다.

맵시입자처럼 이 입자 역시 쿼크와 반쿼크의 조합이었다. 그 새로운 쿼크는 바닥 bottom이라고 불려졌다. 이것은 웁실론이 바닥 쿼크와 반바닥 쿼크의 조합(bb)이라는 것을 의미했다. 바닥의 발견으로 쿼크의 수는 5개가 되었지만 렙톤의 수보다는 1개가 적었다. 또 하나의 쿼크가 존재하는 것이 가능할까? 다른 쿼크들을 돌아보면 그것들은 쌍으로 생기는 것 같다. 위 쿼크와 아래 쿼크가 서로 관련 있으며, 기묘 쿼크와 맵시 쿼크도 그렇다. 이것을 기초로 생각할 때 바닥 쿼크와 관련된 또 하나의 쿼크가 있어야 말이 될 것 같다. 그 쿼크의 이름은 사실 명백하다. 바로 꼭대기 쿼크이다. 하지만 지금까지 꼭대기 쿼크는 발견되지 않았다. 그러나 결국은 발견되리라 믿어지고 있다.

요약

몇 개의 새로운 입자의 발견으로 그 이론은 훨씬 더 복잡하게 되었다. 그러나 특정한 아름다움이 있었다. 세 쌍의 쿼크가 있는데, 그것은 보통 아래처럼 표시된다.

$$\begin{pmatrix} u \\ d \end{pmatrix} \begin{pmatrix} c \\ s \end{pmatrix} \begin{pmatrix} t \\ b \end{pmatrix}$$

그리고 세 쌍의 렙톤이 있다.

$$\begin{pmatrix} \nu_e \\ e \end{pmatrix} \begin{pmatrix} \nu_\mu \\ \mu \end{pmatrix} \begin{pmatrix} \nu_\tau \\ \tau \end{pmatrix}$$

우리는 $\begin{pmatrix} u \\ d \end{pmatrix}$ 와 $\begin{pmatrix} \nu_e \\ e \end{pmatrix}$ 를 1세대 입자로, $\begin{pmatrix} c \\ s \end{pmatrix}$ 와 $\begin{pmatrix} \nu_\mu \\ \mu \end{pmatrix}$ 를 2세대 입자로 그리고 $\begin{pmatrix} t \\ b \end{pmatrix}$ 와 $\begin{pmatrix} \nu_\tau \\ \tau \end{pmatrix}$ 를 3세대 입자라고 부른다. 우리 세계의 잘 알려진 입자들은 모두 1세대이다. 각 세대의 쿼크들은 세 개의 색으로 존재하며 질량을 제외하면 유사하다. 뮤온(μ)과 타우(τ) 역시 질량을 제외하고는 전자와 동일하다. 그것들은 본질적으로 '무거운 전자'이다.

즉시 이런 물음이 떠오를 것이다. 쿼크와 렙톤이 얼마나 더 있을까? 여전히 잘 모르지만 우주론에 의하면 각 그룹에 한 쌍 이상은 가능하지 않을 것이라는 예측이다. 또 이런 질문도 할 수 있다. 두 가족 사이에 어떤 관련이 있을까? 다시 말해서 쿼크와 렙톤 사이에 어떤 관련이 있을까? 그것은 뒷장에서 알게 될 것이다.

제 10 장
W 탐색

1970년대 중반에는 전자-양전자 소멸기인 SPEAR와 DORIS가 발견에서 선두를 달리고 있었다. 그 뒤 1978년에 DORIS를 대신할 PETRA라는 새롭고 더 큰 기계가 건립되었다. 그것은 38GeV까지의 에너지를 생산할 수 있었다. 2년쯤 뒤에는 스탠퍼드의 SPEAR도 PEP로 교체되었다. PEP는 36GeV까지 생산할 수 있었다.

이들 새로운, 고에너지 기계들이 나오자 물리학자들은 이런 의문을 갖기 시작했다. 무엇을 탐색해야 할까? 가장 확실한 하나는 물론 꼭대기 쿼크였다. 바닥 쿼크가 몇 년 전에 발견되었지만 물리학자들은 그것과 관련된 약간 더 높은 에너지의 또 다른 쿼크가 존재한다고 확신했다. 그러나 광범위한 탐색 후에도 꼭대기 쿼크는 발견되지 않았다. 사실 후에 더 강력한 고에너지 기계들이 만들어졌을 때조차도 그것은 여전히 발견되지 않았다. 또 다른 가능성은 약한 상호작용의 교환입자 W였다. 그러나 계산에 의하면 그것은 어느 쪽 기계의 탐색 범위에 들어 있을 것 같지 않았다.

흥미롭게도 발견된 것은 전혀 예상하지 못했던 '제트' jet현상이 었다.

제트

제트란 과연 무엇일까? 전자가 양전자와 충돌할 때 어떤 일이 일어나는지 보자. 두 입자는 서로를 소멸시켜 그 자리에 가상광자를 생성시킨다. 이때 에너지가 몇 GeV 정도밖에 되지 않는다면 가상광자는 또 다른 전자 쌍이나 뮤온 쌍 하나를 만들 것이다. 더 높은 에너지라면 쿼크 쌍을 얻는다. 제트는 바로 여기서 나온다. 쿼크 쌍은 생성되자마자 쿼크와 반쿼크로 분리된다. 앞에서 쿼크들이 끈으로 결합되어 있으며, 이들 끈은 사실상 끊기가 불가능하다고 언급했다. 그렇다면 쿼크와 반쿼크가 어떻게 분리될 수 있을까? 특별한 경우인 맵시-반맵시 쌍($c\bar{c}$)의 발생을 살펴보자. 이때 광자가 굉장히 강력해서 맵시 쌍을 생성시킨 뒤 분리 에너지도 공급한다고 가정한다. 쌍이 서로 떨어져나감에 따라 그것들을 결합시키고 있는 끈이 늘어난다. 그 끈은 결국 끊어지고 끝점에 쿼크 하나와 반쿼크 하나가 나타난다. 더 좋은 예를 들어보자. 진공에는 전자나 양전자를 비롯해서 뮤온과 쿼크 같은 많은 가상입자들이 있다. 물론 그것들이 실재하도록 하려면 에너지가 필요하지만, 빠져나오는 쿼크와 반쿼크에도 에너지가 있다. 따라서 c 쿼크는 진공에서 빠져나온 반쿼크를 우연히 '만날 수' 있다. 그것을 $\bar{u}$라고 가정하면 $c\bar{u}$, 즉 D 중간자가 된다. 일단 결합으로 중간자가 되면 끈은 없어진다. 동시에 반쿼크($\bar{c}$)가 d 쿼크를 만나 만들어진 $\bar{c}d$ 역시 D 중간자이다. 그러면 우리는 두 중간자의 방출을 보아야 한다. 실제로 보통 두 개의 D 중간자뿐 아니라 더 많은 것을 본다. 파이온과 케이온 심지어는 더 무거운 입자도 자주 관측된다. 어떤 경우에는 십여 개 혹은 그 이상의 입자들이 나오며, 모두 일반적으로 같은 방향으로 나온다. 이것이 바로 '제트'이다.

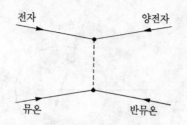

뮤온-반뮤온 쌍을 생성시키는 전자-양전자 충돌

사실은 에너지와 운동량의 보존 때문에 우리는 등을 맞대고 있는 두 개의 제트를 얻는다. 이들 제트는 하드론으로 구성되어 있으므로 때로 하드론 제트라고 불린다. 더욱이 하드론 자체가 쿼크로 이루어져 있으므로 어떤 의미에서는 쿼크 자체를 보고 있는 것이다.

J/Ψ 입자의 발견 직후인 1975년에 SPEAR가 그러한 제트가 존재한다는 최초의 증거를 찾아냈다. 그러나 실제로 관측되고 있는 것에 관해 대단한 불확실성이 있었으므로 아무도 자신들이 보고 있는 것이 제트라고 확신하지 못했다. 그러나 PETRA가 가동에 들어가자 의심의 여지가 없었다.

한동안 두 제트 사건 two-jet events으로 흥분이 일었다. 그러나 그 뒤 CERN의 이론가 존 엘리스와 메리 게일라드, 그리고 그레이함 로스가 세 제트 사건의 존재를 예측했다. 그들은 그 쌍의 쿼크나 반쿼크에 의해 방출된 글루온이 또 하나의 제트를 만들 수 있다고 밝혔다. 그러나 그 제트는 3년이 지나서야 발견되었다. 그 이유는 어렵지 않게 알 수 있다. 두 제트 사건의 경우 제트들은 등을 맞대고 나오므로 방향 예측이 가능하지만 세 제트 사건의 경우 입자들이 임의의 방향으로 방출되므로 정확한 방향 예측이 어렵다. 따라서 이것을 관측하려면 많은 검출기가 필요했다.

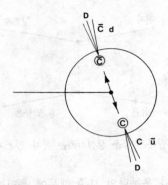

맵시-반맵시 쌍이 분리되며 *D* 중간자를 발생시킬 때 제트가 만
들어진다.

1979년 중반에 PETRA의 실험가들이 최초의 세 제트 사건을 관
측했다. 이론가들은 환성을 터뜨렸다. 그것은 자신들의 예측에 대한
입증이었을 뿐만 아니라 양자색역학에 대한 입증이기도 했다. 게일라
드, 엘리스 그리고 로스가 그 예측을 할 때 QCD를 이용했던 것이다.

이 기간의 중요한 실험의 대부분이 전자-양전자 소멸기를 이용해
이루어졌지만, 그것들 이외에도 가동중인 가속기가 있었다. 1971년에
CERN에서 ISR(Intersecting Storage Rings)이라는 커다란 양성자
충돌기가 가동에 들어갔다. 1972년에는 페르미 연구소에서 500GeV
양성자 가속기가 가동에 들어갔다. 그러나 양성자-양성자 충돌은 전
자-양전자 충돌보다 훨씬 더 다루기 어렵다.

전자-양전자 충돌은 전자를 점입자로 취급하므로 문제가 간단하
다. 관측 가능한 하부구조가 없는 것이다. 그러나 양성자는 세 개의
쿼크로 이루어져 있으며, 쿼크들 사이에서는 글루온이 움직인다. 이제
입사하는 전자가 핵에서 쿼크를 떨어뜨리기에 충분한 에너지를 갖고
있다고 하자. 어떤 일이 벌어질까? 쿼크는 물론 다른 쿼크들과 끈으

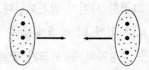

두 양성자의 충돌. 큰 점들은 쿼크이고, 작은 점은 글루온이다.

로 연결되어 있지만, 충돌 에너지 때문에 핵에서 빠져나올 때 반쿼크 하나를 붙잡을 수 있다. 그리고 일단 중간자가 되면 끈은 사라진다. 실제로는 많은 중간자가 생성되므로 우리는 제트를 관측한다. 물론 핵에는 쿼크 두 개가 남아 있지만, 두 개의 쿼크로 이루어진 입자는 불안정하므로 곧 붕괴해서 새로운 입자를 형성한다.

자, 이제 양성자-양성자 충돌을 살펴보자. 이 경우 쿼크 세 개와 많은 글루온이 담긴 '주머니'가 유사한 '주머니'와 충돌한다. 몇 가지 가능한 사건이 있다. 예를 들면, 각 양성자에서 하나씩 나온 쿼크 두 개는 정면으로 부딪히고 다른 쿼크들은 빗맞을 수 있다. 이 경우 보통 은 방해받지 않고 통과한 쿼크들의 살다발을 따르는 두 방향에서 파 편조각이 나온다. 그러나 서로 부딪히는 쿼크들은 이것에 직각인 방 향으로 나오는 제트를 만든다. 따라서 그 살다발에 수직인 제트 두 개 와 그 살다발의 방향을 따르는 제트 두 개가 있는 것이다. ISR과 페

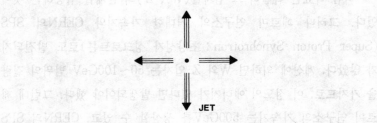

양성자-양성자 충돌 때 제트의 생산

르미 연구소 모두에서 그러한 사건이 발견되었다.

물론 상황은 이것보다 훨씬 더 복잡해질 수 있다. 한쪽 양성자에 있는 쿼크 두 개와 다른 양성자의 두 쿼크가 충돌하는 것도 가능하다. 이 경우 주요 살다발에 수직인 네 개의 제트가 예상된다.

몇 가지 다른 가능성들도 있다. 한쪽 양성자의 쿼크들과 다른 쪽 글루온이 충돌할 수도 있고, 한쪽 글루온들과 다른 쪽 글루온들이 충돌할 수도 있다. 이론가들에게 이런 상황들은 악몽인 셈이다.

W 탐색

1970년대 초에는 페르미 연구소와 CERN(SPS)에서 훨씬 더 높은 에너지의 가속기를 도입함으로써 W^+와 W^-, 그리고 Z^0 같은 W 입자들로 관심이 쏠렸다. 그것들은 약한 상호작용의 교환입자들이다. 기억하겠지만 W는 약한 상호작용에서 전하의 교환이 있을 때 발생되며, 이 경우 중성미자가 전자로 바뀐다. 전하 전이가 없을 때는 중성전류를 다루고 있는 것이며, 그 교환입자는 Z^0이다. 중성전류의 존재는 1973년에 밝혀졌다.

다음 목표는 확실히 그 입자들(W^+, Z^0)의 존재를 입증하는 것이었다. 그러나 페르미 연구소의 거대한 가속기와 CERN의 SPS (Super Proton Synchrotron : 초양성자 싱크로트론)로도 발견되지가 않았다. 계산에 의하면 W와 Z 입자는 50~100GeV 범위의 질량을 가지므로, 이 정도의 에너지가 있다면 발생되어야 했다. 그런데 페르미 연구소의 가속기는 500GeV를 생산할 수 있고, CERN의 SPS는 400GeV의 에너지가 가능했음에도 기이하게도 그 입자들은 생성

카를로 루비아

되지 않았다.

　과학자들은 왜 그것들을 볼 수 없었을까? 충돌 뒤 입자들의 에너지에는 어떤 일이 일어날까? 그 시기에는 위의 기계들 모두 양성자 가속기여서 가속된 양성자들이 고정된 과녁에 있는 다른 양성자를 때렸다. 그러한 충돌에서는 에너지의 대부분이 파편조각 입자들의 운동(이동)에너지로 들어가므로 새로운 입자 생산에 거의 쓰이지 못한다. 50~100GeV 중 실제로 새로운 입자 생성에 이용할 수 있는 에너지는 28GeV 정도에 불과하다.

　그러한 에너지를 생산할 수 있는 기계는 CERN을 위해 설계된 LEP(Large Electron Positron Collider)뿐이었다. 그것은 가용에너지가 100GeV인 전자-양전자 충돌기였지만 1980년대 말에나 준비될 것이었다.

CERN(그리고 하버드)의 카를로 루비아 Carlo Rubbia는 기다릴 수가 없었다. 페르미 연구소의 미국인들도 마찬가지였다. 그들 각각은 너무 오래 지체할 경우 다른 쪽이 W 발견의 영예를 안게 될 것을 우려했다. 1976년에 루비아는 위스컨신 대학교의 데이비드 클라인과 하버드의 피터 맥킨타이어와 함께 지름길을 알아보기로 했다. 막 가동에 들어간 커다란 양성자 가속기 SPS가 있었지만, 그것은 요구되는 에너지를 제공하지 못했다. 동일한 (SPS)고리에서 양성자와 함께 반양성자를 가속시킬 수 있을까? 그렇게 된다면 추가비용을 거의 들이지 않고 양성자-반양성자 충돌기를 갖게 될 것이다. 양성자와 반양성자는 그 고리 주위를 서로 반대방향으로 움직이므로 양성자와 반양성자가 충돌할 때 새로운 입자 생산에 상당한 에너지를 쓸 수 있을 것이다.

SPS 충돌기는 양성자를 270GeV까지 가속시킬 수 있었다. 만일 그 에너지를 이용해 반대방향에 있는 반양성자를 가속시킬 수 있다면 그것 역시 270GeV로 가속될 것이다. 그리고 두 살다발이 결합되면 총에너지는 540GeV가 되어서 필요한 에너지를 충분히 넘는다.

물론 그 에너지의 일부가 운동에너지로 변하는 문제가 있었지만 계산에 의하면 새로운 입자 생성에 쓸 수 있는 양이 W 생산에 충분했다.

첫번째 장애물이 제거되자 루비아 그룹은 적절한 반양성자 생산으로 주의를 돌렸다. 반양성자 생산 자체에는 아무 문제가 없었다. 그것들은 양성자들을 금속 과녁에 쳐서 맞히기만 하면 생산되었다. 몇 가지 유형의 양성자가 생산되겠지만, 자기마당을 이용하면 반양성자 분리는 쉬운 일이었다.

그러나 일단 분리된 뒤에는 심각한 문제가 있었다. 생산되는 반양성자들의 속도가 천차만별일 뿐 아니라 움직이는 방향도 달랐다. 만일 그러한 양성자들을 가속기 안으로 주입한다면 그 대부분은 곧 그 가속기 옆으로 내동댕이쳐지고 말 것이다. 따라서 살다발은 그 에너지가 증가되기 전에 유선형으로 만들어져야 했다.

다행히도 두 가지 방법이 있었다. 루비아 그룹에는 '확률냉각' stochastic cooling이 가장 적합한 것으로 밝혀졌다. 이 방법에서 살다발은 작은 '자극'을 통해 '냉각될 수'(유선형으로 만들어질 수) 있었다. 사실상 한 '다발'의 반양성자가 고리 안으로 주입되면 복잡한 통제계가 그것을 감시하면서 이상적인 궤도로부터 이탈하는지를 수색한다. 그리고 그런 이탈이 검출되면 통제계에 신호를 보내 적절한 수정을 가한다.

한편 미국의 페르미 연구소에서도 유사한 실험이 진행되고 있었다. 실험가들은 또 양성자 가속기를 양성자-반양성자 충돌기로 개조하는 작업에 한창이었다. 그러나 그들의 설비는 CERN의 설비와 달라서 동일한 냉각방법을 사용하지 못하고 더 복잡한 방법을 이용해야 했다. 이 문제와 재정적 어려움 때문에 그들의 프로젝트는 곧 뒤떨어지기 시작했다.

만족스러운 반입자 생산이 가능하다는 사실을 입증한 직후 CERN의 팀은 진동들을 축적시키는 기술을 개발했다. 일단 한 진동 혹은 '다발'의 반양성자가 냉각되면 그것은 고리 안에 있는 안정된 '모음' accumulator 궤도에 모아졌다. 그 뒤 그 궤도에 또 다른 다발이 첨가되고 냉각된다. 그래서 다발은 첫번째 다발과 합해지고 이렇게 계속되면서 결국 커다란 모음 궤도가 형성된다. 예를 들어, 이틀 뒤에는 약 60,000개의 작은 다발들이 궤도를 돌고 있을 것이다.

이 즈음 다발의 에너지는 몇 GeV에 불과하다. 그 뒤 그것은 약 26GeV까지 증가시키는 PS(Proton Synchrotron : 양성자 싱크로트론)라는 가속기로 보내진다. 반대 방향에서도 양성자들이 PS 안으로 도입되어 26GeV까지 가속된다. 그리고 양성자와 반양성자 모두 더 큰 SPS 고리로 공급되어 270GeV로 올려진다. 이제 첫번째 실험 준비가 갖추어졌다.

그 즈음 페르미 연구소는 더 이상 승산이 없었다. 냉각에 문제가 생겼으므로 그들은 결국 가속기에 초전도 자석이라는 훨씬 더 효율적인 새로운 유형의 자석을 사용하기로 결정했다. 장기적으로 볼 때는 이것도 중요한 발전이었지만, 그들은 W 탐색 경주에서 탈락하게 되었다. 나중에 그들의 가속기는 이 새로운 자석으로 CERN보다 더 큰 에너지를 갖게 되었지만 초전도 고리는 1983년 봄이 되어서야 완전해졌다.

1981년 7월 9일 최초의 양성자-반양성자 충돌 생산으로 CERN의 실험가들은 W를 탐색할 준비가 완료되었다. 그러나 그 행로에는 또 하나의 장애물이 놓여 있었다. 반양성자 다발에 적절한 수의 W를 생산할 만큼 충분한 입자가 포함되어 있지 않았던 것이다. 양성자와 반양성자가 만날 때 상호작용하는 것은 몇 개에 불과했고 대부분은 그저 그 고리 둘레의 자신들의 궤도에 그대로 남아 있었다. 그런 식으로 충돌한다면 W를 1년에 한 개 정도밖에 볼 수 없었다. 따라서 반양성자 살다발의 밀도, 즉 '광도' luminosity를 증가시켜야 했다.

W 자체는 양성자-반양성자 충돌 때 발생되지만 충분히 오래 살지 않았으므로 직접 발견하기가 어렵다. 따라서 그들은 많은 다른 입자들의 경우처럼 그 존재가 붕괴 부산물로부터 추론되어야 한다고 생각했다.

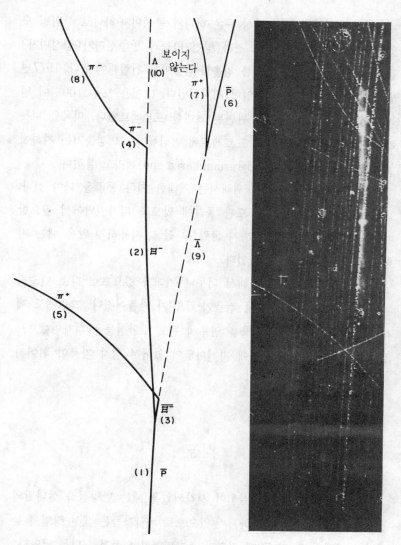

양성자-반양성자 충돌을 보여주는 자국. 반양성자(p̄)가 바닥에
서 들어오고 있다. 그것은 (3)에 있는 양성자와 충돌한다. (브룩
하벤 제공.)

계산에 의하면 W는 양성 뮤온 하나와 중성미자 하나로 붕괴될 수 있었다. 또 다른 가능성은 전자(양전자)들과 반중성미자(중성미자)들의 생산이었다. 이들 입자를 검출할 검출기를 건립해야 했다. 1977년 말에 그런 검출기 건립 작업이 시작되었다. 그것은 모두 100명이 넘는 과학자들과 기술자들이 관련된 거대한 프로젝트였다. 미국을 비롯해 9개국의 과학자들이 그 프로젝트에 전념했다. 그 검출기는 지하에 놓여 있었으므로 UA1(underground area one)이라고 불렸다.

그 검출기를 수용하기 위해서는 거대한 지하 동굴을 파야 했다. 그 검출기 자체는 살다발 도관 둘레에 맞도록 디자인되어서 필요할 때는 레일 위에 있는 도관까지 굴릴 수 있고, 사용하지 않을 때는 지하 창고에 저장해 둘 수 있었다.

UA1과 W 실험에 대해서 너무나 기대가 컸으므로 다소 단순하지만 UA1과 유사한 두번째 검출기 UA2가 만들어졌다. 그럼에도 제작자 그룹은 W와 Z의 검출을 염두에 두고 주안점들을 디자인했으므로 UA1과 달리 중앙부분에 자기마당이 없어서 입자 자국이 휘어지지 않고 직선으로 나타났다.

성공

1981년 7월 최초의 실험이 시작되었을 때는 반양성자 살다발의 광도가 W를 보기에 충분하지 않았으므로 과학자들은 개선 작업에 들어갔다. 6개월 뒤 약 50배 정도가 증가되었지만 여전히 너무 낮았다.

그때 SPS 가속기의 운행이 중단되어야 했다. 루비아와 그의 동료들은 걱정하기 시작했다. 페르미 연구소의 양성자-반양성자 소멸기는 여전히 한참 뒤떨어져 있었지만, 그들이 경주에서 질 수 있는 가능성을 배제할 수 없었다. 1982년 봄에 SPS가 다시 가동에 들어갔지만, 그 뒤 심각한 실패가 이어졌다. UA1이 더러운 공기로 오염되어 분해해서 철저히 세척되어야 했고, 그 뒤에는 대형 수도관이 터져 그 지하 동굴을 약 18m 깊이까지 물에 잠기게 했다.

상황은 1982년 10월이 되어서야 정상으로 돌아왔다. 그 지연으로 좌절했던 그룹은 이제 작업을 서둘렀다. 곧 광도가 100배로 증가되었다. 검출기는 이제 10일마다 W 하나를 검출할 수 있었다. 자료를 취하고 분석에 최선을 다했다. 컴퓨터도 많은 도움이 되었다. 검출기의 작동기를 조절해 적당해 보이는 사건은 무엇이라도 기록하도록 했다. 1982년 12월경 UA1은 140,000개의 사건을 갖게 되었다. 기록된 사건은 직접 컴퓨터에 넣어져 검토되었다.

컴퓨터는 140,000개를 곧 100개 미만으로 좁혔고 34개가 남았다. 그 뒤 다시 29개가 버려지자 이제 남은 것은 5개뿐이었다. 그것들은 대단히 중요했다. 5개 모두 W의 요구 조건을 만족시켰다. 그 중 4개는 W^-의 붕괴 부산물을, 1개는 W^+의 붕괴 부산물을 보여주었다. 그러나 마지막 중요한 검토가 있었다. 그 사건의 에너지가 적당한 에너지 범위에 놓여 있을까? 반응 전후 입자들의 에너지를 결정함으로써 그것을 알아냈다. 그 결과는 $81 \pm 5\text{GeV}$로 와인버그-살람 이론과 거의 정확한 일치를 보였다. W를 찾아낸 것이었다!

한편 UA2 팀은 유사한 컴퓨터 프로그램을 이용해 결과를 분석하고 있었다. 사건들을 동일한 방식으로 좁혀나가자 마침내 4개의 사건이 남았다. 그들의 에너지 역시 대략 80GeV였다.

1983년 1월 25일에 그 소식이 발표되었다. W가 아니 적어도 그것의 존재에 대한 강력한 증거는 발견되었다. 그러나 아직 Z^0가 있었다. 그것도 같은 장비를 이용해 검출될 수 있을까? 그 가속기가 보수를 위해 운전 정지되었으므로 그들은 봄까지 기다려야만 했다. Z^0의 경우 전자와 뮤온 쌍을 수색해야 한다. 봄에 가속기가 재가동에 들어가자 탐색이 시작되었다. 5월 4일에 첫번째 흥미 있는 사건이 발견되었다. 그리고 같은 달 말경에 5개가 더 검출되었다. 6월에는 Z^0 역시 발견되었다.

힉스 입자

막 보았던 것처럼 양성자-반양성자 충돌의 부산물 중 하나가 W(그리고 Z)이지만, 그것만이 아니다. 와인버그-살람 이론에 따르면 힉스 메커니즘을 통해 W와 Z의 무게가 늘 때 힉스 입자 하나가 남겨진다. 이 힉스 입자가 그 실험에 나타날까? 아직 발견되지는 않았다. 주요 문제는 우리가 힉스의 질량을 알지 못한다는 점이었다. 따라서 그것이 양성자-반양성자 범위 내에 있는지조차 알 도리가 없다. 더욱이 힉스 입자가 와인버그-살람 이론에서 없어서는 안될 부분이기는 하지만, 벨트만 같은 물리학자들은 그것들의 존재를 확신하지 않았다.

또 다른 문제는 힉스가 1,000GeV보다 큰 질량을 가질 경우 W와 Z가 기본입자가 아니라 합성물이라는 것이다. 이것이 사실로 드러난다면 와인버그-살람 이론에 큰 타격을 줄 것이다. 하지만 더 큰 가속기가 나올 때까지는 그 사실 여부를 알지 못할 것이다.

어쨌든 W와 Z의 발견으로 약전자기 이론의 결함이 해결됨으로써 이론가들은 약전자기이론과 강한 상호작용이론인 QCD의 통합을 밀고 나갈 수 있었다. 이것은 다음 장에서 살펴보도록 하자.

제 11 장
통합

이론가와 실험가를 막론하고 이제 안락의자에 편안히 앉아 자못 흡족해 할 수 있었다. 전자기이론과 약이론이 통합되고 강한 상호작용이론(QCD)까지 고안된 것이다. 이들 두 이론을 모두 합쳐 보통 '표준모형' Standard Model이라 부른다.

이 표준모형 내에는 쿼크와 렙톤이라는 두 입자 가족이 있었다. 그리고 잠시 중력을 무시할 경우 그 안에는 약전자기력과 강한 핵력 뿐이었다. 그렇다면 한 발짝 더 나아갈 수 있을까? 과연 두 입자 가족을 결합시킬 수 있을까? 그렇다면 한 입자와 한 힘만이 존재하는 가족을 가지게 될까? 입자물리학자들은 오랫동안 그러한 가족을 찾아 왔다. 왜냐하면 그것이 바로 자연의 통합이론이기 때문이다.

그러나 QCD와 약전자기이론의 통합을 바라는 데에는 다른 이유들이 있었다. 그 이론은 비록 훌륭하고 잘 구성된 이론이기는 하나, 결함이 있었다. 예컨대 약전자기이론은 진정으로 통합된 것이 아니어서 전자기마당과 약마당의 결합 방법을 결정하기 위해 '섞임모수' mixing parameter라는 것이 필요했다. 그리고 그 이론에는 이것말고도 다른 임의의 모수들이 있었다.

전기전하의 양자화 역시 설명되지 않는 부분이다. 또 문제는 그것으로 끝나지 않는다. 왜 서로 반대인 전하들이 존재할까? 쿼크는 왜 전자의 1/3되는 전하를 가질까? 이러한 것들은 이론가들이 그 두 이론의 통합으로 답변되리라 믿었던 중요한 물음들이었다.

그러한 통합에 관한 상세한 이야기로 넘어가기 전에 무엇이 필요한지 살펴보자. 우선 그것은 게이지이론 gauge theory이 되어야 한다. QCD와 약전자기이론 모두 게이지이론이며 대단히 잘 맞는다. 더욱이 이들 두 이론이 합쳐지려면 그것들이 바탕을 두고 있는 무리들을 포함하는 무리가 필요하다. 약전자기는 SU(2)×U(1)이고 QCD는 SU(3)이므로 새로운 무리는 이것들을 부분무리 subgroup로 포함해야 한다.

메릴랜드 대학교의 조제쉬 패티 Jogesh Pati와 임페리얼 칼리지의 압두스 살람이 1973년 말에 처음으로 그러한 통합을 시도했다. 패티와 살람은 1950년대 말의 첫 만남 이후 불규칙적이나마 죽 함께 일해온 오랜 친구 사이였다. 그들은 두 가족의 입자들을 하나로 통합하는 것을 가장 우선적인 일로 결정했다. 이것은 렙톤이 그저 쿼크로 가장하고 있음을 의미했다. 그렇다면 그것들이 어떻게 결합될 수 있을까? 가장 간단한 한 가지 방법은 그것들이 실제로는 동일한 유형의 입자라고 가정해서 렙톤을 그냥 다른 색의 쿼크가 되도록 하는 것이었다. 그들은 이 방법을 택했다. 따라서 쿼크의 색은 세 개가 아니라 네 개였다. 이것을 출발점으로 그들은 SU(4)×SU(4)무리에 기초한 이론 하나를 개발했다.

하지만 오래지 않아 문제가 드러났다. 만일 쿼크와 렙톤이 같은 가족에 속해 있다면 적절한 조건하에서 쿼크가 렙톤으로 변하거나, 렙톤이 쿼크로 변할 수 있어야 했다. 그러나 양성자에 적용하자 문제가 발생했다. 양성자 내부에는 세 개의 쿼크가 있는데, 그중 하나가 렙톤으로 변한다면 그 '양성자'는 더 이상 양성자가 아니다. 간단히 말해서 이것은 모든 더 무거운 입자들과 마찬가지로 양성자 역시 붕괴된다는 뜻을 함축하고 있었다.

하지만 패티와 살람이 볼 때 확실히 양성자의 수명은 대단히 길어야 했다. 지구의 나이가 10^{10}년 정도임에도 양성자 붕괴의 징조는 전혀 없었던 것이다. 그들은 이런 면이 마음에 들지 않았지만 출간을 고려한다면 간과해서는 안되는 부분이었다. "무엇을 해야 할 것인가에 대해 격렬한 논쟁을 벌였습니다." 살람은 이렇게 말했다. 그러나 그는 그 수명이 10^{28}년 이상이어야 한다는 사실을 깨달은 뒤 더욱 확신을 갖게 되었다.

두 사람은 그 이론을 『피지컬 리뷰 레터스』에 제출했다. 결론이 내려지지 않은 부분이 많았지만, 전체적인 아이디어는 새롭고 흥미로 웠으므로 살람은 그 논문이 받아들여지리라 확신했다.

그러나 그 논문이 거절되어 되돌아왔다. 이유는 그 논문이 제대로 구성되지 않았거나 불완전했기 때문이 아니라 그저 적절하지 않다는 것이었다. 『피지컬 리뷰 레터스』는 본래 『피지컬 리뷰』와 관련해 종종 1년까지도 걸리는 출간의 오랜 지연을 방지하기 위해 창설되었으므로 『레터스』에 중요한 발견들이 발표되려면, 긴급성을 요했다. 그런데 편집자들은 패티와 살람의 논문이 긴급하다고 판단하지 않았다.

살람은 격분했다. 그는 즉시 편집장을 설득해 그 논문이 출간되도록 했다. 그러나 출간 뒤에도 그 논문은 전혀 주목받지 못했다. 양성자가 붕괴될 수 있다고 믿는 사람은 아무도 없었다.

그러나 단념할 살람이 아니었다. 그는 가는 곳마다 자신의 아이디어를 계속해서 밀어붙였다. 그러나 그가 자신이 아끼는 다른 아이디어 몇 가지를 동시에 밀고 나가고 있었기 때문인지, 누구도 그의 말을 귀담아 듣지 않았다. 그는 겔만의 분수 전하를 탐탁히 여기지 않아서 그것들을 이론에 편입시키지 않았으므로 패티-살람 이론에서는 쿼크가 정수 전하를 가졌다. 더욱이 가둠은 더더욱 싫어해서 학회에 참석할 때마다 그는 '쿼크 해방'을 역설하고 다녔다.

그러나 '통일'은 쉽게 죽을 아이디어가 아니었다. 그 다음해 (1979년)에 셸던 글래쇼우는 하버드의 박사후 과정 학생이었던 하워드 조오지 Howard Georgi와 팀을 이루어 함께 그 문제에 달려들었다. 패티와 살람처럼 그들 역시 SU(2)×U(1)과 SU(3)을 부분무리로 포함하는 더 큰 무리를 찾아야 한다는 것을 알았다. 그러나 조오지는 뛰어난 무리 이론가였다(무리들을 입자물리학에 적용한 그의 책은 유명하다). 그들은 통일이론의 모든 필요조건을 목록으로 작성하는 일로 시작했다. 두 사람 모두 패티-살람 논문을 알고 있었고 그것이 잘 짜여진 논문이기는 하나 심각한 결함을 가지고 있다고 생각했다. 그 이론에서는 세 힘 마당 사이의 커다란 강도 차이가 무시되었을 뿐만 아니라 특히 해당하는 결합상수 coupling constant의 차이들도 무시되었던 것이다. 글래쇼우가 생각할 때 이것은 반드시 설명되어야 했다.

통일이론의 필요조건들을 결정한 뒤 조오지와 글래쇼우는 통일이론을 만드는 작업에 들어갔다. 그러나 그들은 어떤 것에도 합의에 도달하지 못했다. 글래쇼우가 고안해 내는 것마다 조오지가 수많은 결함들을 지적했고, 조오지가 제안하는 것은 모두 글래쇼우의 마음에 들지 않았다. 마침내 지친 하루를 보내고 헤어지면 그들은 저녁 내내 자신들의 아이디어에 관해 연구를 계속했다. 그 뒤 조오지는 5차원 무리인 SU(5)를 시도했다. 그것은 통일이론이 SU(3)와 SU(2)×U(1)를 부분무리로 포함한다는 첫번째 필요조건을 충족시켰다. 조사해

	d^R	d^G	d^B	e^+	$\bar{\nu}$
d^R	G, γ, Z	G	G	X	X
d^G	G	G, γ, Z	G	X	X
d^B	G	G	G, γ, Z	X	X
e^+	X	X	X	γ, Z	W
$\bar{\nu}$	X	X	X	W	Z

X : X입자, G : 글루온, γ : 광자, W, Z : 약한 상호작용의 교환입자

갈수록 더 만족하게 되었다.

그것이 5차원이었으므로 그 이론으로 다른 모든 입자를 만들기 위해서는 5개의 기본입자가 필요했다. 약간의 조작을 한 뒤 그는 세 색의 아래 쿼크와 양전자, 그리고 반중성미자가 같은 방향으로 회전한다고 가정할 때 효과가 있다는 것을 알았다. 그는 광자와 W, Z 그리고 글루온과 같은 알려진 교환입자들을 이용해 그것들 사이에 가능한 모든 상호작용들을 설명했다. W 입자는 전자(양전자)를 중성미자(반중성미자)로 변환시키며 그 반대도 가능했다. 글루온은 색 쿼크 하나를 또 다른 색 쿼크로 변환시켰다. 그러나 쿼크를 렙톤으로 변화시키는 새로운 유형의 입자가 필요했다. 그는 그것을 X 입자라고 불렀는데, 이 입자의 변종이 모두 12가지 존재해야 했다.

모든 것이 조각그림 맞추기처럼 해결되었다. 이제 모든 공간이 메워져 남겨진 입자가 하나도 없었다. 모든 것이 맞아떨어졌다.

물론 기본입자는 5개 이상이다. 다른 것들은 어디에서 생겨날까? 조오지는 위의 기본입자 5개를 이용해 10개는 더 만들 수 있었는데 그것들은 알려진 입자 10개의 성질을 정확히 갖고 있었다. 계속 밀고 나가던 그는 그 모든 입자를 1세대(즉 $\begin{pmatrix} u \\ d \end{pmatrix}$, $\begin{pmatrix} \nu_e \\ e \end{pmatrix}$)와 관련시킬 수 있

다는 사실을 알았다. 그 뒤 동일한 과정을 적용하면서 2세대 입자 (즉 $\binom{c}{s}$, $\binom{\nu_\mu}{\mu}$)로 넘어가자 그것들과 관련된 입자들 역시 설명되었다. 마찬가지로 3세대 입자에도 적용할 수 있었다.

그러나 그는 패티나 살람과 동일한 문제에 부딪혔다. 그것은 양성자가 붕괴한다는 것으로 해결할 방도가 없었다. 그 다음날 조오지는 글래쇼우와 다시 만나자 자신의 아이디어를 설명했다. 글래쇼우는 조오지의 설명을 열성적으로 들었다. 그러나 두 사람 모두 양성자 붕괴가 이겨내기 어려운 장벽은 아니라고 믿었다. 글래쇼우는 로스알라모스의 프레드릭 라인즈 Fredrick Reines가 막 양성자 수명의 최저한계를 발표했다는 소식을 들었으므로 재빨리 그 논문을 찾아보았다. 라인즈가 도달한 숫자는 10^{27}년이었다. 그들은 그 수명이 그다지 길지 않다는 사실에 안도했지만 불행히도 그 이론으로부터 이 숫자를 계산해 낼 수가 없었다(패티와 살람 역시 그것을 계산하지 못했음을 언급해둔다).

글래쇼우는 양성자의 수명이 정말 라인즈가 말한 것만큼 길다면 그 붕괴를 일으키는 X 입자는 그때까지 발견되었던 어느 입자보다도 1,000조 배만큼이나 더 무거워야 한다는 것을 깨달았다. 그러나 현대의 가속기를 이용해 그러한 입자를 발생시키기란 불가능하며, 태양계 크기의 가속기가 필요할 것이다. 글래쇼우는 그러한 입자를 발표할 생각을 하면서 혼자 싱글거렸다. 그것은 확실히 대부분의 실험가들을 당황하게 할 것이었기 때문이다.

그 두 사람은 1974년 6월에 『피지컬 리뷰 레터스』에 논문을 제출했고, 한 달 뒤 출간되었다. 그 논문을 검토하자마자 대부분의 과학자들은 그것이 신중하고 솜씨 있게 만들어진 정교한 대작이라는 데 동의했다. 그러나 논문의 결말부분에 나타난 양성자 붕괴 예측은 그러한 열정을 시들게 했다.

훌륭한 구조에도 불구하고 그 이론은 불완전했다. 그 이론은 강한 마당과 전자기마당의 연결상수가 왜 다른지를 설명하지 않았으며, 양성자의 수명도 예측하지 못했다. 그러나 조오지는 일을 끝마친 것이 아니었다. 그 논문이 출간된 직후 그는 스티븐 와인버그와 연구생인 헬렌 퀸 Helen Quinn과 함께 그 문제를 다시 살펴보았다. 그들은 폴리처가 점근 자유를 예측하기 위해 사용했던 이론으로 결합상수들을 조정해 양성자의 수명을 산정해 낼 수 있었다. 이것은 결합상수가 실제로 상수가 아니며 에너지에 따라 변한다는 사실의 인식에서 비롯되었다. 예를 들어, 강한 핵력의 연결상수는 더 높은 에너지로 갈수록 상당히 감소했다.

무엇이 그렇게 기이한 행태를 일으키는 걸까? 입자 주위에 있는 가상의 구름을 살펴보자. 그것은 에너지 증가에 어떻게 영향받을까? 불확정성 원리는 에너지(혹은 질량)와 거리 사이의 관계를 말해준다. 즉 에너지가 높을수록(혹은 더 무거운 입자일수록) 가상입자가 여행할 수 있는 거리는 짧아진다. 이것은 임의의 에너지와 관련해서 그에 대응하는 거리가 있음을 의미한다. 예를 들어 10^{-16}cm 크기의 입자를 조사하고 싶다면 100GeV의 에너지가 필요하다. 이 효과를 예를 들어 쿼크구름에 대해 고찰해 보자. 기억하겠지만, 에너지를 증가시키면 점근 자유 때문에 쿼크의 색깔이 엷어진다. 이것은 가까운 범위(작은 거리)에서는 그 결합상수가 더 작아진다는 것을 의미한다. 즉 고에너지로 갈수록 결합상수가 감소한다. 약한 상호작용의 경우에는 비록 그 정도가 작기는 하지만 정확히 동일한 일이 일어난다. 반면에 전자기 상호작용에서는 그 반대의 효과가 발생해서 고에너지로 갈수록 결합상수가 증가한다.

조오지와 와인버그, 그리고 퀸은 에너지를 증가시킴으로써 이들 변화를 추적해 마침내 세 개의 결합상수 모두가 하나로 합쳐질 수 있다는 사실을 알았다. 이것은 에너지가 10^{15}GeV일 때 일어났다(그 해당거리는 10^{-29}cm이다).

이것으로 결국 결합상수가 왜 다른지에 대한 설명을 갖게 되었다. 그러나 이것이 어떻게 통일을 이루어낼까? 그러한 에너지를 발생시키는 것은 불가능하며, 필시 영구히 그럴 것이다. 그러나 만일 180억 년 전에 일어났을 것으로 짐작되는 '대폭발' big bang 이후 대단히 짧은 시간으로 되돌아간다면 이 정도의 높은 에너지가 발견된다. 이 시기에는 결합상수가 모두 똑같았으며 자연의 세 힘이 모두 같아서 분간되지 않았으며 하나로 통일되어 있었다. 그러므로 오늘날의 우주에서는 분명해 보이지 않지만, 우주의 나이가 1초도 되지 않을 정도로 아주 젊었을 때는 마당들의 통일이 존재했던 것이다.

덧붙여 말하자면 통일에너지 10^{15}GeV는 X 입자를 발생시키는 데 필요한 에너지이기도 하다. 따라서 그 입자를 결코 만들어 낼 수 없음이 분명하다. 물론 양성자 붕괴를 발견할 수 있다면 간접적으로나마 그 입자를 검출하게 될 것이다.

그러면 혹 이렇게 물을지도 모른다. X 입자가 어떻게 그렇게 큰 에너지를 얻을 수 있을까? 교환입자들 가운데 무거운 것은 W뿐이며 그것은 절로대칭깨짐으로부터 그 질량을 얻는다. 힉스입자를 '먹기' 때문이다. X 입자도 같은 방법으로 질량을 얻을까? 그렇다면 그것들은 초중량급 힉스입자를 먹어야만 한다.

처음에는 대통일이론 SU(5)의 예측 중 하나가 실험과 일치하지 않는 것처럼 보였다. 전자기이론에는 섞임각 mixing angle이라는 모수가 있다. 그것은 약마당과 전자기마당의 섞임 비율을 준다. 약전자

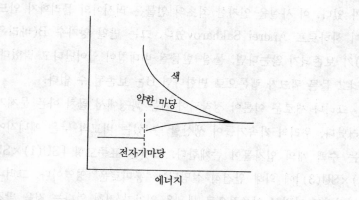

색, 약한 마당, 전자기마당의 강도가 고에너지에서 합쳐지는 것
을 보여준다.

기이론으로부터 이 수를 결정하는 것은 불가능하지만, 실험적으로는
가능해서 그 값이 결정되었다. 그러나 SU(5) 이론이 고안된 직후 이
각이 이론적으로도 계산된다는 사실이 알려졌다. 당황스럽게도 그 값
이 실험값과 일치하지 않았지만 조오지, 와인버그, 퀸 논문이 나온 뒤
이론가들은 자신들의 계산 방법이 잘못되었다는 것을 알았다. 결합상
수가 에너지에 따라 변하는데, 그 값은 우리의 현재 우주에 해당하는
에너지에 대해서 계산된 것이 아니었던 것이다. 다시 계산한 결과 여
전히 정확히 일치하지는 않았지만 실험값과 이론값이 훨씬 더 가까워
졌다.

　　SU(5)는 또한 오랫동안 이론가들을 특히 우주론가들을 성가시게
했던 우주의 물질과 반물질간의 비대칭이라는 또 하나의 문제를 해결
했다. 우리 우주에 현재 얼마나 많은 반물질이 있는지를 결정하기란
어렵지만, 물질이 주가 되어 있는 것은 분명한 듯하다. 그러나 아주
초기에는 우주에 똑같은 양의 물질과 반물질이 존재해야만 했다는 증

242

거가 있다. 이 사실을 인지한 최초의 인물은 러시아의 물리학자 안드
레이 사하로프 Andrei Sakharov였다. 그는 만일 양자수 B(바리온
수)가 보존되지 않는다면, 물질-반물질 비대칭이 일어난다고 밝혔다.
그리고 물론 쿼크가 렙톤으로 변한다면 B는 보존될 수 없다.

그러나 새로운 이론이 정착되어 가는 과정에서 골치 아픈 문제가
드러났다. 우리의 가속기들이 생산할 수 있는 비교적 낮은 에너지에
서는 수백 개의 입자들이 존재한다. 그것은 표준모형 [SU(1)×SU
(2)×SU(3)]에 의해 완전히 설명되는 '흥미로운' 영역이다. 그러나
고에너지로 가면서 이론적으로 새로운 입자가 전혀 없다는 것을 발견
한다. 100GeV 이상의 영역으로부터 X 입자들이 나타나는 10^{15}GeV
에 이르는 에너지 영역은 그야말로 시시해 보인다. 그리고 앞서 언급
했지만, 우리는 이 영역에 결코 도달하지 못한다. 이것은 실험 입자물
리학에 어두운 그림자를 던졌다. 만일 그것이 사실이라면 SSC와 같
은 대형 가속기를 건립할 아무런 이유가 없다. 어차피 아무것도 보지
못할 것이기 때문이다. 혹 힉스 입자를 볼지는 몰라도 다른 것은 가능
하지 않다.

만일 이 영역에서 기본입자 하나를 찾는다면 그것은 SU(5)가 타
당하지 않음을 의미할 것이다. 그러나 그것을 어떻게 보든, 글래쇼우
가 '사막'이라 불렀던 100GeV 이상의 영역 예측으로는 더 큰 가속기
를 짓기 위한 자금을 얻어내기가 어려울 것이다. 하지만 그것을 종교
적으로 본다면 그렇게 비관적이지는 않다. 왜냐하면 우리는 아직 SU
(5)가 옳다고 확신하지 못하며, 사실 뒤에서 그것이 옳지 않다는 지
적이 있음을 알게 될 것이기 때문이다.

게다가 SU(5)가 결정적이지도 않다. 그것은 단지 몇 개의 대통
일마당이론 중 하나일 뿐이다. 현재로서는 그것이 가장 좋고 가장 그

럴듯하지만, 다른 것들도 있으므로 SU(5)가 결국 옳지 않은 것으로
밝혀진다고 해도 모든 것을 잃는 것은 아니다. 다음 장에서 알게 되겠
지만, 전망 있는 또 다른 접근들이 있다.

양성자 붕괴

일찍이 우리는 쿼크가 렙톤으로 변한다면 양성자가 붕괴해야 한
다는 것을 알았다. 처음에는 붕괴율을 측정하는 데 별로 관심이 없었
다. 살람도 다른 사람들처럼 실험가들의 관심을 유도하는 데 어려움
을 겪었다. 그러나 SU(5)의 많은 예측이 옳은 것으로 나타나자, 실
험가들이 이에 주목하기 시작했다.

그러한 붕괴와 관련해서 떠오른 최초의 물음 중 하나는 '양성자
는 붕괴해서 무엇이 될까?' 하는 것이었다. 양성자는 u와 u, 그리고
d, 이렇게 세 쿼크로 이루어져 있다. 만일 그 중 하나가 렙톤으로 변
한다면 그것들 사이에 X 입자의 전이가 있어야 한다. X 입자를 방출
하는 것은 새로운 입자가 될 것이다. 그것을 흡수하는 것도 마찬가지
이다. 이런 일이 일어날 수 있는 한 가지 방법은 u 쿼크 중 하나가
그것을 방출하고 d 쿼크에 의해 흡수되는 경우이다. 이 과정에서 u
쿼크는 ū로 변하고 d는 양전자가 된다. 이 결과 uū가 생기는데, 그
것이 바로 우리가 알고 있는 중성 중간자이다. 이것은 붕괴가 일어나
자마자 파이온(π^0) 하나와 양전자(e^+)의 방출을 보게 된다는 것을
의미한다.

이 과정을 유심히 살펴보면 무언가 기이한 점이 있음을 알게 된
다. 앞에서 X 입자가 대단히 무거우며, 그에 해당하는 에너지 10^{15}

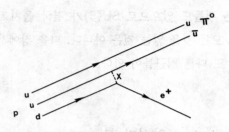

중성 중간자와 양전자로 붕괴하는 양성자

GeV를 갖는다고 언급했다. 이것은 양성자보다 100만조 배나 더 무겁다. 양성자 안에 어떻게 이렇게 무거운 입자가 들어 있을까? 이상스러워 보이지만, 그것은 불확정성 원리 때문에 가능하다. 이 원리에 따르면 X는 쿼크들 사이를 지나가는 동안만 존재한다. 그리고 이런 일이 일어나기 위해서는 쿼크들의 거리가 10^{-29}cm 정도로 대단히 가까워야 한다. 양성자의 전체 크기에 비교해 볼 때 이것은 무한소의 크기이다. 또한 이 거리를 움직이는 동안에는 그 입자가 가상이므로 결코 측량할 수 없다.

자, 이제 양성자로 돌아가자. 조오지와 와인버그, 그리고 퀸은 10^{31}년이라는 수명을 예측했다. 그러나 우주의 나이는 약 10^{10}년 정도밖에 되지 않았다. 확실히 몇 개의 양성자를 가지고 그 중에서 하나가 붕괴하기만을 기다릴 수는 없다. 그러나 놀랍게도 실험은 가능하다. 만일 10^{31}개의 양성자가 들어 있는 그룹이 있다면 매년 그 중 하나의 붕괴를 기대할 수 있다. 더 좋은 방법으로 약 10^{33}개를 갖고 있다고 가정하자. 그러면 해마다 100개의 붕괴를, 즉 3, 4일마다 한 개의 붕괴를 보게 될 것이다. 그리고 양성자 10^{33}이 모인 그룹은 생각만큼 그렇게 크지도 않다. 그것은 커다란 집 한 채의 크기에 지나지 않는다. 더욱이, 어떠한 물질을 사용하든 양성자는 다 똑같으므로 상관이 없다. 따라서 물이나 철 같은 비교적 값싼 물질을 선택할 수도 있다.

그러나 또 다른 문제가 있다. 예를 들어, 물을 선택해서 그 주위에 적당한 검출기를 놓을 경우 수초마다 사건 하나가 일어나겠지만 우주 공간으로부터 들어오는 우주선이 계속적으로 물의 양성자들과 반응하므로 진짜 양성자 붕괴를 식별하지 못할 것이다. 그러므로 우주선의 방해를 피할 수 있는 곳에서 실험이 이루어져야 한다. 지면이 이들 우주선을 흡수하므로, 지하 깊숙이 있는 큰 동굴이 확실한 장소이다.

그 뒤 양성자 붕괴를 검출하려는 희망으로 몇 개의 실험이 구성되었다. 최초의 실험은 인도에서 이루어졌다. 인도와 일본 물리학자 연구팀은 인도의 콜라 금광 Kolar gold mines을 실험기지로 이용했다. 그들의 검출기는 지하 3,700m에 위치한 철 150톤으로 이루어졌다. 그 실험이 시작된 지 1년 정도 되었을 때 그들은 양성자 붕괴와 일치하는 사건 하나를 발견했다고 보고했다. 상당한 관심이 일었다. 그 뒤 다른 실험들이 실행에 들어갔다.

CERN의 지원을 받고 있는 유럽의 실험 하나는 알프스의 몽블랑 산밑의 깊숙한 터널에서 시행되도록 짜여졌다. 그 터널 위에 산이 있으므로 우주선은 쉽게 차단된다. 미국에서 대부분의 과학자들은 광산으로 주의를 돌렸다. 에리호 Lake Erie 아래에서 실험지로 사용 가능한 지하 60m의 소금광산이 발견되었다. 이 실험에서는 물이 사용되었다.

현재 미국에서는 미네소타와 유타에서 각각 다른 실험이 실행에 들어갔다. 지금까지는 이들 실험 중 어느 것도 콜라 실험의 범위에서 붕괴를 보고한 적이 없다. 그 수명이 10^{32}년보다 커야 한다는 예측도 있는데, 이렇다면 문제가 심각하다. 만일 그 수명이 이것보다 조금이

라도 길다면 그것을 검출하는 것은 가능하지 않기 때문이다. 더욱이
그것은 이제 SU(5)의 예측보다도 더 긴 것처럼 보인다.

제 12 장

더 깊숙이

통합이 표준 모형의 난점들 일부를 어떻게 해결하였는지 보았다. 이들 이론으로 일부 문제가 해결되기는 했지만, 완전한 해결은 아니었다. 사실 가장 유망한 이론인 SU(5)는 현재 심각한 곤란에 빠져 있는 것으로 보인다. 그 이론이 양성자의 수명을 너무 짧게 예측하기 때문이다.

그러나 다시 강조하지만 그 표준 모형은 뛰어난 이론이다. 그 이론과 실험 사이에는 모순이 전혀 없다. 물론 아직 완전히 입증되지 않은 예측들이 있기는 하나, 진정한 문제는 그 이론의 '허술한 결말'이 아니라 그 이론 자체이다. 그 이론에는 18개의 색 쿼크와 6개의 렙톤이 있다. 게다가 그들 사이의 상호작용을 설명하기 위해 12개의 교환입자가 요구된다. 우리가 원래 쿼크를 도입한 것은 '기본입자'의 수가 걷잡을 수 없게 많아지고 있기 때문이었다. 도입된 세 개의 쿼크는 확실히 그 당시에 알려진 수백 개의 '기본입자' 문제에 비추어 볼 때 개선된 점이었다. 하지만 상황이 다시 걷잡을 수 없게 되고 있는 듯하다.

입자수가 많다는 문제 이외에도 아직 풀리지 않은 문제들은 많다. 앞장에서 그 일부가 논의되었지만 가장 중요한 문제의 하나는 왜

248

3세대 기본입자가 존재하는가 하는 것이다. 1세대에는 $\binom{u}{d}$와 $\binom{\nu_e}{e}$가 있고 우리 우주의 잘 알려진 모든 입자는 그것으로부터 만들어진다. 그러나 2세대 입자 $\binom{c}{s}$와 $\binom{\nu_\mu}{\mu}$는 질량을 제외하면 그것들과 정확히 동일하다. 예를 들어, 뮤온은 무거운 전자에 지나지 않는다. 그리고 3세대도 마찬가지 상황이다. 이들 세대들은 어떻게 관련되어 있을까? 왜 3세대가 있는 걸까?

3세대가 있을 뿐만 아니라, 모든 것이 3개로 되어 있는 것 같다. 전기 전하 -1을 갖는 렙톤도 3개이고, 중성 렙톤도 3개이며, $+2/3$ 전하를 갖는 쿼크도 3개이고, $-1/3$ 전하도 3개이다. 또 색도 3개다. 왜 3개가 그렇게 많은 걸까? 이 물음은 답변되어져야 한다.

또 다른 어려움은 절로대칭깨짐과 관련된다. 그것과 관련하여 힉스입자라는 것이 있는데, 그것은 아직 관측되지 않았다. 사실 그 질량조차도 예측할 수 없는 처지다. 그러나 앞에서 보았던 것처럼, 만일 그 질량이 100GeV 이상이라면, W입자는 기본입자일 수 없다. 즉 그것은 합성입자여야 한다. 더욱이 일부 이론가들은 그것의 존재 여부조차 확신하지 못한다.

테크니컬러 이론

현재 텍사스 대학교에 있는 스티븐 와인버그와 스탠퍼드 대학교의 레너드 서스킨트 Leonard Susskind는 절로대칭깨짐이 갖는 위의 난점에 대해 고민했다. 1979년에 그들은 각각 그 문제를 해결할 방도가 있는지 알아보기로 했다. 그들은 '테크니컬러 이론' technicolor theory이라는 것을 고안해 냈다.

약전자기이론의 교환입자인 W는 엄밀히 말하자면 이 목적을 위해 고안된 입자인 힉스입자를 '먹음'으로써 질량을 얻는다. 테크니컬러 이론은 힉스입자에 의존하지 않고 W 입자의 질량을 얻는 시도이다. 그 이론은 테크니-페르미온, 테크니-글루온 등과 같은 테크니컬러 입자 가족을 예측한다. 이들 입자는 물론 우리 가속기의 현재 한계인 약 100GeV 아래의 에너지에서는 보이지 않는다. 그렇지 않다면 관측되었을 것이다. 그러나 SSC와 같은 더 큰 가속기가 건립된다면 가능할 것이다.

이 새로운 이론에서 W 입자는 '테크니-중간자'를 흡수함으로써 질량을 얻는다. 그러나 잠깐, 다소 이상스럽지 않은가. 우리는 그저 힉스입자 대신 테크니-중간자라는 또 다른 미지의 입자로 대치했을 뿐인데 수학적으로는 이것이 우리의 바람대로 대칭깨짐 문제를 해결하는 것이다. 물론 그 새로운 이론이 좋다는 말은 아니다. 주요 문제는 테크니컬러 힘을 수송하는 테크니-보오존이라는 입자이다. 그 질량은 W 입자의 질량과 거의 같은 방식으로 발생되며 테크니-보오존은 현재 가속기의 한계 내에 있는 듯하나 지금까지는 발견되지 못했다.

그러므로 테크니컬러 이론이 흥미롭고 가능성 있는 대안이지만, 현재로서는 지나친 억측인 것 같다.

프레온

테크니컬러 이론이 고안된 것은 절로대칭깨짐과 관련된 문제들을 극복하기 위함이었다. 그렇다면 우리가 앞서 논의한 바 있는 많은 수의 쿼크와 같은 다른 문제들은 어떨까? 그런 문제를 해결하려는 시도는 있었을까? 몇 가지 이론이 창안되었다.

이들 이론 대부분은 아주 간단한 접근법을 택한다. 그들은 표준모형 밑에 하부구조가 있다고 생각한다. 요컨대 쿼크와 렙톤이 더 간단한 입자들로 이루어져 있다고 가정하는 것이다. 이러한 접근은 분명 새로운 것은 아니다. 그것은 과학이 동튼 이래로 죽 사용되어온 방법이다. 원자가 발견된 뒤, 우리는 그것에 하부구조가 있다는 사실을 알았다. 핵과 전자가 그것이다. 그 뒤 핵이 양성자와 중성자라는 하부구조를 갖고 있다는 것을 발견했다. 그리고 마지막으로 양성자(그리고 다른 하드론)가 쿼크로 이루어져 있다는 것을 알았다. 따라서 이러한 동일한 접근을 쿼크에 적용하는 것은 논리적인 듯하다.

하지만 이번에는 상황이 그렇게 단순하지 않다. 일찍이 나는 렙톤이 점입자라고 언급했었다. 다시 말해서 렙톤엔 구조가 없다. 이것은 쿼크에도 통용된다. 그리고 만일 쿼크에 구조가 없다면 구성된 입자들에 대한 논의는 무의미하다. 다행히 이 문제를 해결할 길은 있다. 사실상 내가 의미하는 바는 그것이 '관측가능한' 구조를 갖지 않는다는 것이다. 그러나 관측한계가 약 10^{-16}cm이므로 이것보다 더 작은 구조는 존재할 수도 있다.

그러나 쿼크가 가두어져 있다는 또 다른 문제가 있다. 우리는 결코 쿼크를 분리시킬 수 없다. 그렇다면 쿼크가 우리가 볼 수 없는 더 기본적인 입자들로 이루어져 있다고 가정하는 것이 무슨 소용이 있을까? 사실 대부분의 징후들로 판단할 때 우리는 결코 쿼크를 보지 못하며 확실히 그것을 구성하는 입자들도 볼 수 없다. 그러나 쿼크를 간접적으로 검출할 수는 있으며, 어쩌면 더 큰 가속기가 건립된다면 그것을 이루고 있는 입자들의 검출도 가능할 것이다.

우리는 쿼크와 렙톤을 구성하는 입자들을 포괄적인 명칭으로서 전쿼크 prequarks라고 부른다. 그러나 이론마다 그것들의 명칭은 다양하다. 이런 이론은 많지만, 두 가지만 언급하기로 하자. 그 최초의 이론은 1974년에 패티와 살람이 발표한 이론이었다. 그들은 자신들의 전쿼크를 프레온 Freons이라고 불렀다. 이론을 세울 때 그들은 전기 전하와 색, 그리고 세대수 generation number 이렇게 세 개를 기본적 물리성질로 선정하고 그것들 각각에 해당하는 프레온 가족이 있다고 가정했다. 그들은 색에 해당하는 가족을 크로몬 chromon이라고 불렀다(표 참조). 네 개의 크로몬이 있었는데 세 개는 유색 크로몬이고, 하나는 무색 크로몬이었다. 전하에 해당하는 가족은 플라본 flavons이라고 불렀다. 플라본은 $\pm 1/2$의 전하를 갖는 두 개가 있었다. 마지막으로 소몬 somons이 있는데, 세 개의 세대마다 해당하는 소몬이 있다.

렙톤이나 쿼크를 구성하기 위해서는 각 가족에서 프레온을 하나

	프레온	전기 전하	색	세대수
플라본	f_1	$+1/2$	무색	0
	f_2	$-1/2$	무색	0
크로몬	C_R	$+1/6$	빨간색	0
	C_Y	$+1/6$	노란색	0
	C_B	$+1/6$	파란색	0
	C_C	$-1/2$	무색	0
소몬	S_1	0	무색	1
	S_2	0	무색	2
	S_3	0	무색	3

씩 선택해야 한다. 예를 들면, 전자는 무색 크로몬과 1세대 소몬, -1/2 전하 플라본 하나로 이루어져 있다. 그러나 금방 그 전하가 올바르게 나오지 않는다는 것을 알게 된다. 전자는 -1의 전하를 갖는 것이다. 이것 때문에 크로몬 역시 하전되어 있다고 가정한다. 만일 무색 크로몬이 -1/2의 전하를 갖는다면 전기전하는 옳게 된다. 이런 식으로 모든 다른 렙톤과 쿼크를 만들 수 있다.

그 이론의 주요 난점은 전하를 나타낼 가족, 즉 플라본을 선택하고는 크로몬 역시 하전되어 있다고 가정한 점이다. 또 하나의 난점은 항상 각 가족으로부터 단 하나의 프레온만을 선택한다는 점이다. 한 개 이상의 플라본이나 크로몬을 갖는 입자는 없다. 그 이론의 몇 가지 변형이 제시되어 왔지만 어느 것도 완전히 성공하지 못했다.

리숀

패티와 살람의 이론이 출간된 지 3년 뒤 이스라엘 바이즈만 과학 연구소의 하임 하라리 Haim Harari가 또 하나의 이론을 고안했다. 하라리는 예루살렘의 히브루 대학교에서 물리학으로 박사학위를 받았다. 그는 졸업하자마자 이스라엘 군에서 4년간 복무한 뒤 1966년 이후 바이즈만 연구소에 죽 머물렀다.

하라리는 패티-살람 이론보다 더 간단한 이론이 필요하다고 생각했다. 그는 그 이론의 특징 몇 가지를 싫어했는데, 특히 전하와 관련된 문제가 그랬다. 세대 3개를 동시에 다루는 대신 그는 1세대에만 집중하기로 했다. 그는 자신의 입자를 리숀 rishons이라고 불렀는데, 그것은 히브루어로 첫째 혹은 으뜸이라는 뜻이었다. 살람의 이론과

		전기 전하	색
리숀	T	+1/3	빨간색
			노란색
			파란색
	V	0	반빨간색
			반노란색
			반파란색
반리숀	$\overline{T}$	−1/3	반빨간색
			반노란색
			반파란색
	$\overline{V}$	0	빨간색
			노란색
			파란색

비교할 때 그 입자는 단 두 개뿐이었지만, 그는 반입자를 도입했다. 그는 자신의 리숀을 T와 V로, 그리고 해당하는 반입자를 $\overline{T}$와 $\overline{V}$로 불렀다. T는 +1/3 전하를 갖고, $\overline{T}$는 −1/3의 전하를 가졌으며, V와 $\overline{V}$는 중성이었다. T 리숀은 세 가지 색으로 나오며(쿼크와 동일한 세 가지) V는 해당하는 반색으로 나온다. 후에 알게 되겠지만 그는 또한 '초색' hypercolor이라는 것을 도입해야 했다.

이들 리숀으로부터 렙톤과 쿼크가 어떻게 만들어지는지를 알아보자. 양전자는 무색이며 +1의 전하를 갖는다. TTT를 시도해 보면 원하는 대로 1/3+1/3+1/3=1의 전하를 얻는다. 이제 색을 시도해 보자. 합해서 하얀 색이 되도록 세 개를 선택하면 되는 것이다. 양전자를 만드는 조리법은 따라서 TTT이다. 마찬가지로 u 쿼크 조리법은 TTV라는 것을 보일 수 있다. 적절한 색 선택으로 어떤 색깔로도 만들 수 있다. 예를 들면, T 하나는 붉은 색이고, 다른 하나는 파란색이고, V가 반붉은색이라면, 파란 쿼크가 된다.

그러나 특정한 규칙이 만족되어야 한다. 우선, 입자와 반입자는 혼합될 수 없다. 예컨대 T̄VV에 해당하는 물리입자는 없다. 둘째, 리숀 두 개만을 포함하는 입자는 없다. 즉 TV는 적절한 조리법이 아니다.

리숀 이론으로는 모든 1세대 입자와 그 색이 설명된다. 그러나 두 개의 기본입자만으로 가능한 조합이 이미 모두 소모되어 2세대와 3세대 입자를 설명하지 못한다. 하라리는 다른 접근을 고려해야만 했다. 논리적 접근은 리숀이 들뜬 상태 excited state에 있다고 여기는 것이다. 이것은 쿼크이론에서도 시도된 방법이다. 그러나 그러한 모형을 상세히 만들어내자 잘 듣지 않았다.

하라리와 다른 이들은 이 문제를 극복하기 위해 몇 가지 시도를 했다. 예를 들어, 그 문제를 해결하기 위한 한 가지 방법으로 힉스입자의 도입이 제안되었다. 힉스입자는 전하도 색도 없으며, 기이한 질량만 가지므로 정확히 우리가 바라는 성질이다. 왜냐하면 뮤온은 무거운 전자에 불과하기 때문이다. 또 다른 접근은 리숀을 쌍으로 첨가하는 것이다. 그러한 쌍에서는 질량을 제외한 모든 것이 상쇄된다. 이것 역시 인위적이며 그 이론의 단순성을 훼손시키는 것 같지만 불행히도 현재로서는 이것이 최선책이다.

그러나 쿼크와 렙톤이 리숀으로 이루어져 있다고 가정한다면 또 다른 문제를 갖는다. 리숀들을 결합시키는 것은 무엇일까? 쿼크의 경우 색힘 color force이 있었다. 이 경우에 대해서도 유사한 아이디어가 제안되었다. 그 아이디어를 소개한 사람은 제라드 트 후프트였지만, 그는 후에 그 전체 이론에 대해서는 회의적이라고 시인했다. 그는 그 새로운 힘을 '초색'으로, 그리고 힘 전달입자를 '초글루온'이라고 불렀다. 색힘처럼, 초색힘은 대단히 강력한 힘이어야 할 것이다. 더욱이 그 힘이 가둠을 일으키는 것으로 생각된다. 이것은 쿼크가 양성자 내부에 갇혀 있는 것과 마찬가지로 리숀이 쿼크 안에 갇혀 있음을 의미했다. 이 경우에 가둠의 범위는 10^{-16}cm 정도이다.

또 하나의 자연력을 첨가하는 것이 마치 잘못된 방향으로 들어선 것처럼 보일지도 모른다. 결국, 우리의 목적은 힘의 수를 감소시키는 데 있기 때문이다. 그러나 하라리는 역시 바이즈만 연구소에 있는 동료 나산 사이베르크 Nathan Seiberg와 함께 이 문제를 극복했다. 그들은 약력이 그저 초색힘의 잔재일 것이라고, 즉 반데르 발스 유형의 힘이라고 지적했다. 앞서 보았던 것처럼 핵력은 색힘의 잔재이다. 따라서 자연의 기본 힘은 전자기력과 중력, 색힘과 초색힘 이렇게 여전히 네 개이다. 그러나 지금까지는 이 모든 것이 그저 추측에 지나지 않는다.

문제

프레온과 리숀 이론 모두 그들의 역학을 묘사하는 이론이 아직 공식화되지 않았다는 동일한 어려움을 겪고 있다. 이 이유는 에너지와 관련해 심각한 모순이 있기 때문이다. 어떻게 이런 일이 발생하는지를 알아보기 위해 원자를 고찰해 보자. 원자의 총에너지는 그 구성물의 질량에너지와 운동에너지로 이루어진다. 이들 두 에너지는 쉽게 측정할 수 있다. 그리고 원자의 총에너지는 예상했겠지만 그 구성물의 운동에너지보다 훨씬 크다. 핵도 마찬가지다. 핵은 그 안에 포함된 양성자와 중성자보다 훨씬 더 큰 에너지를 갖는다. 그러나 양성자에 이르면 문제가 발생한다. 즉 쿼크의 에너지가 양성자의 에너지와 거의 맞먹는다. 다소 이상스럽기는 하지만 아직까지는 수용이 가능하다. 그 뒤 쿼크와 렙톤에 이른다. 만일 전쿼크가 10^{-16}cm 거리(우리가 볼 수 없다면 그것들은 이 거리를 가져야 한다)에 한정되어 있다면 100GeV보다 큰 에너지를 가져야 한다. 또한 들뜬 상태의 전쿼크가 있을 가능성을 고려한다면 수백 GeV의 에너지를 논하고 있다는 말이 된다. 이것은 쿼크 자체의 에너지가 0에서 5GeV에 불과하다는 것과 비교할 때 대단히 큰 것이다.

쿼크의 구성물이 어떻게 쿼크 자체보다 더 큰 에너지를 가질 수 있을까? 유일한 길은 초색힘의 막대한 결합에너지가 어떻게든 그 구성물 에너지의 대부분을 상쇄시키는 것이다. 사실 그러한 상쇄는 일어난다. 그러나 그런 상쇄가 일어날 때는 항상 대칭이나 보존법칙이 관련된다. 따라서 상쇄가 일어나려면 반드시 그것을 일으키는 대칭을 찾아야 한다. 카이랄 대칭 chiral symmetry이라는 것이 제안되어왔는데 카이랄리티란 입자가 회전하는 방향, 즉 오른쪽으로 도느냐 왼쪽으로 도느냐 하는 방향을 나타낸다. 그리고 관련된 보존법칙은 주어진 방향에서 반응하는 회전입자의 총수가 보존되어야 한다고 말한다. 다시 말해서 나오는 입자수가 동일해야 한다. 그러나 이 대칭은 질량 없는 입자에 대해서만 만족된다는 사실이 밝혀졌으므로 그 보존법칙이 만족된다면, 그 구성입자들의 질량은 없어야 한다. 물론 이것은 우리의 바람이다. 불행히도 이것의 사실 여부가 입증되지 않았다.

위에 논의한 것들 이외에도 많은 이론들이 있다. 그 이론들 각각은 쿼크와 렙톤이 합성물이라는 것을 어떻게든 밝히려고 시도한다. 그러나 지금까지는 어떤 것도 성공하지 못했다.

제 13 장
초중력

　우리는 왜 통일이론을 찾는 데 그렇게 많은 곤란을 겪고 있는 걸까? 약전자기이론을 살펴보면 적어도 부분적인 해답은 얻을 수 있다. 통합 이전에 약이론은 무한대 문제로 골치를 앓은데다 되틀맞춤까지 되지 않았다. 그러나 전자기이론과 결합되자 신비하게도 그 문제가 사라졌다. 아마도 대통일이론에서도 유사한 상황이 벌어질 것이다. 어쩌면 완벽한 통일을 이루기 위해서는 또 하나의 마당이 필요할지도 모른다. 사실 우리가 지금까지는 무시해 왔던 중력이라는 또 하나의 마당이 있다.

　하지만 중력이 항상 무시되지는 않았다. 아인슈타인은 중력과 전자기력을 통합하기 위해 인생 말년의 30여 년을 보냈지만(그가 그 문제에 몰두했을 때는 알려진 마당이 두 개밖에 없었다) 결국 실패했다. 겔만은 그가 실패한 원인을 "양자에 무관심하고 양자론을 받아들이지 않았기 때문"이라고 말했다.

　통합문제를 푸는 아인슈타인의 접근은 오늘날 대부분의 이론가들이 취하는 방법과 달랐다. 그는 전자기마당을 자신의 중력마당이론(일반상대론) 안에 편입시키려 했으나 실패했다.

　왜 그렇게 어려운 걸까? 요컨대 이론가들은 과거에 극복할 수 없을 것 같은 문제들에 직면했었지만, 잘 해결해 왔다. 이 경우는 무엇이 그렇게 다를까? 사실 두 이론의 기초에 큰 차이가 있다. 대통일양자이론은 그 이름이 내포하는 대로, 양자론에 기초를 두고 있다. 여기서 힘은 입자교환의 결과이다.

그러나 일반상대론에서 중력은 입자교환과 관련이 없다. 그것은 그 안에 있는 물질에 의해 일으켜지는 시공 곡률의 결과이다. 그러나 일반상대론이 자연의 다른 힘들과 통합되려고 한다면 확실히 양자화되어야 한다. 만일 중력을 양자화한다면 우리는 자연의 다른 힘들과 마찬가지로 중력이 가상입자들에 의해 전이되는 변형된 중력이론을 갖게 될 것이다. 우리는 이들 입자를 '중력자' gravitons라고 부른다. 수년간에 걸쳐 양자화시키려는 많은 시도가 있었지만, 지금까지는 누구도 성공하지 못했다. 그것은 사실 현재 이론가들이 직면하고 있는 주요 문제 중 하나이다.

비록 그러한 이론은 없지만, 이론가들은 중력자가 다른 입자들에 의해 방출되고 흡수되는 상호작용이론을 고안해 냈다. 그리고 파인만 도면을 이용해 그럴듯한 해답을 주는 간단한 계산을 할 수 있었다. 그러나 고차 계산에서는 다른 이론들을 성가시게 했던 동일한 문제에 부딪혔다. 무한대가 나타난 것이다. 다른 이론들의 경우처럼 되틀맞춤으로 이들 무한대를 제거할 수 있지 않을까? 시도한 결과 문제가 훨씬 심각한 것으로 드러났다.

그러나 수년 전 다른 접근이 시도되었다. 그것은 오늘날 '초중력' supergravity으로 불리는 것으로 많은 흥분을 일으켰다. "우리에게는 이제 아인슈타인의 통일이론 꿈을 실현시킬 수 있는 이론들이 있습니다." 초중력이 창안된 직후의 인터뷰에서 겔만은 이렇게 말했다. 프리만 다이슨도 그의 말에 동의한다. "초중력은 내가 볼 때 아인슈타인

이론의 아름다움과 대칭을 증가시키는 유일한 확장이론입니다. 정말 옳아야만 할 그런 이론이지요." 그러나 아직 많은 사람들이 확신하지 못하고 있다. "나는 초중력이 해답이라고는 생각지 않습니다." 네만은 이렇게 말한다. "그저 흥미로운 부대 현상일 뿐입니다." 그리고 양은 이렇게 경고한다. "……수학이 물리학이 아닌 것처럼 물리학 역시 수학이 아니라는 사실을 기억해야 합니다. 자연은 수학자들이 발전시킨 대단히 아름답고 복잡하며 난해한 수학의 부분집합만을 선택합니다."

간단히 말해 초중력은 보통 중력의 확장이다. 즉 한 개의 게이지 입자 대신 많은 수가 있다. 그것은 '초대칭' supersymmetry이라고 불리는 대칭 유형의 부산물이다. 이론가들이 그렇게 흥분하는 한 가지 이유는 그 안에 일반상대성이론이 포함되어 있기 때문이다. 그 이론의 기원은 1970년대 초로 거슬러 올라간다. 그 당시 러시아의 두 그룹인 모스크바 레베도프 물리학 연구소의 골판드와 리크트만 그룹과 카르코프 물리공학 연구소의 볼코프와 아카로프 그룹이 그 이론의 기초를 공식화했다. 미국 칼텍의 피에르 라몽과 존 슈바르츠와 프랑스 고등사범학교 Ecole Normale Superieure의 앙드레 네뷰에 의해서도 유사한 연구가 이루어졌다. 그러나 1973년에 이르러서야 독일 칼스루헤 대학교의 율리우스 베스와 CERN의 브루노 주미노에 의해 간단하고 완벽한 이론이 공식화되었다.

베스는 주미노가 비엔나 대학교의 초청 강연자로서 방문중일 때 그를 만났다. 주미노의 강연에 참석한 베스는 그의 연구에 이끌렸다. "그에게 함께 연구하자고 제안했죠." 베스는 이렇게 말했다. 주미노는 그 뒤 그 당시 가르치고 있던 뉴욕 대학교로 돌아갔지만 몇 주 뒤 베스에게 NYU로 와서 공동연구를 계속할 의향이 있는지의 여부를 묻는 편지 한 통을 보내왔다. 베스는 그 초청을 기쁘게 받아들였다 "우리는 NYU에서 수년 동안 함께 일했어요."

그러나 초대칭에서 진전이 이루어진 곳은 NYU가 아니었다. CE-RN에서 베스는 주미노와 함께 끈 모형에 관한 사카타 시오치의 강연에 참석했다. 사카타는 특정한 유형의 대칭에 대해 논의했다. "우리는 그러한 대칭을 입자에 적용하면 어떨까 생각했어요." 그들은 둘 다 그 이론에 몰두했다.

"흥미롭습니다." 베스는 이렇게 말했다. "사실 우리 이전에 오래 전 파울리가 같은 아이디어에 대해 생각했었지만, 그는 끝까지 밀어붙이지 않았어요." 베스가 언급하고 있는 아이디어란 우주 안의 두 가지 유형 입자인 페르미온과 보오존을 같은 가족에 넣으려는 생각을 말한다. 그들이 이것을 어떻게 했는지를 논의하기 전에 그 설명에 필요한 개념 몇 가지를 간략히 복습해 보자. 첫째, 스핀이다. 앞에서 보았던 것처럼 입자는 팽이처럼 돈다. 아니 적어도 입자가 팽이처럼 돈다고 생각할 수 있다(물리적으로는 사실이 아닐지 모르나 그 개념은 효과가 있다). 입자가 스핀을 갖지 않으면 0 스핀을 갖는다고 말한다. 그리고 작은 양의 스핀을 가지면 1/2 스핀을 갖는다고 말한다. 만일 입자가 두 배 빨리 회전한다면 스핀 1을 갖는다고 말한다. 덧붙여 말하자면 입자는 이러한 특정한 값으로만 회전하며 그 사이의 어떤 값도 가능하지 않다.

물리학자들은 입자들을 스핀에 따라 두 부류로 나누어왔다. 0이나 1, 2의 스핀을 가지면 보오존이라고 부르고, 1/2이나 3/2 스핀을 가지면 페르미온이라고 부른다. 보오존은 교환입자 혹은 '힘' 입자이며, 페르미온은 '물질' 입자다. 보오존은 또 군거성이 있다는 점에서 페르미온과 다르다. 즉 그것들은 떼지어 모여 있기를 좋아하여, 사실 두 개가 공간의 동일한 점을 점유할 수도 있다. 반면에 페르미온은 서로 거리를 유지하기를 선호하며 파울리의 배타원리를 따른다. 사실 원자가 존재하는 것은 이 원리 때문이다. 원자내의 각 전자는 다른 '상태'로 존재한다.

자, 이제 베스와 주미노의 연구로 돌아가자. 그들은 특정한 유형의 대칭(그들은 그것을 '초대칭'이라고 불렀다)을 적용함으로써 수학적으로 페르미온을 보오존으로, 또 그 반대로 바꿀 수 있다는 것을 발견했다. 비유물로서는 돌스핀을 생각하는 것이 가장 쉽다. 가상의 돌스핀 공간에서는 중성자가 양성자로 변할 수 있다. 두 입자 중 어느 것이 위인지 혹은 아래인지는 가상의 화살표가 어느 방향을 가리키는가에 달려 있다. 베스와 주미노는 유사한 가상의 '초공간' superspace을 구축하고, 그 안에 '초입자' superparticle가 있는 것으로 상상했다. 만일 가상의 화살표가 위로 향해 있으면 그 초입자는 페르미온이고, 아래방향이면 보오존이었다.

그러나 그들은 곧 심각한 문제에 부딪혔다. 만일 보오존 두 개를 시공의 동일한 위치에 놓고 페르미온으로 변환시킨다면, 그 두 페르미온은 동일한 위치를 점유하지 못할 것이다. 하지만 수학적인 면을 검토하자, 기이한 일이 벌어지고 있었다. 페르미온이 약간 이동해 있었다. 사실 페르미온 중 하나를 다시 보오존으로 변환시킨다면 그것역시 이동할 것이다. 간단히 말하면 페르미온-보오존 변환을 반복함으로써 입자가 시공에서 이동하고 있었다.

베스와 주미노는 과거에 누구도 이런 일을 시도하지 않았으므로 페르미온을 보오존으로 변화시킨다는 기대에 부풀었다. 그것은 우주가 과거의 추측보다 간단해서 기본입자의 유형이 둘이 아니라 하나라는 것을 의미했다. 그러나 그 이론은 온곳이론 global theory이어서 그 변환이 모든 점을 동일한 양만큼 변화시킨다는 점에서 아직 불완전했다. 물리학에서 진정 중요한 이론은 앞에서도 보았듯이 한곳이론 local theory, 즉 게이지 이론이기 때문이다. 베스와 주미노는 그 이론을 한곳이론으로 만들 수 있을까 궁금했다.

주미노가 한곳이론을 찾고 있는 동안 베스는 다른 문제로 옮겨갔다. 그 뒤 브랜다이스 대학교의 스탠리 데저가 주미노 팀에 합류했고, 이제 다른 이들도 관심을 갖기 시작했다. 스토니 브룩 SUNY의 댄 프리만, 피터 반 뉴웬휘젠과 CERN의 서지오 페라라 역시 탐색에 들어갔다. 그런데 두 그룹이 거의 동시에(1976) 목적을 달성했지만, 먼저 출간한 그룹은 뒤 그룹이었다. 우선권은 아직도 맹렬히 논쟁되는 문제이다. 물론 다소 편향된 답변이 나오겠지만 나는 율리우스 베스에게 어느 쪽이 실제로 먼저라고 생각하는지 물어보았다. "주미노와 데저가 먼저 도달했다고 봅니다." 그는 이렇게 말했다. "하지만 그들은 그 결과에 흥분해서 그 이론을 더 깊이 조사하느라 출간을 하지 않았던 겁니다." 반면에 주미노-데저 논문은 더 이른 프리만-반 뉴웬휘젠-파라라 논문을 명확히 언급했다. 누가 먼저인가에 무관하게 영예를 얻은 쪽은 먼저 출간한 그룹이지만 이 경우 출간시기의 차이는 1개월도 채 되지 않았다.

한곳 초대칭이론 혹은 오늘날 불려지는 것처럼 초중력이론에서 가장 먼저 튀어나온 것은 중력마당의 교환입자인 중력자였다. 그 입자가 그 이론 내에서 자연적으로 나타난 것은 의미심장하고도 중요했다. 중력자 역시 광자처럼 질량은 없지만 스핀은 기이하게도 2였다. 더욱이 그 이론에는 그 밖에도 기이한 것이 또 있었다. 중력자와 스핀이 1/2만큼 다른 중력미자 gravitino(그것은 3/2의 스핀을 갖는 것으로 추정된다)라는 입자가 존재했다. 이 중력미자에 대해서는 스핀 이외엔 알려진 것이 거의 없었다. 가장 간단한 초중력이론에서는 중력미자의 질량이 영이지만, 보다 복잡한 다른 이론에서는 무거웠다.

가장 간단한 초중력이론은 중력자와 중력미자만으로 이루어진다. 그리고 물론 이것은 우리의 세계와 일치하지 않는다. 다행히 다른 이론들이 있으며, 그 가운데 가장 중요한 것은 확장 초중력이론이다. 그이론들은 확장되지 않은 이론들보다 훨씬 더 제한적이어서 변형이 여덟 개뿐이다. 각 변형이론들에는 중력미자의 수를 말해 주는 N이라는 꼬리표가 붙어 있다. N=1인 이론에서 단 한 개의 중력자와 중력미자만이 존재한다. N=2 이론에서는 중력자 하나와 중력미자 둘, 그리고 스핀이 1인 입자 하나가 있다.

N=1 이론에서 페르미온 각각은 중력자가 중력미자에 관련되는 것과 똑같이 초대칭 변환을 통해 보오존과 관련된다. 이것은 우리 세계의 보오존이 초대칭 변환을 통해 페르미온과 연관되어 있음을 나타내는 듯하나 실은 우리 우주 안에 있는 입자 각각에는 스핀이 1/2만큼 다른 '초입자'가 있다. 이들은 보통 초짝이라고 불리는데, 현재 우리 가속기 에너지 너머에 있는 것으로 추정된다. 가장 흥미로운 확장 이론은 중력미자의 수가 가장 많은 N=8인 경우이다. 그것은 중력자 1개와 중력미자 8개, 스핀이 1인 입자 28개, 1/2 스핀 입자 56개, 그리고 0 스핀 입자 70개를 포함한다. 물론 이들 입자를 알려진 세상의 입자와 관련시키는 것이 자연스럽지만, 지금까지는 이런 행운은 없었다.

그 이론에 따르면 셀렉트론 selectron이라는 전자의 초짝이 있다. 마찬가지로 쿼크에는 스쿼크 squark가 있다. 이들 경우에 접두사 '스' s가 첨가된다. 또 어떤 경우에는 접미사 '이노' ino가 붙는다. 따라서 글루온에는 글루이노가 있고, 광자에 대해서는 포티노가 있다.

만일 초대칭이 완벽한 대칭이라면 짝들의 질량은 알려진 입자의

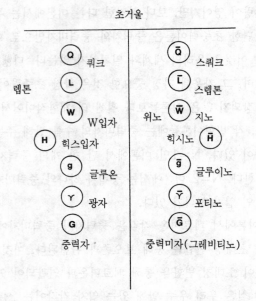

초거울

렙톤

Q 쿼크	Q̄ 스쿼크
L	L̄ 스렙톤
W W입자	W̄ 지노
H 힉스입자	H̄ 힉시노
g 글루온	ḡ 글루이노
Y 광자	Ȳ 포티노
G 중력자	Ḡ 중력미자(그레비티노)

위노

힉시노

초거울-입자와 초입자 세계

질량과 같아야 한다. 그러나 이것은 확실히 사실이 아니다. 그렇지 않
다면 전자로 이루어진 원자뿐 아니라 셀렉트론으로 이루어진 원자도
있어야 하며 서로 아주 다른 성질을 가져야 할 것이다. 그러나 그런
원자는 없다. 그러므로 대칭은 덜 정확해야 한다. 즉 깨진 대칭이어야
한다. 물론 W 입자는 바로 이렇게 질량을 얻는다. 만일 그것이 깨진
대칭이라면 초짝은 더 큰 질량, 즉 우리의 현재 가속기 능력 너머인
질량을 가질 수 있다. 이것이 우리가 이 입자들을 보지 못하는 가장
그럴듯한 대답이며, 대부분의 초이론가들이 받아들이는 이론이기도
하다.

거대한 질량 때문에 이들 초입자들은 우리의 현재 우주에서는 그

다지 중요한 역할을 하지 않지만, 대폭발 이후 1초도 되지 않은 아주 초기의 우주에서는 중요했을 것이다. 만일 이 곳으로 거슬러 올라간다면(점점 더 높은 에너지로 돌아간다면) 결국 양자중력의 효과가 중요해지는 시기에 도달한다. 이것이 플랑크 시기 Planck era이다. 현재 이론에 따르면 우주는 이 시기와 아주 달랐다. 공간과 시간은 거품처럼 단절되어 있었을 것이다. 이론가들은 이 시기에는 알려진 자연의 네 힘이 통합된 단 하나의 통일 힘이 주도했다고 설명한다. 초힘을 운반하는 초입자와 보통의 입자가 식별되지 않았으며, 우주는 완전히 대칭이었다. 그 뒤 우주가 냉각되면서 대칭깨짐이 일어나 초힘이 와해되었고 자연의 알려진 힘들이 하나씩 풀려 나왔다. 그리고 냉각이 계속되면서 우주에서 초입자는 점차 사라지고 보통 입자만 남게 되었다.

초입자는 얼마나 무거울까? 언젠가는 가속기로 보게 될까? 아직까지는 그것들의 질량을 예측하는 신뢰할 만한 방법이 없다. 현재로서는 초전도 초충돌기와 건립중이거나 혹은 장래에 건립될 다른 대형 가속기들에 희망을 걸 뿐이다. 나는 율리우스 베스에게 초입자가 발견되리라고 생각하는지 물어보았다. "낙관적입니다." 그는 고개를 끄덕이며 이렇게 말했다. "발견되리라 봅니다. 초입자는 1조 전자볼트(TeV) 영역에 있을 겁니다." "하지만 발견되지 않는다면요? 그것으로 초중력은 종말을 고할까요?" "반드시 그렇지는 않습니다. 일부 수정만 하면 될 겁니다."

옳은 이론으로 밝혀지든 그렇지 않든 초충력은 중요한 문제를 해결했다. 앞에서 나는 이론가들이 양자중력을 이용해 계산을 시도했을 때 무한대가 튀어나왔다고 말했었다. 그러나 초중력을 이용해 동일한 계산을 하자 이들 무한대가 사라졌다. 입자와 관련된 모든 양성 무한대에 대해 그 초짝과 관련된 음성 무한대가 존재해서, 양성과 음성 무한대가 상쇄되었다. 지금까지는 모든 계산들이 유한한 결과를 주었다.

그러나 초중력이 수용되는 이론이 되려면 실험적으로 입증되어야 한다. 당연히 가장 먼저 밝혀야 할 것은 예측된 입자들과 우리 세계의 입자들 사이에 대응이 있다는 것이다. 그런데 지금까지는 이렇게 하지 못했다. 물론 더 강력한 가속기가 건립되면 초입자가 나타날 가능성은 있다. 하지만 이 이외에도 실험에 관해 중요한 의미를 갖는 두 가지 예측이 있다. 첫째, 초대칭 입자는 항상 쌍으로 생산된다. 둘째, 초대칭 입자가 붕괴하면 초대칭 입자의 기묘수가 부산물에 나타난다. 따라서 충돌 후에는 결국 가장 가벼운 한 개의 초대칭 입자만 남겨진다. 그것은 더 이상 붕괴되지 않기 때문이다. 그러면 이 가장 가벼운 입자가 무엇일까? 확실히는 모르지만 그것은 일반적으로 포티노인 것으로 여겨져 왔다.

하지만 그러한 상호작용의 상세한 부분이 검토되자 포티노의 직접 검출이 거의 불가능한 것으로 알려졌다. 포티노는 보통 물질과 대단히 약하게 반응해서 검출되지 않고 쉽게 벗어났으므로 에너지가 손실되는 것으로 보일 것이다. 이것은 물론 중성미자를 회상케 한다. 중성미자의 존재가 예측된 것도 베타붕괴에서 특정한 양의 에너지 손실이 있기 때문이었다. 포티노에서도 같은 현상이 일어날까? 사실 몇 개의 실험이 이미 수행되었다.

포티노를 찾는 가장 좋은 두 장소는 전자-양전자 충돌과 양성자-반양성자 충돌이다. 전자-양전자 충돌 먼저 살펴보자. 이 경우에 셀렉트론 쌍 하나가 만들어지고, 그것이 다시 한 개의 전자쌍과 두 포티노로 붕괴하는 것으로 예상된다. 두 포티노는 검출을 벗어날 것이므로 에너지가 손실된 것처럼 보인다. 스탠퍼드의 PEP와 독일의 PETRA에서 그러한 사건이 탐색되었지만 지금까지는 발견된 것이 아무것도 없다.

양성자-반양성자 충돌의 경우 상황은 훨씬 더 복잡해진다. 양성자는 세 개의 쿼크와 많은 글루온으로 이루어져 있어서 많은 다른 사건들이 가능하다. 만일 양성자의 쿼크 하나가 반양성자의 글루온 하나와 충돌한다면 우리는 두 포티노와 함께 그 상호작용 지역으로부터 발산되는 하드론 제트를 보게 될 것이다. 포티노를 볼 수 없을 것이므로 제트를 찾아야 하며, 이 경우에 일정량의 손실 질량과 함께 세 개의 제트가 예측된다. 1983년에 CERN에서 이런 유형의 사건이 발견되자 상당한 흥분이 일었으나, 자료 검토결과 정말 초입자일 확률이 낮은 것으로 나타났다.

초중력에 많은 문제가 남아 있지만, 보탬이 되는 것도 많다. 특히 중력(일반상대론)을 포함하므로 결국 통일마당이론의 기초가 될 수 있을 것이다. 확실히 초중력은 그러한 이론이 어떻게 구축될 수 있으며 어떤 성질을 가져야 하는지에 대한 많은 아이디어를 주었다. 베스에게 그러한 통일마당이론이 성취될 수 있으리라고 생각하는지 묻자 그는 소리내어 웃더니 잠시 생각을 가다듬었다. "조금씩이나마 그 이론에 다가갈 수 있겠죠. 그러한 자극이 없다면 아무도 시도하지 않을 겁니다. 초대칭과 초중력은 통일마당이론을 생각할 수 있게 만들었어요."

제 14 장
차원 추가

초중력의 결점은 곧 명백해졌지만, 그 이론의 수학적 구조가 너무 훌륭해서 누구도 그것을 버리지 못했다. 많은 이들은 결국엔 그 난점들을 해결할 방법—문제들을 기적적으로 사라지게 할 변형—을 찾게 되리라 확신했다. 지금까지는 그러한 변형이 발견되지 않았지만, 중요한 돌파구는 나타났으며 대부분의 이론가들은 올바르게 들어섰다고 믿고 있다. 내가 언급하고 있는 돌파구란 1921년에 수학자 테오더 칼루자 Theodor Kaluza에 의해 출간된 아인슈타인 일반상대성이론의 확장을 말한다. 그 이론은 1926년에 스웨덴의 물리학자 오스카 클라인 Oscar Klein에 의해 확장되었다. 그것은 오늘날 칼루자-클라인 이론 Kaluza-Klein theory으로 불린다.

칼루자-클라인 이론

러시아 쾨니그스베르크 대학교의 객원 강사였던 칼루자는 중력마당을 묘사하는 아인슈타인의 일반상대성이론과, 전자기마당을 묘사하는 막스웰의 이론이 동일한 틀 내에서 결합될 수 있다는 사실을 발견했다. 간단히 말해 그 두 마당이 통합될 수 있다는 것이었다.

금방 볼 때는 그렇게 다른 성질을 갖는 두 마당이 통합될 수 있다는 사실이 이상하게 보일지 모른다. 우선 전자기마당은 중력마당보다 10^{38}배나 더 강력하다. 더욱이 전자기마당은 하전된 입자들만이 경험하는 반면, 중력은 무거운 입자는 모두 경험한다. 두 마당이 공통으로 갖는 성질은 모두 장거리에 걸쳐 작용한다는 것뿐이다.

두 마당을 결합시킬 때 칼루자는 아인슈타인 이론에 차원을 추가했다. 아인슈타인의 중력마당 방정식은 보통 3차원 공간과 1차원 시간의 4차원으로 기술된다. 그런데 칼루자는 그 방정식을 5차원으로 기술했고, 막스웰 이론이 5번째 차원에서 '떨어져나간다'는 것을 알았다. 그는 두 마당을 통합했다고 확신하고 급히 아인슈타인에게 그 논문을 보냈다.

그가 그 논문을 왜 과학저널로 직접 보내지 않았는지 궁금할 것이다. 그 당시에는 무명 학자의 논문은 잘 받아들여지지 않았으므로 유명한 과학자의 추천서를 동봉해야만 했다. 더욱이 칼루자의 논문이 일반상대론에 관한 것이었으므로 논문을 아인슈타인에게 보내는 것은 당연한 일이었다. 오늘날에는 '논문심사위원'이 그와 같은 임무를 수행한다.

아인슈타인은 칼루자 이론에 열성적이었다. 그 논문을 상세히 읽기도 전에 그는 그에게 답장을 썼다. "전기마당 양들이 불완전해진다는 아이디어…… 그것은 본인 역시 자주 그리고 지속적으로 골몰해 왔던 점이오. 그러나 이것이 5차원의 원통형 세계를 통해 성취될 수 있다고는 한 번도 생각해 본 적이 없으며 전적으로 새로운 것처럼 보이오. 귀하의 아이디어가 대단히 마음에 드오……." 아인슈타인은 또 계속해서 상세히 읽어본 뒤 심각한 결함이 발견되지 않는다면 그 논문을 가능한 한 빨리 프러시안 아카데미에 제출하겠다고 덧붙였다.

그는 그 논문을 살펴보고 1주일 뒤 칼루자에게 두번째 편지를 보냈다. 그는 여전히 그 논문에 열성적이었다. "귀하의 논문을 다 읽었소. 정말 흥미로운 논문이요. 지금까지는 어디에서도 불가능성을 발견하지 못했소." 하지만 그는 단서를 달았다. "반면에 본인은 지금까지 제시한 논의들이 충분히 설득력 있어 보이지 않는다는 점을 시인해야 하오. 이하에 말하는 내용을 고찰해 줄 것을 제안하고 싶소……." 그는 그리고 나서 칼루자가 "……중력마당과 전기마당이 동시에 작용할 때는 최단선인 측지선 geodesic line이 전기적으로 하전된 입자들의 궤적을 준다는 것"을 입증하라고 제안했다. 그는 만일 이것이 입증된다면 그 논문이 옳다고 확신할 것이라고 말하면서 그 편지를 끝냈다.

그러나 칼루자가 아인슈타인의 비평에 답변했다는 표시는 없다. 그 논문의 출간이 장기 지연된 것은 어쩌면 이것 때문이었는지도 모른다. 아인슈타인은 거의 2년 반 동안 그 논문을 아카데미에 제출하지도 출간하지도 않았다. 그러나 1921년 10월에 마침내 칼루자에게 편지를 띄웠다. "중력과 전기의 통합에 관한 2년 전의 귀하의 아이디어 출간을 제지했었던 문제에 대해 재고중이오. …… 원한다면 아카데미에 귀하의 논문을 제출하겠오……."

그해 말에 칼루자의 논문도 「물리학의 통합문제에 관하여」라는 제목으로 『시춘그스베리흐테 데어 베를리너 아카데미에』 *Sitzungsberichte der Berliner Akademie* 저널에 실렸다. 그가 그 과제에 대해 쓴 논문은 그것뿐이었다. 한동안 그 논문에 상당한 관심이 기울여졌다.

1919년 이전에 아인슈타인은 통합에 대해서는 거의 생각하지 않았다. 그러나 칼루자의 논문으로 유발된 관심은 그를 여생 내내 묶어놓았다. 그 다음해에 그는 동료인 야곱 그로머와 함께 칼루자 이론을

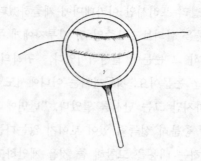

근접 관찰한 선의 단면도. 그 선의 각 점과 관련된 아주 미세한
원을 보여 준다. 원의 연속체는 원통이다.

논평하는 짧은 논문 한편을 출간했다. 그러나 그것은 중요한 논문은
그 이론을 확장한 것도 아니었다. 1927년에 그는 그것에 관해 더 짧
은 논문 두 편을 썼다. 수년 뒤 미국으로 간 뒤에도 그는 계속해서 그
이론과 씨름을 벌였지만, 의미 있는 기여는 결코 해내지 못했다.

　그러나 1926년에 오스카 클라인에 의해 중요한 확장이 이루어졌
다. 아인슈타인은 클라인의 논문에 감명을 받고 폴 에렌페스트에게
편지를 써서 "클라인의 논문은 아름답다⋯⋯."고 말했다. 그는 후에
H. 로렌츠에게도 편지를 썼다. "5차원 이론으로 중력과 막스웰 이론
의 통합이 완전히 만족스러운 형태로 성취되는 듯합니다."

　클라인은 그 이론에 몇 가지 중요한 기여를 했다. 칼루자는 약한
마당만을 고려했지만 클라인은 마당이 강해도 그 이론이 적용된다고
밝혔다. 더욱이 그는 그 이론에 양자역학을 편입시켰으며 5차원이 자
연에서 관측되지 않는 원인을 설득력 있게 설명했다.

　칼루자는 다섯번째 차원이 마음에 걸려 자연에서 그것이 겉으로
드러나 보이지 않는 원인이 설명되어야 한다고 느꼈다. 그는 이렇게
설명했다. 선은 그저 점들의 연속체이다. 이들 점 각각이 그것과 관련

된 작은 원을 갖고 있다고 가정하자. 그러면 이들 원의 연속은 원통이 되겠지만, 멀리서는 여전히 선처럼 보인다. 칼루자는 공간이 그것과 관련된 그러한 원통을 갖는다고 가정했다. 이것이 바로 그가 말하는 5차원이었다. 그는 그 원통이 대단히 작아서 검출되지 않는다고 가정했지만 그 지름을 계산하지는 못했다. 그러나 클라인은 양자론을 도입함으로써 그것을 계산했다. 그 원통의 반지름은 10^{-32}cm에 불과했다. 그것이 바로 우리가 5차원을 보지 못하는 원인이었다. 이 반지름은 우리가 현재 볼 수 있는 것보다 10^{16}배나 작은 크기였던 것이다.

칼루자-클라인 이론의 또 하나 중요한 성질은 입자들의 예측이다. 위에서 본 것처럼 5번째 차원은 원통 형태로 존재했다. 그런데 양자론의 입자들은 파동이므로 원통 원주 둘레의 파동과 입자들을 관련시킬 수 있다. 입자 에너지는 그 파장에 의존한다. 파장이 짧을수록 에너지는 크다. 그리고 에너지는 질량과 관련되므로, 파장이 짧을수록 입자는 더 무겁다. 가장 간단한 파동—그 원주와 같은 파장을 갖는 파동—은 그러므로 최저질량 입자에 해당한다. 만일 두 파장이 그 원통 둘레에 꼭 맞다면 우리는 두 배 무거운 입자를 갖게 된다. 마찬가지로 세 파장이 맞다면, 세 배 무거운 입자를 갖는다. 이런 식으로 입자들의 전체 스펙트럼을 얻을 수 있다.

그러나 이런 아이디어는 계산된 입자들의 질량이 너무 크게 나온다는 문제를 낳았다. 가장 가벼운 것이라도 양성자보다 10^{16}배나 무거우므로, 관측할 가능성이 없다. 그러나 초기 우주에서는 존재했었을지도 모른다.

클라인의 1926년 연구와 아인슈타인의 논문 이후, 칼루자의 이론은 쇠퇴했다. 아무도 그 이론을 연구하지 않았으므로, 그것은 곧 흥미롭지만 완전히 성공적인 통합은 아닌 것으로 여겨졌다. 이론가들은 게이지 이론으로 주의를 돌렸고 여분의 차원은 거의 필요하지 않았다. 그러나 새로운 이론들이 결국 곤란에 빠지자 다른 접근 방법을 찾기 시작했다. 이론가들은 서가에서 칼루자-클라인 이론을 빼내 먼지를 털고 재검토하기 시작했다. 그 이론은 곧 상당히 전망있는 것으로 밝혀졌다.

현대이론

칼루자-클라인 이론의 현대화는 1970년대 말에 시작되었다. 칼루자 시절에는 중력과 전자기력만이 알려져 있었으므로 통합에 두 마당만을 포함시켰다. 그러나 두 개가 더 있다는 것은 주지하는 사실이다. 강한 핵마당과 약한 핵마당이 그것이다. 따라서 완전한 통일마당 이론이 되려면 그것들 역시 포함되어야 할 것이다. 파리 대학교의 유진 크레머, 버나드 줄리아, 조엘 셔크, 텍사스 대학교의 브리스 드위트 그리고 캘리포니아 공과대학의 존 슈바르츠를 포함하는 많은 이론가들이 현재 그 문제를 연구중이다.

두 마당이 더 있으므로 차원이 더 필요했다. 아직 얼마나 많은 차원이 필요한지 모르지만, 최근에는 11차원 이론이 많은 주목을 받았다. 그러나 그 이론 내에서 보오존은 자연적으로 나타났지만 페르미온은 페르미온 마당을 첨가해야만 얻을 수 있어 만족스럽지 못했다. 다행히 초중력과 칼루자-클라인 이론을 결합시키자, 다시 말해서 초중력에 더 많은 차원을 넣자 마당을 첨가할 필요 없이 두 가지 유형의 입자가 나타났다.

고차원

칼루자-클라인 이론이 고차원 이론이니, 이들 차원에 대해 잠시
생각해 보자. 가장 먼저 이런 물음이 떠오를 것이다. 고차원을 어떻게
구상화할 것인가, 어떻게 생각할 것인가? 대답은 부정적이다. 우리는
3차원 세계에 살고 있으므로 3차원까지의 구상화만 가능하다. 이것은
더 높은 차원의 공간이 존재하지 않는다는 의미가 아니다. 사실 우리
는 수학을 이용해 그러한 차원을 쉽게 다룰 수 있다. 1차원 선으로
시작해서 2차원을 얻으려면 그저 그 선 자체에 직각인 방향으로 투영
시키기만 하면 된다. 이렇게 하면 2차원 판이 된다. 3차원으로 가려
면 그 판의 면에 수직한 방향으로 다시 투영시키면 된다. 이것을 거꾸

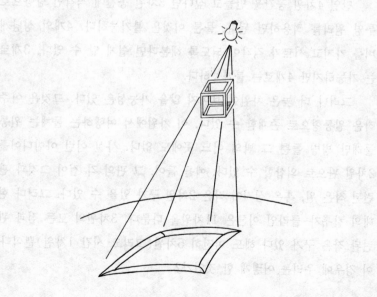

2차원 표면 위로 투영시킨 3차원 사각형

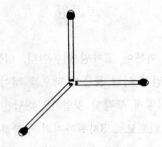

공간의 3차원을 보여주는 성냥

로 생각하면 2차원이 3차원의 투영이라는 것을 알게 된다. 예를 들어 우리의 그림자는 우리를 2차원으로 투영한 것이다. 스크린에 투영된 영화 역시 3차원 세계의 2차원 투영이다.

만일 4차원 공간을 만들고 싶다면 3차원 공간에 직각인 방향으로 투영 원리를 적용하면 된다. 물론 이것은 불가능하다. 4개의 성냥개비를 가지고 서로가 직각이 되도록 해본다면 쉽게 알 수 있다. 3개로는 가능하지만 4개로는 불가능하다.

그러나 더 높은 차원이 보이지 않을 가능성은 있다. 그것은 아주 작은 원통형으로 존재할 수 있다. 이 차원에서 여행하는 물체는 원통 둘레만 빙빙 돌뿐 그 밖의 어느 곳에도 없다. 사실 이런 아이디어를 2차원 판으로 외삽할 수 있다. 예를 들어, 그 판의 각 점이 그것과 관련된 작은 원, 혹은 심지어 작은 2차원 구가 있을 수 있다. 그러나 현대의 칼루자-클라인 이론은 11차원을 다룬다. 3차원의 모든 점과 관련된 작은 구가 있다 해도 여전히 5차원(그리고 시간 1차원)뿐이다. 이 경우에 우리는 어떻게 할 것인가?

초중력

앞에서 언급했던 것처럼 초중력과 결합될 때 순수한 칼루자-클라인 이론의 많은 문제가 극복된다. 그렇게 만들어진 이론은 어떤 수의 차원에서도 구성될 수 있지만 11차원으로 공식화하는 것이 가장 적절해 보인다. 1978년에 크레머와 줄리아는 11차원의 N=1 초중력이 4차원에서는 훨씬 더 복잡한 N=8 초중력에 해당한다는 것을 발견했다. 이것은 대단한 흥분을 일으켰고 11이 마법의 수인 것처럼 보였다.

그러나 이제는 관측되지 않는 차원이 7개 있다. 그것들을 어떻게 설명할 것인가? 과거처럼 그것들이 4차원 공간의 각 점에 있는 작은 구 안에 '말려져' 있다고 가정할 수 있다. 이론가들은 그러한 차원들이 '축소되었다'고 말한다. 그러나 구는 2차원 물체에 불과하다. 7차원이 어디로 들어갈까? 그것들은 공간의 각 점에 있는 7차원의 '초구' hypersphere와 관련된 것으로 생각되어야 할 것이다.

하지만 칼루자-클라인 초중력에서 이들 7차원을 축소시킬 때 다른 4차원도 축소되어야 한다는 사실이 밝혀졌다. 순수한 칼루자-클라인 이론에서는 아인슈타인이 우주가 팽창하는 것을 막기 위해 자신의 우주론에서 사용했던 우주상수 universal constant를 도입함으로써 이 어려움을 해결할 수 있다. 우주상수는 우주의 곡률을 관측되는 것처럼 영에 가깝게 유지시킨다. 그러나 초중력으로는 이렇게 할 수 없다.

불행히도 이것이 유일한 문제가 아니다. 또 하나는 중성미자와 관련된다. 그 이론에서 나오는 입자들의 스펙트럼을 계산해 보면 중성미자가 두 방향으로 회전해서 왼쪽 중성미자와 오른쪽 중성미자가 있다는 것을 알게 된다. 그러나 우리의 세계에서는 왼쪽 중성미자만 관측된다. 무한대와 관련된 문제도 있다. 그 이론에서는 많은 무한대가 나타나지만, 아직 그것들을 제거하지 못한다.

따라서 고차원 초중력 이론이 큰 진전임에는 분명하지만, 그 자체가 해답은 아니다. 그것은 필시 더 큰 이론의 일부일 것이다. 다음 장에서 그것이 사실임을 알게 될 것이다.

제 15 장

초끈 : 모든 것을 통합하다

초이론 탐색이 다시 뜻하지 않은 장애물에 부딪혔다. 문제들이 극복될 수 없는 것처럼 보이기 시작했다. 대통일이론들은 불완전했고, 일부는 잘못된 예측을 했다. 이제는 많은 과학자들의 희망이었던 초중력까지 곤란에 처해 있는 것 같았다. 배는 침몰하고 있었고, 난점들을 해결할 유일한 방법은 완전히 다른 접근인 듯했다.

그러한 이론이 존재하지 않을 수 있을까? 이론가들은 이것을 믿지 않았다. 우주가 단순하다는, 즉 단 하나의 이론, 단 하나의 방정식 세트로 묘사될 수 있을 만큼 충분히 단순하다는 많은 징후가 있었다. 대통일이론과 초중력의 강력한 특징들을 포함하면서 그것들의 문제를 해결하는 이론이 필요했다. 그러한 이론이 출발한 지도 수년이 지났지만, 기이하게도 대부분의 이론가들은 진지하게 받아들이지 않아서 연구가 많이 이루어지지 못했다. 그것은 오늘날 초끈이론 superstring theory이라고 불린다.

그런데 초끈이론이 지난해 과학계를 강타했다. "초끈이론은 과학계 전체의 화젯거리입니다." 최근에 열린 한 학회가 끝난 뒤 스티븐 와인버그는 이렇게 말했다. "그것은 대단히 아름다운 이론입니다. 특히 그 논리적 엄밀성 때문이죠." 겔만도 동의한다. "내가 볼 때 초끈이론이······ 가장 효과가 있는 것 같습니다." 그는 최근에 이렇게 말했다.

이것이 우리가 기다려온 이론일까? 누구도 확실히 모른다. 그러나 초끈이론은 가망성은 보여준다. 그것도 아주 엄청난 가망성을. 과거에 초끈이론이 이론가들을 흥분시킨 적은 한 번도 없었다. 어떤 이들은 심지어 초끈이론의 발견이 양자역학이나 일반상대론의 발견과 동등한 금세기의 위대한 과학적 발견 중 하나라고 말하기도 했다. 나도 이 의견과 다르지 않다. 그러나 모든 사람이 확신하는 것은 아니다. 셀던 글래쇼우는 초끈에 대한 견고한 믿음을 신에 대한 믿음에 비교한다. 그를 비롯한 다른 비평가들의 비평에도 불구하고 초끈이론은 10년 만에 예상외로 성공한 이론으로 떠오르고 있다.

그것은 어디서 왔을까? 어떻게 생겨났을까? 흥미롭게도 그것은 끈과는 아무 관련이 없는 이중공명이론 dual resonance theory이라는 이론으로부터 나왔다. 이중공명이론은 앞장에서 논의했던 소립자 물리학의 렛제이론 Regge theory 연구의 부산물이었다. 1950년대 말 렛제와 다른 이들은 어떤 특정한 도면이 만들어질 때 많은 입자, 특히 하드론이 직선을 따라 늘어서는 것 같다고 밝혔다. 이들 선을 따르는 모든 입자들은 렛제 궤적이라고 불리며 같은 가족 안에 속하는 것으로 생각되었다. 한동안 렛제이론에 많은 관심이 쏠렸다. 그러나 겔만이 무리이론에 기초한 다른 아이디어를 내놓자 낙오되었다.

이중공명이론은 1960년대 말 현재는 CERN에 있는 가브리엘 베네치아노 Gabriele Veneziano에 의해 창안되었다. 그 이론은 본질적으로 입자들의 상호작용에 대한 중요한 예측을 가능케 하는 공식이었다.

그러나 이 공식은 끈에 대해서는 어떤 언급도 없었다. 끈이라는

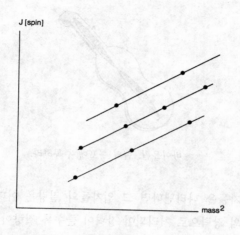

렛제 궤적

말은 어디서 온 걸까? 1970년에 시카고 대학교의 남부 요이치로와 스탠퍼드 대학교의 레너드 서스킨트, 그리고 코펜하겐 닐스 보어 연구소의 홀거 닐슨 Holger Nielson이 베네치아노의 이론과 끈의 진동상태 사이에 대응이 있다는 사실을 발견했다. 그리고 이들 진동상태를 상상하는 최적의 예가 바이올린 현이라는 데서 이 연계가 만들어졌다. 바이올린 현은 그 길이에 따라 하나, 둘 혹은 그 이상의 루프로 진동할 수 있다(그림 참조). 남부와 동료들은 이들 진동방식을 하드론과 관련시켰다. 예컨대 하드론은 루프가 단 하나인 끈에 해당하며, 또 다른 것은 고리가 둘인 끈에 해당한다는 식이다. 잠시 생각해 본다면 양자역학의 입자들도 유사한 진동상태로 묘사되므로 이것이 그렇게 이상할 것도 없다.

하지만 남부의 끈이론에서 끈은 매우 특별했다. 그 끈은 질량이 없으며, 탄성이고, 양끝은 광속으로 움직였다. 그러나 질량이 없는데

바이올린. 현의 루프에 주목하라.

무거운 입자들을 나타낸다면 그 입자들의 질량은 어디서 오는 걸까? 이것은 끈의 장력으로 처리되어 장력이 클수록 질량이 컸다.

끈의 가능한 진동수가 무한하므로 그 이론은 모든 알려진 하드론을 쉽게 묘사할 수 있었다. 게다가 입자들의 상호작용도 묘사될 수 있었다. 입자론에서 입자들이 상호작용하는 것처럼 입자들을 나타내는 끈도 똑같이 상호작용할 수 있다. 예를 들어, 두 끈을 합치면 하나의 끈이 되고 끈 하나가 두 개로 끊어질 수도 있다. 그러한 상호작용에 대한 상세한 부분을 이해하고 계산한 사람은 시카고 대학교의 스탠리 맨델스탐 Stanley Mandelstam이었다.

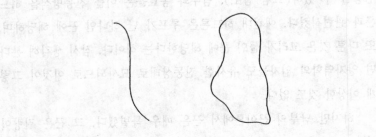

열린 끈과 닫힌 끈

그러나 끈의 한쪽 끝이 또 다른 끈의 끝과 결합될 수 있다면 한 끈의 양끝도 결합될 수 있어야 한다. 만일 이런 일이 일어난다면 닫힌 끈을 얻는다. 따라서 열린 끈과 닫힌 끈 이렇게 두 가지 유형의 끈이 있었다. 그러나 지금까지는 입자들을 언급하지 않았다. 예컨대 쿼크는 어디에 있을까? 남부와 그의 그룹에 의하면 쿼크는 끈의 끝에 붙어 있다. 사실 끈이 끊어질 때 쿼크 하나와 반쿼크 하나가 나타난다.

그런데 바리온이 세 개의 쿼크로 이루어져 있으므로 바리온도 설명해야 했다. 그들은 끝이 세 개인 Y형의 끈을 가정함으로써 이 문제를 해결했다. 즉 각 끝마다 쿼크가 붙어 있는 것이다.

흥미로운 이론이었다. 하지만 그 이론에는 유일하게 모순이 없는 변형이 26차원의 공간을 요구한다는 심각한 결함이 있었다. 대부분의 물리학자들은 이 사실을 받아들이지 않았다. 결국 우리의 세계에는 4차원밖에 없기 때문이었다. 더욱이 그 이론은 물질입자인 페르미온은 포함되어 있지 않고 보오존에만 적용된다는 또 다른 문제가 있었다. 설상가상으로 보오존 중의 하나인 가장 가벼운 입자는 광속보다 큰 속도로만 움직이는 가설 입자 타키온 tachyon이었다.

이러한 문제들을 극복하는 과정은 서서히 진행되었다. 그리고 마침내 1971년에 현재 플로리다 대학교에 있는 피에르 라몽이 페르미온을 포함하는 이론을 창안하자 그 첫번째 문제가 극복되었다. 그는 진동 이외에도 그 끈이 회전할 수 있다고 가정했다. 프랑스의 A. 네뷰와 칼텍의 존 슈바르츠가 그 이론을 개선시켜 차원을 10으로 감소시켰지만 문제는 여전히 심각했다. 게다가 타키온도 여전히 존재했다. 그리고 예측되는 입자 일부가 알려진 입자들과 일치하지 않는다는 사소한 사실 때문에 그 이론은 결국 파탄을 맞게 되었다.

그 새로운 이론의 장래가 어두워 보였다. 그 당시 그 이론은 그저

존 슈바르츠

강한 상호작용의 또 다른 이론일 뿐이었으므로 아무런 손실도 없었지만 주요 장애는 더 나은 강한 상호작용 이론인 양자색역학의 등장이었다. 양자색역학은 끈이론보다 그 당시의 두드러진 많은 문제들을 더 잘 해결했으므로 두 이론 중 어느 것이 주목받을지는 분명했다.

그러나 존 슈바르츠는 끈이론에 강한 신념을 갖고 있었다. 더욱이 그는 그 이론이 단순히 강한 상호작용이론은 아니며 훨씬 더 많은 것을 설명할 수 있으리라 확신했다. 1974년에 그는 조엘 셔크와 함께 끈이론이 모든 것의 이론 Theory of Everything(TOE)일 수 있다고 제안하는 논문 한 편을 발표했다. 이는 그 이론이 중력을 포함한다는 것을 의미했다. 그것이 사실이라면 정말 주목할 가치가 있는 이론이 될 것이다.

앞서 보았던 것처럼 중력은 통합 시도를 모두 좌절시켰다. 가장 중요한 문제는 중력이 적절히 양자화되지 않는다는 점이었다. 많은 어설프고 불완전한 양자화 이론들이 출간되어 상호작용이론의 기초로 사용되었지만, 계산결과 무한대가 나타났다. 또 이 무한대들을 제거할 방도가 없어 보였다. 물론 일반상대론이 초중력 안으로 편입되어 무한대가 제거되었지만 초중력에는 다른 문제들이 있었다. 주요 문제는 아직 관측되지 않은 많은 입자들이 예측된다는 것이었다.

초중력 편입이 가능하다는 제안이 있었음에도 불구하고, 과학계는 끈이론에 관심을 기울이지 않았다. 그들의 관심은 다른 곳에 있었다. 초대칭과 초중력이 자기 역량을 충분히 발휘하고 있었으므로 대부분의 이론가들이 시류에 편승해 초중력으로 몰렸다.

1976년에 끈에 대한 또 하나의 중요한 발표가 나왔다. 셔크는 튜린 대학교의 페르디난도 글리오찌 Ferdinando Gliozzi, 런던 임페리얼 칼리지의 데이비드 올리브와 함께 초중력을 끈이론에 편입시켜 '초끈' superstring 이론을 만드는 것이 가능할지 모른다고 밝히는 논문을 출간했다. 그리고 초중력이 중력(즉, 일반상대론)을 포함하므로 초끈이론 역시 이 성질을 갖게 될 것이다. 셔크와 동료들은 토대는 닦았지만, 끝까지 밀어붙이지 못했다. 셔크는 그 직후 비극적인 죽음을 맞았고, 올리브와 글리오찌는 다른 문제에 몰두했던 것이다. 끈이론의 가망성이 훨씬 더 희박해지게 되었다.

그러나 여전히 버티고 있는 한 사람이 있었다. 존 슈바르츠는 그 이론이 결국에는 꽃을 피우리라 확신했다. 하지만 고집스럽게 노력을 계속하면서도 그는 한편의 논문도 발표하지 못했다. 1979년 여름에 CERN으로 갔을 때만 해도 그는 자신이 세상에서 끈이론에 열중하고 있는 유일한 사람이라고 믿었다. 그러나 놀랍게도 자신처럼 끈에 관심을 갖고 있는 마이클 그린 Michael Green을 만났다. 그린은 캠브

리지의 대학원시절 이후 간간이 끈이론에 열중해 왔다. 그의 논문은
사실 베네치아노의 이중공명이론에 관한 것이었다. 그들은 즉시 공동
연구에 들어갔다. 두 사람 모두 끈이론의 문제들을 잘 알고 있었으므
로 연구진행이 쉽지 않으리라는 것도 알고 있었다. 그들은 우선 그 이
론이 셔크와 그의 동료들이 제안한 것처럼 초대칭이라는 사실을 밝히
는 데 집중했다. 그리고 양자중력처럼 무한대로 가득 차 있지 않다는
것도 입증해야 했다. 그러나 시간은 그들 편이 아니었다. 여름 내내
연구에 매달렸지만, 아무 소득도 없었다. 그들은 그 다음해에 다시 만
날 것을 기약하고 각자의 대학으로 돌아갔다.

　　1980년 여름 그들은 콜로라도의 아스펜에서 다시 모였다. "내
인생에서 그렇게 열심히 일했던 적은 없었어요." 그린은 그해 여름을
떠올리며 이렇게 말했다. 그러나 이번에는 성과가 있었다. 그들은 초
중력이 정말 초끈이론 내에 포함될 수 있음을 입증했으며, 희망했던
대로 초끈이론을 발전시켰다. 그들은 이제 그 이론이 TOE임을 입증
하리라 더욱더 단단히 다짐했다.

　　그러나 그 성공에도 불구하고 아무도 그 연구에 합류하지 않았
다. 그런 상황은 어떤 의미에서는 그 발견을 빼앗길 염려가 없었으므
로 그들에게 유리하기도 했다. 다음 문제는 그 이론이 무한대를 갖지
않음을 밝히는 것이었다. 그들은 다시 전에 없이 연구에 집중했다. 이
번에는 2년이 걸렸지만 마침내 성공했다. 그들은 무한대를 포함하지
않는 변형을 찾아냈다. 그들은 이제 중력을 비롯해 자연의 기본마당
모두를 포함하며 자연의 모든 입자를 예측하는 이론을 갖게 되었다.
더욱이 무한대도 없었다. 그러나 그 이론에 관심을 가지는 사람은 여
전히 소수에 불과했으며 그들조차 무한대가 없다 해도 훨씬 더 심각
한 또 하나의 문제가 있다고 지적했다. 변칙 anomaly이 그것이었다.

변칙이란 수학에서 나타나는 기묘한 불규칙성을 말한다.

변칙이 발생한다면 보존법칙이 만족되지 않을 것이고, 또 온갖 종류의 '기이한' 상황들이 가능했다. 음 확률이 일어날지도 모른다(그것은 내일 사고당할 확률이 −20%라고 말하는 것과 같다). 말할 필요도 없이 변칙이 있다면 그 이론은 끝장이었다. 그러나 슈바르츠와 그린은 여기서 주저앉지 않았다. 그들은 이제 그 지적이 틀렸다는 것을 입증하러 나섰다.

얼마 되지 않아 그들은 특정한 제한적 경우에서는 변칙이 없다는 것을 입증했다. 그것은 일반적으로 적용되지는 않았지만, 어쨌든 좋은 출발이었다. 그들은 그 뒤 자신들 이론의 기초로 사용될 수 있는 모든 가능한 무리[SU(4), SU(5) 등]를 조사했다. 그것들을 차례로 시도한 뒤 특수직교무리 special orthogonal group인 [SO(32)]를 만났다. 그것은 거대한 무리였지만 이 시기에는 그 크기보다 효과가 있다는 사실이 더 중요했다. 그리고 두 무리의 조합인 예외무리 exceptional group라는 또 하나의 무리($E_8 \times E_8$)를 찾아냈다. 그들은 이제 원하는 모든 것을 얻었다. 마침내 다른 사람들도 관심을 갖기 시작했다.

1984년 여름에 그들은 아스펜에서 발표를 했다. 이제 초끈이론이 거물이라는 데 의심의 여지가 없었다. 그것은 TOE가 되는 데 필요한 모든 조건을 갖추고 있었다. 참석자 일부는 농담일 것이라고 생각했지만, 그 이론의 성공을 보자 농담이 아니라는 것을 알았다. 그 소식에 가장 흥분한 사람 중 하나는 프린스턴 대학교의 에드워드 위튼 Edward Witten이었다. 그는 그것이 변칙 없는 이론임이 입증되었다는 설명을 간접적으로 전해들었을 뿐이었지만, 한시간 내에 똑같이 입증해 냈다. 프린스턴의 다른 사람들 역시 곧 행동에 들어갔다. 1년

에드워드 위튼

안에 데이비스 그로스와 제프리 하비, 에밀 마티넥 그리고 리언 롬이 '이질' 끈 모형 heterotic string model을 만들어냈다. 그것은 양-밀스 이론을 포함하는 닫힌 끈 모형이었다. 즉 그것은 게이지 이론이었다. 그 이론이 바로 오늘날 우리가 갖고 있는 최상의 이론이다.

끈이론에서의 주요 진전 중 하나는 규모가 옳지 않다는 깨달음에서 비롯되었다. 초기 이론에서 끈은 약 10^{-13}cm 길이인 것으로 여겨졌다. 이것은 양성자의 크기로, '모양새 좋은' 길이였다. 그러나 그 이론 안으로 중력을 편입시키자 파동 에너지, 즉 끈의 장력을 증가시켜야 했다. 이제 그 크기 규모가 플랑크 길이인 10^{-33}cm로 되었다. 끈은 핵보다 1조 배나 더 작아서 끈이 양성자가 되려면 한 점의 먼지가 태양계가 되는 것과 같았다. 끈은 사실 너무 작아서 본다는 것은 영원히 불가능했다.

초기 이론에서처럼 새 이론에도 닫힌 끈과 열린 끈 이렇게 두 가지 유형의 끈이 있었다. 또한 보오존 끈과 페르미온 끈도 있었다. 열린 끈의 양끝에는 전하가 있으며, 무한히 다양한 방식으로 진동하거나 회전할 수 있었다. 진동상태들은 중력자를 제외한 무질량 교환입자를 모두 포함했다. 닫힌 끈 역시 진동할 수 있었지만, 끝점이 없으므로 전하가 없었다. 그러나 가장 중요한 닫힌 끈인 이질 끈은 전하가 끈 전체에 퍼져 있었다.

파동은 닫힌 끈을 따라 시계방향이나 반시계방향 어느 쪽으로도 돌 수 있다. 10차원 이론은 시계방향 파동과 관련되고, 26차원 이론은 반시계방향 파동과 관련된다. 파동을 어느 방향으로든 돌게 할 수 있다는 사실은 중요하다. 그것이 심각한 문제를 해결하기 때문이다. 초중력의 주요 난점 중 하나는 중성미자의 왼지기 성질, 즉 카이랄리티를 설명하지 못하는 것이었다. 왼쪽 방향과 오른쪽 방향의 파동이 있다면, 카이랄리티가 그 이론에 둥지를 틀 수 있다.

위의 10차원 중 하나는 물론 시간이다. 그러나 끈 문제에 시간을 포함시키면 우리는 끈으로 끝나지 않고 시간 내에 뻗어나간 끈, 즉 판으로 끝난다. 실제로 이론가들이 관심을 두는 것은 '세계판' world sheet이라는 이 판의 진동이다. 닫힌 끈에 대해서도 판이 있지만 불규칙적이며, 맥동하는 원통형태로 존재한다. 그것은 우리가 흥미 있는 판에 대한 수직 방향으로의 이동일 뿐이다. 이들 판을 상상하는 한 가지 방법은 비누의 얇은 막을 생각하는 것이다. 바람이 불면 비누 막은 끈 판의 진동과 똑같은 방식으로 진동할 것이다. 그러나 비누 막과 끈 판의 중요한 차이는 끈 판이 10차원에 놓여 있다는 점이다.

그렇다면 입자 상호작용은 어떨까? 결국 이것이 바로 입자물리학

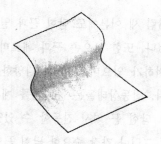

시공판. 끈이 시공으로 펴진다.

과 마당이론에 관한 것이니 말이다. 끈이론으로 그러한 상호작용을 묘사할 수 있을까? 그렇다. 보통의 입자물리학에서는 파인만 도면을 이용해 상호작용을 묘사한다. 초끈이론에도 유사한 것이 있다. 기억할 지 모르지만, 끈 상호작용의 주요 유형은 하나의 끈을 두 개로 쪼개고, 두 끈을 하나로 합치는 것이다. 닫힌 끈의 경우 한 개의 원통을 두 개의 더 작은 원통으로 쪼개거나, 두 원통을 합치는 것과 같다. 사실 우리의 새로운 도면은 이것과 닮았다.

개별적 끈을 조사하려면 그 판을 그저 시간축에 수직으로 얇게 잘라내기만 하면 된다(도면에서 시간축은 오른쪽이 된다). 끈이론에서의 파인만 도면은 점 입자론에서의 해당 도면보다 일반적으로 더

시공으로 펴진 닫힌 끈

시공으로 펴진 두 닫힌 끈의 합병

간단한 것으로 밝혀졌다.

우리가 지금까지 거의 말하지 않은 또 다른 문제는 10차원이다
(혹은 다른 변형이론에서는 그 이상의 차원이 될 수도 있다). 우리의
물리세계는 3차원 공간과 1차원 시간의 4차원으로 이루어진다. 따라
서 어떻게든 그것과 10차원 사이에 대응을 만들어야 한다. 어떻게 할
것인가? 칼루자-클라인 이론을 다시 살펴보자. 그들은 여분의 차원을
'축소'시키는 방법을 취했다. 우리는 물론 11차원의 초중력에서 동일
한 작업을 했다. 초끈이론에서는 10차원 중 6차원이 축소되어야 할
것이다.

프린스턴의 에드워드 위튼이 축소문제에 몰두했다. 그는 축소로
결국 '칼라비-야우 뭇겹' Calabi-Yau manifold이 된다고 밝혔다. 이
것은 펜실베이니아 대학교의 수학자 유진 칼라비와 샌디에고 캘리포
니아 대학교의 싱-통 야우가 창안한 기묘한 '공간'이다. 대부분의 이
론가들은 그렇게 기묘한 수학을 다루어본 경험이 없었으므로 야우를
초청했다. "우리의 4차원 세계와 칼라비-야우 뭇겹 사이에 대응이 만
들어질 수 있을까?" 야우는 그들의 질문에 이런 대응이 가능한 뭇겹
이 몇 개 있다고 답변했다.

이 터무니없는 여분의 차원을 어떻게 다루는가 하는 문제와 함께

(사실 아직 완전히 터무니없는 것은 아니다), 여전히 실험적 검증이라는 문제가 있었다. '좋은' 이론이 되려면 관측되거나, 혹은 점검되는 것들이 예측되어야 한다. 그러나 초끈이론은 우리가 점검할 수 있는 어떤 것도 예측하지 못한다. 주요 문제는 중력이다. 중력은 너무 약해서 수행가능한 중력적 상호작용 실험을 고안해 내기가 대단히 어렵다. 그럼에도 불구하고 텍사스 대학교의 필립 캔델라스와 위튼을 비롯한 다른 사람들이 많은 가능한 실험들을 고안해 냈다. 그러한 실험들의 첫번째 예측 중 하나는 액시온(그것은 일찍이 다른 방법에서도 예측된 바 있다)이라는 기묘하고, 비활동적이며 가벼운 입자의 존재였다. 현재 액시온을 검출하려는 실험들이 계획되고 있다.

또 다른 예측은 '그림자 물질' shadow matter이었다. 그 이론의 한 가지 해석에 따르면 우주에는 보통 물질 이외에도 중력을 통해서만 상호작용하는 또 다른 형태의 물질이 존재한다. 사실 보통 세계를 반영하는 '그림자 세계' shadow world가 있을지도 모른다. 아직은 이 그림자 물질이 어떻게 다른지 확실히 모른다. 현재는 중력의 유약함 때문에 입자 수준에서는 물질과 그림자 물질 사이에 어떤 상호작용도 없다. 그러나 대폭발 이후 처음 아주 짧은 시간에는 이 두 유형의 물질이 격렬히 반응했을 것이다. 현재 아이디어에 따르면 물질과 그림자 물질 모두 그 폭발로 배출되었으므로, 둘 모두 우주에 여전히 존재해야 한다. 그리고 은하들이 오늘날 두 가지 유형으로 구성되려면 상당한 혼합이 일어났어야 할 것이다.

우리의 태양계는 어떨까? 그림자 물질이 있을까? 가능한 일이다. 하지만 현재 그것은 감추어져 있을 것이다. 계산에 따르면 그림자 물질이 지구나 태양 어디에든 존재한다면 그 중심에 있을 것이다. 우리는 어쩌면 그림자 물질의 한가운데에 살고 있는지도 모른다. 과학자들은 이 사실 여부를 알아보기 위해 실험을 고안중이다.

　태초의 우주에는 그림자 물질이 존재했을 뿐 아니라 시공 차원도 상당히 달랐을 것이다. 만일 초끈이론이 사실이라면 본질적으로는 모두 동일한 크기의 10차원이 있었겠지만 팽창이 일어날 때, 우리가 아직 이해하지 못하는 어떤 이유 때문에 6개의 차원은 축소되고 다른 4개는 우주와 함께 팽창했다. 그 6개 차원이 작은 것은 사실 뒤에 남겨져 팽창하지 않았기 때문이다.

　많은 사람들이 볼 때 초끈이론은 수학적 기적이다. 그들은 그 이론이 완성되지 않았다는 것을 시인하면서도 그 엄청난 잠재력에 놀라워한다. 연구해야 할 것이 산적해 있다. 그 이론을 완전히 이해하려면 수십 년이 걸릴지도 모른다. 그러나 양자론을 회고해 보면 그렇게 불완전한 것은 아니다. 슈뢰딩거가 프시(Ψ) 함수를 제안했을 때는 그것이 무엇인지도 전혀 몰랐다. 초끈이론에 대해서도 어쩌면 유사한 단계에 서 있는 것인지도 모른다.

　많은 문제들이 남아 있다. 왜 더 많게도 더 적게도 아닌 6차원만 줄어들었을까? 끈과 전체 우주 사이에는 어떤 관련이 있을까? 절로대칭깨짐의 역할은 무엇일까? 그 이론은 어떻게 검증될 수 있을까?

　많은 사람들은 이들 물음이 결국엔 답변되리라 자신하지만, 회의론도 있다. 회의론자 중 하나인 셸던 글래쇼우는 초끈이 최후의 해답이라고 생각지 않는다. 에드워드 위튼의 친구인 한 교수가 최근의 초끈 강연에서 말했듯이, "초끈에 대한 마지막 기술은 아직 씌어지지 않았다"(씌어지다라는 뜻의 written 대신 위튼의 이름 철자 Witten을 써서 농담한 말이다.)

제 16 장

우주끈과 인플레이션

입자와 마당이 통일에 관한 책이라면 우주의 기원에 관한 이 통일의 함축적 의미를 논의해야 한다. 대통일이론과 초중력과 초끈이론은 우리가 믿고 있는 우주의 기원에 어떤 영향을 미칠까? 그것들은 중요한 의미를 내포하고 있다.

오랫동안 우주의 기원이론으로 수용되어 온 이론은 대폭발이론이다. 그것은 우주가 180억 년 전에 거대한 폭발로 시작되었으며, 그 이후 죽 팽창해 오고 있다고 가정하는데 우리가 관측하는 많은 것을 설명한다는 점에서 뛰어난 이론이다. 그러나 문제가 전혀 없는 것은 아니다. 그 이론이 안고 있는 몇 가지 난점을 알아보자.

첫번째 문제는 천문학자들이 우주공간에서 은하들의 분포를 연구하기 시작한 직후 나타났다. 우주공간에는 어디를 보나 은하들이 대체로 균일하게 분포되어 있었다. 그리고 훨씬 더 놀라운 것은 우주배경복사라는, 대폭발 때 발생된 복사였다. 그것은 처음에는 대단히 높은 온도였지만, 우주가 팽창하면서 식어서 이제는 약 2.7K의 온도를 갖는다. 그런데 어느 쪽을 보나 그 온도가 같았다. 왜 그렇게 균일할까? 그것은 그 복사를 일으킨 폭발이 대단히 균일했을 때에만 가능한 일이었고, 경험으로 볼 때 지구상의 폭발은 균일하지 않다. 이것은 대폭발에 무언가 '기적적인' 일이 있었음을 암시하는 것 같다.

대폭발에서 기적적인 것은 이것만이 아니다. 우주의 팽창률을 자세히 살펴보면 두번째 기적을 발견한다. 그 팽창의 결과 우주에는 어떤 일이 벌어졌을까? 우주는 영원히 팽창할까, 아니면 팽창을 멈추고 원래로 수축할까? 그 대답은 우주 안에 얼마나 많은 물질이 있는가에 달려 있다. 만일 어떤 임계량보다 많으면 물질의 상호 중력적 당김이 바깥쪽으로의 팽창을 멈추게 해서 우주는 수축할 것이고 그렇지 않다면 우주는 영원히 팽창할 것이다(우주가 영원히 팽창할 때 우주는 음성곡률을 갖는다고 말한다. 원래로 수축한다면 양성곡률을 갖는 것이다). 그러므로 평균밀도의 정확한 산정은 중요하다. 초기 산정에 의하면 우주 안에는 팽창을 멈추게 할 만큼 충분한 물질이 없다. 그러나 이들 초기 계산에서는 블랙홀이나 작은 난쟁이별 등 많은 것들이 무시되었다. 더욱이 우주에 아주 많은 중성미자라는 입자가 질량을 가질지도 모른다는 사실이 밝혀졌다. 우주의 총질량에 점점 더 많은 기여들이 추가되면서 그 평균밀도가 우주의 팽창을 멈추게 할 만한 양에 가까워지기 시작했다. 여전히 평균밀도를 정확히 알지는 못하지만, 놀랍게도 그 값이 임계밀도에 매우 가까워지고 있다. 이 값이 정말 평균밀도라면 우주는 평평할 것이다.

잠시 생각해 보면 이 사실이 기적이라는 것을 알게 된다. 그런 일은 폭발력과 그 폭발로 배출되는 물질의 내부 중력이 정확히 균형을 이룰 때에만 일어날 수 있기 때문이다. 그 폭발은 어떤 값이라도 가질 수 있었지만 그렇지 않았다. 그것은 우주 안의 물질량에 정교하게 맞추어져 있다. 1970년대 말에 피블스와 딕케가 지적한 것처럼 이 '평평함'은 대폭발로 설명되지 않는다.

표준 대폭발 모형이 갖는 또 하나의 문제는 1956년에 볼프강 린

들러 Wolfgang Rindler에 의해 지적되었다. 그것을 이해하기 위해 우주의 나이가 180억 년이라고 가정하고 시작하자. 우주의 정확한 나이는 여전히 모르지만, 대부분의 우주론가들은 거의 이 나이에 동의한다. 자, 이제 우주 깊숙이에서 관측된 퀘이사가 100억 광년 떨어져 있다고 가정하자(1광년은 빛이 1년 동안 여행하는 거리이다). 이 퀘이사에서 나온 빛이 우리에게 도달하는 데 100억 년이 걸릴 것이다. 이제 반대방향에서 동일한 거리에 있는 또 하나의 퀘이사를 찾았다고 하자. 두 퀘이사는 그러면 200억 광년 떨어져 있다. 하지만 우리의 우주는 180억 년밖에 되지 않았다. 한쪽 퀘이사에서 나온 빛신호는 따라서 아직 다른 쪽 퀘이사에 도달하지 못했을 것이다. 이것은 두 퀘이사가 태어난 이후 서로 접촉했을 가능성이 없음을 의미한다. 그러나 그들의 모습이 닮았다. 사실 모든 퀘이사는 일반적으로 모습이 닮았다. 더욱이 한쪽 퀘이사 근처에서 나온 우주배경복사의 온도가 다른 쪽 퀘이사 근처에서 나온 복사의 온도와 정확히 동일(2.7K)하다. 이 복사의 온도는 사실 어디에서나 같다. 이것이 사실이라면 그것이 동일하다고 무언가가 '말'했어야 한다. 그러나 두 지역이 '인과적으로 연결되어 있지 않았으므로' 이것은 불가능하다. 다시 말해서 두 지역은 서로 '접촉한' 적이 없다. 이것이 지평선 문제 horizon problem로 대폭발이론이 설명하지 못하는 한 가지 수수께끼이다.

앞에서 배경복사가 대단히 균일하다는 것을 알았다. 그렇게 균일해질 수 있는 길은 대폭발이 균일할 때뿐이다. 그러나 배경복사가 그렇게 균일하다면 은하들은 어디서 왔을까? 대부분의 이론은 은하가 대폭발에서 만들어진 물질의 불균질성으로부터 형성되었다고 설명한다. 설상가상으로 최근에는 은하들이 우주에 균일하게 분포되어 있지 않다는 사실이 발견되었다. 즉 은하단들이 사슬로 배열되어 있으며,

그것들 사이에는 은하가 없는 거대한 빈 공간이 있는 것 같다. 이것은 배경복사의 균일성과 완전히 불일치한다. 대폭발 모형은 그 원인 역시 설명하지 못한다.

세번째로 홀극문제가 있다. 홀극은 오래 전 폴 디락에 의해 가설된 무거운 입자이다. 그는 자연에 전기홀극(단 하나의 전기전하를 운반하는 입자)은 있지만 자기홀극은 없는 것을 불만스럽게 여겼다. 자석은 반으로 잘라도 여전히 북극과 남극이 생긴다. 사실 계속 잘라도 두 극은 절대로 분리시키지 못한다. 디락은 그러나 그러한 극이 있다고 가정해 그것을 예측하는 수학이론을 구축했다.

과학자들은 오랫동안 디락 홀극을 탐색했지만, 결코 찾지 못했다. 그 뒤 최초로 공식화된 대통일이론 GUT이 다시 그것들의 존재를 예측했다. 제라드 트 후프트와 소련의 물리학자 폴리아코프 A. M. Polyakov는 1972년에 GUT에서 나온 수학적 해 가운데 하나가 자기홀극을 나타낸다고 밝혔다. 그들은 그 이론으로 자기홀극의 성질, 특히 질량과 스핀을 계산했다. 그러나 또 한 차례의 탐색에도 불구하고 역시 아무것도 발견되지 않았다.

이제 홀극문제로 돌아가자. 그 문제가 발생하는 것은 트 후프트와 폴리아코프가 우주에 홀극이 혼하다고 예측했기 때문이었다. 그러나 우리는 아직 단 한 개도 찾지 못했다. 무언가 틀린 것 같은데, 대폭발이론은 역시 아무런 도움이 되지 못한다.

그러나 우주론에 GUT를 도입함으로써 위의 딜레마들로부터 벗어나는 길이 열렸다.

대통일이론

GUT는 초기 우주에 대해서만 효력을 갖는다.

초기 우주는 '시기' era라는 짧은 기간의 시간으로 나뉜다. 가장 중요한 시기는 대통일이론의 역할이 중요한 GUT 시기이다. 하지만 더 이후의 시기부터 먼저 논의한 뒤 GUT 시기와 그 너머의 시기를 여행해 보자.

각 시기로 넘어갈 때마다 '응결' freezing이 일어난다. 이것은 물에서 발생하는 응결과 유사하다. 응결 혹은 '상변화' 때 우리가 보는 것은 물질 성질의 급격한 변화이다. 물의 경우 얼 때 액체에서 고체로 갑작스런 변화가 일어난다. 마찬가지로 가열되면 물이 증기가 되면서 또 다른 상변화를 겪는다. 우주의 초기 단계에서도 유사한 상변화가 있는데, 그때마다 우주를 구성하는 물질에 중대한 변화가 일어났다.

그러면 폭발 뒤 1/10,000초 된 시간으로 돌아가 보자. 이것은 대단히 짧은 간격의 시간처럼 들릴지 모르나, 우리가 논의하고 있는 규모로 볼 때는 비교적 길다. 이 시기에는 쿼크 시기 quark era가 막 끝나고 우주에 하드론이 나타나고 있었다. 쿼크 시기 동안 하드론은 없었으며, 그 구성물인 쿼크만 존재했다. 이 시기에 쿼크는 가두어지지 않았다. 가둠은 어는점 freezing point에서 일어난다. 즉 쿼크와 반쿼크가 합쳐져 중간자를 형성하고 쿼크의 세겹항이 모여 바리온을 형성했다.

눈 깜짝할 사이에 쿼크는 모두 사라지고 하드론만 남았다. 물론 이 시기에는 렙톤도 존재했다. 그러나 쿼크가 모두 가두어졌을까? 남겨질 가능성이 있을까? 많은 과학자들은 그 가능성을 믿으며 '잔재 쿼크' relic quarks를 탐색해 왔지만 지금까지는 전혀 발견되지 않았다.

퀴크 시기로부터 10^{-10}초의 시간까지 더 과거로 여행하면 약전자기 시기 electroweak era에 이른다. 이 시기로 진입할 때 에너지는 100GeV이며, 위의 경우처럼 관련된 응결이 있다. 이 시기 이전에는 전자기력과 약력이 약전자기마당으로 통합되어 있었지만 응결이 일어나면서 쪼개져 분리되었다. 약전자기 시기 동안 뚜렷한 힘은 약전자기력과 강한 핵력과 중력뿐이다. 이들 마당 이외에도 약한 상호작용의 게이지 입자인 W 입자가 있지만 약전자기 응결이 일어나면 W 입자는 뮤온과 중성미자로 붕괴해 급속히 사라진다.

약전자기 시기를 통해 계속 되돌아가면 마침내 GUT 시기에 진입한다. 이 응결은 10^{-35}초 때 일어난다. 이 시기의 에너지는 10^{15} GeV로 엄청나다. GUT 시기는 가장 중요한 초기 시기 중 하나로, 대통일이론으로 설명된다. 그 응결에 앞서 약전자기 마당과 강한 핵력 마당이 통합되지만, 에너지가 10^{15}GeV 밑으로 떨어지므로 강한 마당이 얼어붙어 이탈한다. 이 시기 동안에는 X 입자가 풍부히 존재하지만 그 시기 말에는 에너지가 너무 낮아서 더 이상 생산하지 못하므로 사라진다.

마지막으로 대폭발 이후 10^{-43}초가 되면 플랑크 시기로 들어간다. 그 이름은 양자를 도입한 그 과학자의 이름을 따서 명명되었다. 에너지는 이제 믿을 수 없을 정도로 큰 10^{19}GeV이다. 이 시기에 대해서는 알려진 것이 거의 없다. 그 시기를 설명하는 이론이 없기 때문이다. 공간과 시간이 고에너지에서 어떤 행태를 보이는지를 말해 주는 일반상대론은 더 이상 타당하지 않다. 이 시기를 설명하려면 양자화된 일반상대론이 필요하지만 아직은 그런 것이 없다. 이 시기의 시공 기하학은 다소 기이하다. 공간은 비틀리고 일그러져 있으며, 사라졌다 다시 나타나는 웜홀들로 가득차 있다.

인플레이션

대통일이론은 대폭발 직후 어떤 일이 일어났는지 말해 줄 뿐 아니라 앞서 언급했던 문제들도 해결했다. 더 정확히 말하면 코넬의 알란 구스에 의해 고안된 인플레이션이론이 그 문제들을 해결했는데, 인플레이션이론이 바로 대통일이론에 기초하고 있는 것이다.

동료인 헨리 티에는 1979년 말에 구스에게 홀극문제에 대해 공동 연구할 것을 요청했다. 그러나 우주론에 대해 거의 아는 것이 없었으므로 처음에는 연루되기를 꺼려했지만 구스는 마침내 마음을 바꾸었다. 얼마 되지 않아 두 사람은 홀극의 부재를 설명하는 최선의 방법이 우주의 초기 단계 때 '과냉각' supercooling이 있었다고 가정하는 것임을 깨달았다. 그들은 함께 자신들의 아이디어를 약술하는 논문 한 편을 발표했다.

그해 말 구스는 이 과냉각의 세부를 조사하기 시작했다. 과냉각은 우주에 어떤 일을 했을까? 그 대답은 갑작스런 인플레이션밖에 없는 것 같았다. 전체 우주는 갑자기 표준 대폭발의 속도보다 훨씬 빠른 속도로 팽창할 것이다. 그 뒤 그는 대폭발이론이 풀지 못했던 문제들에 대해 생각하기 시작했다. 그는 평평함 문제와 지평선 문제에 대해 들은 적이 있었다. 그가 상상한 것과 같은 인플레이션이라면 이들 문제를 해결할 수 있을지도 몰랐다. SU(5)를 이용해 그는 그 이론의 수학적 세부사항들을 이끌어냈다. 인플레이션은 정말 그 문제들을 해결했다. 중요한 발견이 이루어지는 순간이었다.

그 이론은 우주가 냉각될 때 '가짜진공' false vacuum이라는 과냉각 상태에 놓여 있었다고 설명한다. 이 상태는 양쪽이 높은 장애물에 면하고 있는 골짜기로 상상하는 것이 가장 좋다(그림 참조). 진짜

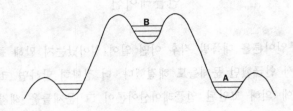

가짜진공을 보여주는 에너지 준위 도면

진공, 즉 현재 우주에 존재하는 진공은 더 낮은 준위의 에너지(그림에서 위치 A)에 놓인 것으로 가정되었다. 이 가짜진공에 있는 동안 우주는 고속 팽창케 하는 엄청난 반발력, 즉 앞서 논의했던 인플레이션을 겪으면서 10^{-34}초마다 두 배로 증가했다. 물론 우주는 결국 '양자 터널링'으로 한쪽 장애물을 빠져나옴으로써 이 상태에서 벗어났다. 이 터널링이 일어날 때 거대한 거품이 형성되었다. 이들 거품은 가짜진공에 있었지만, 그 내부는 진짜진공이었다. 그 가짜진공이 완전히 진짜진공으로 바뀌면 마침내 인플레이션이 끝나게 된다. 인플레이션은 대폭발 이후 약 10^{-33}초 때 멈췄다.

인플레이션은 우주 안으로 에너지를 '쏟아 붓는' 결과를 낳아 우주의 온도를 갑자기 10^{27}K로 증가시켰다.

하지만 구스가 논문에서 말했던 것처럼 "인플레이션 시나리오는 일부 받아들일 수 없는 결과를 초래한 것 같았다." 주요 문제는 팽창을 부드럽게 끝낼 방법이 없다는 것이었다. 가짜진공 붕괴가 공간 전체에서 균일하게 일어나지 않았다. 시간을 갖고 얼음이 형성되는 과정을 지켜보면 얼음이 고르게 얼지 않고 군데군데 언 뒤 그 부분들이 자라나 합쳐짐으로써 연못 전체가 언다는 것을 알게 된다. 우주에서도 거의 똑같은 일이 일어났다. 따라서 우주가 매우 울퉁불퉁해짐으로써 인플레이션이 부드럽게 끝나지 못했다. 더욱이 구스의 모형에서 인플레이션은 충분히 오랫동안 지속되지 못하는 듯했다.

하지만 우주가 가짜진공으로 진입했다는 아무런 증거가 없었다. 구스는 그저 우주가 가짜진공으로 진입했을 경우 일어났을 일들을 고찰한 것뿐이었다.

구스의 이론은 2년여 동안 흥미롭고 기막힌 혁신으로 우뚝 서 있었지만, 불행히도 그가 묘사한 인플레이션이 우리 우주에서 일어날 수 없다는 결점이 있었다. 그 뒤 '새로운' 인플레이션이론이 나왔다. 그것은 소련의 린데 A. Linde를 비롯해, 독립적으로 펜실베이니아 대학교의 앤디 알브레치트 Andy Albrecht와 폴 스틴브란트 Paul Steinbrandt에 의해 제안되었다. 신인플레이션이론에서 진공은 새로운 더 낮은 준위로 갈 때 억지로 양자터널시키지 않음으로써 인플레이션 속도가 다소 늦춰져 더 매끄럽게 끝날 수 있었다. 이 이론이 제안된 이후 많은 변형이 나왔다. 초대칭 인플레이션과 원시 인플레이션이 있으며 초중력에 기초한 모형들도 있다. 그리고 최근에는 캘리포니아 대학교의 조세프 실크와 페르미 연구소의 마이클 터너가 초기 우주에서 인플레이션이 한 번이 아니라 두 번 일어났다고 제안했다. 그들은 단 한 번의 인플레이션으로는 우주의 대규모 특징들 특히 은하들의 사슬을 설명하지 못한다고 믿고 있다.

이제 우리는 인플레이션이론이 표준 대폭발이론의 문제들을 어떻게 설명하는지 설명해야 한다. 첫째, 지평선 문제를 고찰해 보자. 우주는 약 10^{-35}초에서 10^{-33}초까지 지속된 급격한 인플레이션을 겪었다. 이 시간 동안 우주의 크기는 약 10^{50}배 증가했다. 우주는 물론 초기에 인과적으로 연결되어 있었다. 표준 모형에서 우주가 인과적으로 단절되게 된 이유는 비교적 느린 팽창 때문이었다. 그러나 인플레이

304

선이론에서는 우주가 인과적으로 단절되는 것이 사실상 불가능해질 정도의 급격한 팽창이 있다. 따라서 인플레이션이 지평선 문제를 해결한다.

이제 평평함 문제다. 이 문제는 어떤 의미에서는 위의 문제와 연결되어 있어서 하나가 해결되면 다른 것도 해결된다. 풍선 표면의 벌레를 살펴보자. 풍선이 작을 때 벌레는 재빨리 기어다닐 수 있으며 그 표면이 굽어져 있다는 것을 쉽게 안다. 하지만 인플레이션이 있다면 반지름이 너무 빨리 증가하므로 벌레는 곡률을 더 이상 알아차리지 못한다. 따라서 벌레에게는 우주가 평평하다. 사실 우주가 인플레이션 이전에 가졌던 밀도에 관계없이 인플레이션 이후에는 우주가 본질적으로 평평할 것이다.

구스가 논문을 출간했던 시기에 평평함 문제가 실제로 존재할까 하는 상당한 의문이 있었다. 구스는 평평함 문제가 있다는 것을 강조하기 위해 다음과 같은 말로 시작되는 부록을 첨가했다. "이 부록은 일부 회의론자들에게 평평함 문제가 실재한다는 사실을 확신케 하려는 희망으로 싣는다."

세번째는 홀극문제이다. 구스가 처음에 해결하고자 했던 문제가 바로 이것이다. 먼저 초기 우주에서 홀극이 어떻게 만들어지는지 알아보자. 거품이 형성될 때 그 안의 진공마당은 어떤 특정한 방향으로 맞추어진다. 더욱이 구스의 원래 이론에서는 작은 거품들이 많이 나타났다. 충돌할 때 그 접합표면을 따라 매듭이 형성되는데 이들 매듭이 바로 홀극이다. 이것은 홀극이 초기의 합병 때 만들어진다는 것을 의미하며, 계산에 따르면 합병이 흔했으므로 홀극도 흔했어야 한다. 구스의 모형에서 우주는 수많은 거품의 합병 결과 생겼지만, 신 이론에서는 개별 거품들이 너무 빠르게 팽창해서 우리의 우주는 단 하나의 거품 내에 있는 것으로 여겨진다. 그러므로 우리 우주에는, 혹 홀극이 있다 해도, 거의 없으므로 발견을 기대하기가 어렵다. 간단히 말해 우리는 거대한 거품의 일부일 뿐이므로 신인플레이션은 홀극문제를 해결한다.

물론 우리가 아직 언급하지 않은 은하형성이라는 또 다른 문제가 있다. 그것은 인플레이션 이론으로는 해결되지 않지만 다른 이론들이 있다. 최근 이 분야의 많은 연구는 우주끈에 집중되어 있다. 이제 그것들을 살펴보자.

우주끈

우주론의 주요 문제 중 하나는 원래의 대폭발이 부드러웠다면 오늘날 우주가 왜 '울퉁불퉁'한가이다. 여기서 울퉁불퉁하다는 말은 은하들이 거대한 빈 공간들을 사이에 두고 긴 사슬로 불균일하게 분포되어 있다는 것이다. 우주의 복사는 그렇게 매끄럽게 분포되어 있는데 물질은 그렇지 않은 것이 이상해 보인다. 우주가 응결할 때 홀극이 형성되는 것처럼 우주끈도 형성되었다. 최근의 이론에 따르면 거품들이 합치는 지역을 따라 우주끈이 형성되는 것으로 생각할 수 있다. 그리고 그것들 역시 홀극처럼 기괴한 물체이다. 그것들은 너무 무거워서 1cm 길이의 조각이라도 수백만 톤이나 나갈 것이고, 전체 우주를 가로질러 뻗쳐 있을 것이다. 우주끈은 처음에는 얽힌 거대한 덩어리로 존재하겠지만, 엄청난 장력을 받고 있어서 꼬임이 펴진다. 가끔은 끈이 교차할 것이고 함께 결합해서 고리가 되기도 한다. 직선이든 고리든 그러한 끈은 모두 진동한다.

프린스턴 대학교의 에드워드 위튼은 초끈이론 발전의 거의 모든 단계에서 기여했던 인물로 1985년에 우주끈으로 관심을 돌렸다. 그는 초기에는 우주끈이 어떻게 관측될 것인가에 관심이 있었다. 1984년에 카이저와 스테빈스는 우주끈이 마이크로파 배경에 자국을 남겼을 것이며, 이 자국이 관측될 수 있을 것이라고 지적했다. 끈의 수학적 성질을 조사하는 동안 위튼은 그 끈이 초전도체라는 사실을 발견했다. 즉 일단 끈을 따라 전류가 한 번 시작되면 영원히 흐른다는 말이다. 위튼은 만일 이런 일이 일어난다면 10^{18} 암페어에 달하는 엄청난 전류가 끈에 유도될 수 있다는 것을 깨달았다. 또 끈이 진동하므로 전자기 복사를 방출할 것이다. 사실 라디오나 TV 방송국에서 방출되는 전자기 신호는 바로 이렇게 만들어진다. 전류가 안테나로 보내지면 진동이 발생한다.

그러나 끈이 방출하는 복사는 퀘이사보다도 10,000배나 커서 끈 전체가 빛을 낼 것이다. 사실 1986년에는 UCLA의 마크 모리스와 파르히드 유시프-잠발이 우리 은하의 핵 부근에서 작렬하는 끈들을 발견했다.

또 프린스턴의 제레마이아 오스트라이커는 위튼의 연구에 대해서 듣자 우주의 불균질성을 예측할 모형을 제작하기 위해 즉시 연구팀을 조직했다. 그들은 끈에 의해 방출된 복사가 물질을 밀어내서 그 주위에 빈 공간과 거품을 일으키는 모형을 만들어냈다. 그러한 많은 끈은 물질이 압축되는 빈 공간들 사이의 지역에 일련의 은하사슬을 만든다. 그 이론은 중요한 진전이 될지도 모른다. "초전도 끈은 어쩌면 …… 대규모 우주에 대한 우리의 생각을 바꾸어 놓을 것이다." 오스트라이커는 이렇게 말한다. 이들 끈은 사실 폭발할지도 모른다. 전류가 어떤 특정한 한계에 도달하면 입자들이 그것을 따라 방출되어 강

력한 에너지 폭발로 붕괴할 것이다. 어쩌면 마침내 이들 폭발을 발견
할 수 있을지도 모른다.

따라서 아직 관측되지는 못했지만, 우주끈은 앞으로 얼마간은 우
주론에서 중요한 역할을 할 것이다.

궁극적 물음

우리는 우주 에너지의 대부분을 자체 생산한 인플레이션에 대해
논의했다. 그러나 아직 "우주가 어디서 생겨났는가?"라는 물음에는
답변하지 못했다. 우리는 인플레이션 이전에 어떤 일이 일어났는가에
대해서는 어느 정도 알고 있다. 나는 앞서 인플레이션 이전에 플랑크
시기가 있었다는 것을 언급했다. 하지만 이 시기로 넘어가는 과정을
적절히 묘사할 수 없다. 필요한 양자 중력이론이 아직 없기 때문이다.
그러나 이 시기의 시공은 현재와 완전히 달라서 단절된 거품 형태로
존재했다. 더욱이 공간은 또 지금보다 더 많은 차원을 가졌을지도 모
른다.

그렇다면 플랑크 시기 초기에 발생한 사건이 우주를 존재케 했을
까? 우주는 어디서 왔을까? 우주가 '무' nothing에서 나타날 수 있을
까? '무'가 무엇인지 상상하기란 실제로 불가능하다. 빌리킨, 구스,
콜맨, 그리고 페이겔스를 포함하는 많은 과학자들이 최근 이 가능성
을 고찰했다. 그러나 이 물음을 최초로 고찰한 학자는 우주의 기원을
무라고 생각하지 않았다. 뉴욕 헌터 칼리지의 에드워드 트리온은
1970년대 초에 우주가 진공의 양자요동으로부터 생겨났을 가능성을
고찰했다. 그러나 그는 자신의 아이디어를 수학적으로 모순 없는 이

론으로 발전시키지 못했으므로 그 당시에는 거의 주목받지 못했다.

머지않아 다른 이들이 그 문제를 진지하게 다루기 시작했다. 대답하기 가장 곤란한 물음은 "어떻게 무에서 무언가가 나올까?" 하는 것이다. 콜맨과 그리고 더 최근에는 페이겔스가 '양자터널링'이 아마도 이 수단일 것이라고 제안했다. 이 터널링은 구스의 인플레이션 모형에서 일어나는 터널링과 유사하다. 거기에서는 가짜진공이 진짜진공으로 터널링해 갔다. 이 경우에는 '무'가 터널링으로 시공을 만들어낸다.

요약하면 위의 시나리오가 옳다고 가정할 때 우주는 '무'에서 저절로 튀어나왔다. 우주는 생겨난 직후 가짜진공 상태에 있었지만 이 상태는 불안정해서 갑작스럽고 짧은 기간 지속된 인플레이션이 발생했다. 이 인플레이션은 우주가 팽창을 계속하고 입자들을 만들어 낼 수 있는 에너지를 제공했으며 인플레이션이 끝나자 우주는 보통의 속도로 팽창을 계속했다. 그 뒤 진화하면서 잇달아 응결이 발생했고 마침내 오늘날 우리가 알고 있는 우주가 만들어졌다.

제 17 장
에필로그

소립자 세계를 여행하며 많은 다른 유형의 입자를 만났다. 몇 개만 언급하자면 뮤온, 파이온, 쿼크, 프레온, 초입자, 그리고 테크니컬러 입자 같은 것들이다. 또 자연의 기본 마당 통합 문제에서 이루어진 진전은 그 이론이 게이지이론이어야 한다는 사실의 인식에서 비롯되었다는 것을 알았다. 더욱이 우리는 이들 마당과 입자들을 결합시켜 초이론을 만들기 위해 고차원과 끈을 포함해 다른 기묘한 개념들을 이용한 시도들을 살펴보았다.

자, 이제 물리학이 이루어 놓은 수많은 연구들에 대해 알아보았으니 당연히 이런 물음이 떠오를 것이다. 우리는 여기서 어디로 가야할까? 초끈이론은 과학자들이 탐색해 왔던 바로 그 초이론일까? 확실히 우리는 아직 모른다. 오직 시간만이 그 물음에 대한 답을 줄 것이다. 초끈이론에 대해서는 아직 노력해야 할 것이 많으며, 대부분의 다른 이론처럼 문제들을 안고 있다. 주요 문제 중 하나는 그 예측들이 실험으로 검증될 수 없다는 데 있다. 이렇게 되면 물리학은 아무 소용이 없다. 과거에 실험과 이론은 항상 손을 맞잡고 갔다. 무언가가 예측되면 실험가들은 그것을 찾아 나선다. 혹은 무언가가 발견되면 이론가들은 그것을 설명하려 애쓴다. 그러나 초끈이론과 다른 현대 이론들의 경우 더 이상 이렇지 않은 것 같다. 수년 뒤 우리는 초중력과 테크니컬러 이론과 GUT의 예측 일부를 검토할 수 있을지도 모른다. 초전도 초충돌기(SSC)가 건립된다면 말이다. 그러나 검토가 절대로 불가능한 것들이 있을지도 모른다.

엄청난 진전에도 불구하고 문제는 여전히 남아 있다. 그리고 과거의 경험들에 비추어보면 어떤 답변이 마침내 나왔을 때 어쩌면 전혀 다른 방향의 연구가 시작될 수도 있다. 과학의 가장 흥미로운 점 하나가 바로 이런 것이다. 우주는 예측할 수 없으며 때때로 놀라움으로 가득차 있다.

그러나 물리학에 관해 한 가지는 예측할 수 있다. 그것은 더 젊은 세대가 항상 새로운 이론에 가장 열성적이라는 것이다. 현재로서는 초이론을 성취하는 최종단계에 도달했다고 확신하는 사람들이 그들이다. 더 연로한 과학자들, 예를 들면, 슈윙거나 파인만, 글래쇼우 같은 학자들은 반드시 그렇다고는 믿지 않는다. 아인슈타인도 마찬가지였다. 젊은 시절 대부분의 과학자들이 수용하기 어려운 진전들을 이루어냈지만, 말년에는 양자역학과 같은 새로운 진보들을 잘 수용하지 않았다.

구세대의 회의론에도 불구하고 분위기는 낙관적이다. 우리는 초이론에 근접해 있다. 얼마나 가까이 와 있는지는 시간만이 말해 줄 것이다.

용어해설

반입자 *Antiparticles* 모든 유형의 입자에 대해 반입자가 있다. 입자와 반입자가 만나면 에너지를 방출하면서 서로를 소멸시킨다.

점근 자유 *Asymptotic freedom* 짧은 거리에 있는 쿼크들 간의 힘의 감소.

발머계열 *Balmer series* 수소에서 생기는 일련의 스펙트럼선.

바리온 *Baryon* 무거운 입자. 세 개의 쿼크로 이루어져 있다.

바리온 수 *Baryon Number : B* 양자수. 모든 바리온의 B=1이다. 다른 입자들의 B=0이다.

베타 붕괴 *Beta decay* 중성자가 전자와 광자와 중성미자로 붕괴한다. 약한 상호작용의 결과.

보오존 *Boson* 정수 스핀을 갖는 입자.

거품상자 *Bubble chamber* 입자들의 자취를 볼 수 있게 하기 위해 사용되는 장치.

맵시 *Charm* 물질이 맵시 쿼크를 포함할 때 생기는 성질.

맵시입자 *Charmonium : J/Ψ* 맵시 쿼크와 반맵시 쿼크로 이루어진 계.

맵시입자 스펙트럼 *Charmonium spectrum* 맵시입자의 에너지 준위 스펙트럼. 에너지 준위들의 표시.

카이랄리티 *Chirality* 계가 왼지기인지 오른지기인지와 관련된다.

색전기선 *Chromoelectric line* 두 쿼크 사이의 색전기력을 표시하는 선. QED에서의 전기력과 유사하다.

색자기선 *Chromomagnetic line* 두 쿼크 사이의 색자기력을 표시하는 선.

QED에서의 자기력과 유사하다.

색 *Color* 전기전하와 같은 쿼크의 성질. 색힘은 쿼크들간의 인력이다.

차원축소 *Compactification* 시공의 차원을 작아지게 만드는 과정.

가둠 *Confinement* 쿼크를 하드론 내부에 '가두는 것'.

보존법칙 *Conservation laws* 상호작용 때 성질이 변하지 않는다는 법칙.

우주선 *Cosmic rays* 외부 우주에서 오는 하전 입자들(대체로 양성자).

결합상수 *Coupling constant* 힘의 강도를 나타내는 수.

자름 넓이 *Cross section* 어떤 상호작용 때 입사하는 입자가 보는 '표적면 적'.

열겹항 *Decuplet* 10개 입자의 배열. 팔정도에서 사용된다.

디이 *Dee* 사이클로트론의 한쪽 반. 문자 D 같은 모양이다.

팔정도 *Eightfold way* 무리이론 [SU(3)]에 기초해서 입자들을 8개의 가 족으로 분류하는 방법.

탄성산란 *Elastic scattering* 입자들의 성질이 변하지 않는 입자충돌.

전기마당 *Electric field* 전기전하 주위에 생기는 마당.

전자기학 *electromagnectism* 자연의 힘 중 하나. 교환입자는 광자다.

전자 *Electron* 가장 가벼운 기본 입자

전자볼트 *Electron volt* 1볼트의 전위차를 움직일 때 전자가 얻는 에너지량.

약전자기이론 *Electroweak theory* 전자기마당과 약력마당의 통합 게이지 이론.

교환입자(게이지 입자) *Exchange particle : gauge particle* 주고받으며 힘을 만드는 입자. 전자기력의 교환입자는 광자다.

입자가족 *Family of particles* 대략 동일한 성질을 갖는 입자들의 모임.

페르미온 *Fermion* 비정수 스핀을 갖는 입자(1/2, 1, ……).

파인만 도면 *Feynman diagram* 입자들의 상호작용을 가장 간단한 방법으로 기술하는 도면.

마당 *Field* 양(예를 들면, 전기전위)이 각 점에서 지정되는 시공지역.

핵분열 *Fission* 핵의 분열.

맛깔 *Flavor* 쿼크의 유형 지정에 주어지는 이름(예를 들면 위, 아래).

진동수 *Frequency* 초당 진동수.

게이지 *Gauge* 척도. 게이지이론은 특정한 대칭 작용 하에서 불변인 이론이다.

기가 전자볼트 *GeV* 에너지 단위. 10억 전자볼트.

온곳 게이지 불변성 *Global gauge invariance* 모든 곳에서 동일한 전하가 만들어질 때 생기는 불변성(대칭의 유지).

글루볼 *Glueball* 글루온만으로 이루어진 중성 중간자.

글루온 *Gluon* 강한 상호작용의 교환입자.

대통일이론 *Grand Unified Theory* : *GUT* 강력과 약력, 그리고 전자기력이 통합된 이론.

중력미자 *Gravitino* 초중력이 예측하는 입자. 스핀 3/2의 교환입자.

무리이론 *Group theory* 원소들을 그 집합과 관련시키며 다양한 조작으로 그것들이 어떻게 변하는지를 다루는 수학적 방법.

h 플랑크 상수. 양자론과 관련된다.

하드론 *Hadron* 바리온과 중간자들로 구성된 입자종. 강한 상호작용에 참여하는 입자.

이질끈 모형 *Heterotic string model* 한곳 게이지 불변인 닫힌 끈 모형.

힉스 보오존 *Higgs boson* W와 Z에 질량을 주는 입자.

힉스 메커니즘 *Higgs mechanism* 힉스 보오존의 흡수 결과 W 입자가 질량을 얻는 과정.

비탄성산란 *Inelastic scattering* 입자들의 특성이 변하는 입자충돌.

인플레이션 *Inflation* 우주의 갑작스런 팽창.

적외선 예속 *Infrared slavery* 쿼크와 글루온을 하드론 내부에 가두는 것을 나타내는 용어.

불변성 *Invariance* 동일하게 유지된다. 대칭의 유지.

돌스핀 *Isospin* 가상 전하 공간에 있는 다른 방위들. 수학적으로 편리한 입자 가족의 전하 상태 표현 방식.

제트 *Jet* 일반적으로 모두 동일한 방향으로 움직이는, 입자 반응 때 생산되는 하드론 '스프레이'.

램 이동 *Lamb shift* 자체에너지 효과 때문에 수소의 한 에너지 전위에 나타나는 미세한 이동.

렙톤 *Lepton* 우주의 '가벼운' 입자. 강한 상호작용으로 영향받지 않는다. 전자, 뮤온, 타우 그리고 그것들의 중성미자.

한곳 게이지 불변성 *Local gauge invariance* 점에서 점으로 무작위 전하가 만들어질 때 일어나는 불변성.

자기마당 *Magnetic field* 자석과 관련된 마당.

행렬역학 *Matrix mechanics* 행렬(수의 배열)이 이용되는 양자역학의 한 형태.

중간자 *Meson* 중간 정도 무게의 입자. 쿼크 하나와 반쿼크 하나로 구성된다.

메가 전자볼트 *MeV* 에너지 단위. 100만 전자볼트.

섞임각 모수 *Mixing angle parameter* 전자기학과 약력이론이 결합되는 방법과 관련되는, 약전자기이론에서 사용되는 모수.

뭇겹항 *Multiplet* 입자무리 혹은 입자가족. 무리이론에서 발생한다.

뮤온 *Muon* 무거운 전자.

중성전류 *Neutral current* 전하가 교환되지 않는 약한 상호작용.

중성미자 *Neutrino* 질량이 없는 것으로 믿어지며, 전기적으로 중성이고, 약한 상호작용만 경험하는 입자.

중성자 *Neutron* 핵의 중성입자.

홀짝성 *Parity* 어떤 과정의 거울상이 동일한지의 여부와 관련된다.

파울리 배타원리 *Pouli Exclusion Principle* 동일한 성질을 가진 두 페르미온이 동일한 공간지역을 점유할 수 없다는 원리.

건드림계열 *Perturbation series* 상호작용이론에서 발생하는 일련의 수학적 표현.

파이온 *Pion* 파이 중간자. 쿼크 하나와 반쿼크 하나로 구성된다.

플랑크 상수 *Planck's constant* 양자론의 기본 상수.

양전자 *Positron* 전자의 반입자.

프레온 *Preons* 가설적인 구성입자, 혹은 쿼크의 구성물.

양자 *Quantum*   입자 상호작용 때 흡수되거나 방출되는 에너지의 작은 불연속량.

양자색역학 *Quantum chromodynamics* : *QCD*   색힘의 양자마당이론. 쿼크와 글루온의 상호작용을 기술한다.

양자전기역학 *Quantum electrodynamics* : *QED*   전자기 상호작용의 양자론.

양자수 *Quantum numbers*   스핀과 운동량처럼 물리량을 상술하는 수.

쿼크 *Quark*   기본입자. 여섯 가지 맛깔과 세 가지 색으로 나온다. 하드론의 구성물.

쿼크맛깔 *Quark flavor*   쿼크 유형을 말한다(예를 들면 위, 아래).

되틀맞춤 *Renormalization*   다양한 상호작용 계산에서 겉보기 무한대들이 제거되는 과정.

되틀맞춤무리 *Renormalization group*   어떤 에너지의 QED 구조를 또 다른 에너지의 QED 구조와 연관시키기 위해 개발된 수학적 방법.

표현 *Representation*   입자무리를 나타내는 방법. 무리이론에서 나온다.

공명 *Resonance*   수명이 짧은 입자.

리숀 *Rishon*   쿼크를 구성하는 가설적 입자.

스케일링 *Scaling*   입자 상호작용에서의 규모 불변성.

자체에너지 *Self-energy*   원래로 복귀하는 입자반응.

스펙트럼선 *Spectral lines*   빛이 분광기라는 기계를 통과할 때 나타나는 밝은(혹은 어두운) 선.

분광학 *Spectroscopy*   스펙트럼선의 연구.

스핀 *Spin*   팽이의 회전과 유사한 소립자의 성질.

절로대칭깨짐 *Spontaneous symmetry breaking*   고온에서 유지되는 대칭이 더 낮은 온도의 계에서 없어지는 과정.

표준 모형 *Standard model*   약전자기 이론과 QCD를 함께 취한 모형.

기묘도 *Strangeness*   기묘 쿼크를 포함하는 물질의 성질.

기묘수 *Strangeness number* : *S*   입자가 갖는 기묘 쿼크의 수와 관련된 양자수.

끈이론 *String theory* 소립자들이 미세한 끈으로 이루어졌다고 가정하는 이론.

강한 상호작용 *Strong interaction* 강력 혹은 색힘과 관련된 상호작용. 글루온에 의해 전달된다.

SU(2), *SU(3)* 특수무리. SU(2)는 2×2 배열의 특수 단일무리이다.

SU(5) 5차원(혹은 5×5 배열)의 특수 단일무리. 조오지-글래쇼우 GUT의 기본무리.

초전도이론 *Superconducting theory* 초전도성—전기가 거의 저항 없이 흐르는 과정—의 이론.

초중력 *Supergravity* 중력의 게이지이론. 보통 중력이론(일반상대론)의 확장.

초입자 *Superparticle* 초중력에 의해 예측되는 입자.

초짝 *Superpartner* 초입자의 짝.

초대칭 *Supersymmetry* 보오존과 페르미온이 동일한 입자의 두 상태인 대칭.

대칭 *Symmetry* 조작 이후 동일하게 유지되는 양을 말한다.

싱크로트론 *Synchrotron* 입자가 특정한 반지름에 유지되도록 자기마당과 가속을 일치시키는 가속기.

타우 렙톤 *Tau lepton* 알려진 가장 무거운 렙톤.

텐서 마당 *Tensor field* 상술하는 데 10개의 수가 필요한 마당.

불확정성 원리 *Uncertainty Principle* 입자의 위치와 운동량을 동시에 측정하는 것이 불가능하다는 원리.

통일마당이론 *Unified field theory* 다른 상호작용들이 더 깊은 전위에서는 동일하다고 밝히는 이론.

웁실론 *Upsilon* 바닥쿼크와 반바닥쿼크로 구성된 매우 무거운 중간자.

진공편극 *Vacuum polarization* 전기적으로 하전된 입자 주위에 있는 공간 성질의 변화.

벡터마당 *Vector field* 네 개의 수로 상술될 수 있는 마당.

가상입자 *Virtual particle* 짧은 기간만 사는 입자(불확정성 원리에 의해 제한된다). 모든 힘은 가상입자들을 통해 전달된다.

약한 상호작용 *Weak interaction* 약한 단거리 상호작용. 교환입자는 W
와 Z이다.

와인버그-살람 이론 *Weinberg-Salam theory* 통합된 전자기 상호작용과
약한 상호작용 이론.

W 입자 *W particle* 약한 상호작용의 교환입자.

X 입자 *X particle* GUT에 의해 예측되는 대단히 무거운 교환입자. 쿼크
를 렙톤으로, 그리고 그 반대로도 변하게 한다.

찾아보기

324

326